本书由国家重点研发计划重点专项"水合物开发环境原位监测与探测技术(编号
2017YFC0307700)"和国家自然科学基金项目"多功能静力触探识别天然气水合物
的工程实用方法研究(编号41672309)"资助出版

海底天然气水合物开采
对地质环境影响研究

马淑芝　贾洪彪　王颖　袁艺　丰丛杰　张致能　孟航　李鸿博　著

武汉大学出版社

图书在版编目(CIP)数据

海底天然气水合物开采对地质环境影响研究/马淑芝等著.—武汉:武汉大学出版社,2022.12

ISBN 978-7-307-23430-7

Ⅰ.海…　Ⅱ.马…　Ⅲ.海底—天然气水合物—气田开发—影响—石油天然气地质—地质环境—研究　Ⅳ.①TE5　②X141

中国版本图书馆 CIP 数据核字(2022)第 211743 号

责任编辑:王　荣　　　责任校对:汪欣怡　　　版式设计:马　佳

出版发行:**武汉大学出版社**　　(430072　武昌　珞珈山)

（电子邮箱:cbs22@ whu.edu.cn 网址:www.wdp.com.cn）

印刷:武汉邮科印务有限公司

开本:787×1092　1/16　印张:21.5　字数:523 千字　插页:1

版次:2022 年 12 月第 1 版　　　2022 年 12 月第 1 次印刷

ISBN 978-7-307-23430-7　　　定价:90.00 元

前　言

随着世界人口的膨胀以及社会经济的发展，人类对能源的需求越来越大，不仅面临传统的煤炭和石油、天然气资源逐渐枯竭的风险，同时还面临二氧化碳减排与环境污染治理的压力。一方面是能源需求量的增大，另一方面是碳排放、碳达峰的压力，在这种新形势下，寻求和开发新的替代能源就成了必由之路。近30年来，许多国家已把目光投向一种新型的、更清洁的能源矿产——天然气水合物。尤其是最近10年，对于天然气水合物的研究已经从资源勘探转向开采试验，其广泛被人类利用则为时不远。

天然气水合物是一种自然产出的以甲烷为主的烃类气体和水构成的晶体化合物，呈冰雪状，可以像固体酒精一样燃烧，俗称"可燃冰"。由于天然气水合物分布广、规模大、能量密度高而成为一种备受各国政府、科技界和企业重视的新型替代能源。其中，尤以海底天然气水合物的储量巨大。

由于海底天然气水合物的形成条件与赋存地质环境的独特，开采过程中要改变其赖以赋存的温压条件，如不能实现对温压条件的有效控制，就可能产生一系列安全风险和环境问题，最主要的灾害可分为三大类，即海洋地质灾害、海洋环境灾害及海洋工程灾害等。因此，海底天然气水合物开采具有极大的风险，需要开展充分的前期研究。由于海底天然气水合物开采试验难度大、成本高，对深部海底地质环境条件的监测与灾害诱发现象的研究困难，前期开展室内的模拟预研究十分必要。近年来，课题组在国家重点研发计划重点专项"水合物开发环境原位监测与探测技术（编号2017YFC0307700）"和国家自然科学基金项目"多功能静力触探识别天然气水合物的工程实用方法研究（编号41672309）"的资助下开展了系列室内模拟实验研究，取得一些有益的成果。本书即是上述研究成果的总结，以期对于海洋天然气水合物的开采研究有所裨益。

本书共分十章。第1章由马淑芝撰写，第2、3章由贾洪彪、马淑芝撰写，第4章由马淑芝、孟航写作，第5章由马淑芝、张致能写作，第6章由李鸿博、马淑芝写作，第7章由贾洪彪、王颖写作，第8章由贾洪彪、袁艺写作，第9章由马淑芝、丰丛杰写作，第10章由马淑芝写作。全书由马淑芝、贾洪彪统稿。王杰、岳见金、袁晓萌、孙浩等研究生参与了图件的绘制。

成书之际，特别感谢在课题研究过程中给予热忱指导的各位专家、学者：中国地质大学（武汉）唐辉明教授、蒋国盛教授、王亮清教授、宁伏龙教授、刘天乐教授，广州海洋地质调查局盛堰教授级高级工程师、石要红教授级高级工程师，华中科技大学郑俊杰教授，磐索地勘科技有限公司陈奇教授等。本书的出版得到了中国地质大学（武汉）岩土钻掘与防护教育部工程研究中心的资助。

　　海底地质环境与室内实验条件差异巨大，天然气水合物生成的温压条件与地质环境也极为复杂，因此室内模拟实验研究的开展受到很大的制约，其困难也是很大的。课题组所开展的研究工作也仅仅是探索阶段，有待更进一步的改进和深入研究，所获得的成果还有一定的局限性，不足之处请读者给予批评指正。

　　同时，研究过程中参考了国内外众多专家学者的研究成果，尽管我们期望都能列入参考文献中，但依然会有所遗漏，在此向各位著作者表示感谢！

著　者
2022 年 10 月 12 日

目　　录

第1章　天然气水合物 ··· 1

1.1　天然气水合物的性质 ··· 1

  1.1.1　天然气水合物的组成 ·· 1

  1.1.2　天然气水合物的结构特征 ···································· 2

1.2　天然气水合物的分布 ··· 2

1.3　天然气水合物的特点 ··· 3

1.4　天然气水合物研究历程 ··· 3

1.5　我国天然气水合物矿藏的分布与试采进程 ····························· 5

  1.5.1　我国天然气水合物矿藏的分布 ································· 5

  1.5.2　我国海域天然气水合物试采进程 ······························ 6

1.6　天然气水合物开发的意义 ··· 8

第2章　海底天然气水合物的形成条件与赋存地质环境 ······················· 9

2.1　海底天然气水合物的形成条件 ······································ 9

  2.1.1　温压条件 ·· 9

  2.1.2　气体来源 ··· 11

  2.1.3　沉积条件 ··· 11

2.2　天然气水合物赋存的地质环境 ····································· 13

  2.2.1　主动大陆边缘 ··· 15

  2.2.2　被动大陆边缘 ··· 15

  2.2.3　边缘海盆地 ··· 16

2.3　天然气水合物稳定带 ·· 17

  2.3.1　水合物稳定带的概念 ······································ 17

  2.3.2　水合物稳定带的影响因素 ··································· 18

第3章　海底天然气水合物的开采与风险 ································· 22

3.1　天然气水合物开采的原理与方法 ··································· 22

  3.1.1　降压开采法 ··· 24

  3.1.2　热激发开采法 ··· 25

  3.1.3　抑制剂注射开采法 ·· 25

  3.1.4　固体流化开采法 ··· 25

　　3.1.5　气体置换开采法 ·· 26
　3.2　海底天然气水合物开采中的安全风险与环境问题 ·············· 28
　　3.2.1　海洋地质灾害 ·· 29
　　3.2.2　海洋环境灾害 ·· 31
　　3.2.3　海洋工程灾害 ·· 33

第4章　水合物分解对海底沉积物的变形破坏 ······················· 34
　4.1　海底水合物沉积层特征 ··· 34
　　4.1.1　海底沉积物的地质成因与特征 ······························· 34
　　4.1.2　水合物沉积层的形成过程 ····································· 43
　　4.1.3　海底水合物沉积物分层结构 ·································· 44
　4.2　海底天然气水合物的分解 ·· 46
　　4.2.1　引发水合物分解的因素 ·· 46
　　4.2.2　分解气体在沉积物中的增长模式 ····························· 47
　　4.2.3　分解气体在沉积物中的运移方式 ····························· 47
　4.3　渗气引发上覆土层变形破坏分析 ·································· 48
　　4.3.1　水合物沉积层破坏现象 ·· 48
　　4.3.2　水合物沉积层变形破坏理论分析 ····························· 51
　4.4　室内模型实验方案设计 ··· 54
　　4.4.1　基本思路 ··· 54
　　4.4.2　一维实验方案设计 ·· 55
　　4.4.3　二维实验方案设计 ·· 58
　4.5　一维模型实验结果 ·· 61
　　4.5.1　上覆层变形破坏现象 ··· 61
　　4.5.2　上覆层各处温压变化结果 ······································ 65
　　4.5.3　上覆层变形破坏过程分析 ······································ 68
　4.6　二维模型实验结果 ·· 70
　　4.6.1　上覆层变形破坏现象 ··· 70
　　4.6.2　上覆层各处压力变化结果 ······································ 71
　　4.6.3　上覆层变形破坏过程分析 ······································ 75
　4.7　实验结果分析 ··· 76
　　4.7.1　分层破坏产生的分层空腔厚度分析 ·························· 76
　　4.7.2　上覆层表面冲刷坑形成机理分析 ····························· 77
　　4.7.3　气体在上覆层的渗流通道分析 ································ 79
　　4.7.4　上覆层厚度对破坏模式影响分析 ····························· 80
　　4.7.5　上覆层黏粒含量对破坏模式影响分析 ························ 84
　　4.7.6　海底水合物沉积层微地貌形态成因分析 ···················· 86

第5章 水合物开采对海底斜坡稳定性的影响 ……………………………… 87
 5.1 天然气水合物赋存区的海底斜坡特征 …………………………… 87
  5.1.1 海底滑坡(海底扇及滑塌体) …………………………… 87
  5.1.2 泥底辟构造地貌 …………………………………………… 89
  5.1.3 水合物斜坡地形地貌实例 ………………………………… 89
 5.2 水合物分解对海底斜坡稳定性的影响机理 ……………………… 97
  5.2.1 影响机理 …………………………………………………… 97
  5.2.2 影响因素分析 ……………………………………………… 98
 5.3 水合物开采对海底斜坡稳定性影响的模拟实验 ………………… 98
  5.3.1 实验装置 …………………………………………………… 98
  5.3.2 实验材料 …………………………………………………… 101
  5.3.3 实验方案 …………………………………………………… 102
 5.4 实验结果与数据分析 ……………………………………………… 106
  5.4.1 实验破坏模式分析 ………………………………………… 106
  5.4.2 不同上覆层厚度实验结果及分析 ………………………… 109
  5.4.3 不同坡度实验结果及分析 ………………………………… 121
  5.4.4 不同水深实验结果及分析 ………………………………… 131
 5.5 气体对海底斜坡影响的稳定性分析 ……………………………… 140
  5.5.1 水合物分解气体产生的超孔隙压力的计算 ……………… 140
  5.5.2 考虑超孔隙压力的海底斜坡稳定性计算 ………………… 142

第6章 水合物分解对沉积物地质环境参量变化的影响 ………………… 147
 6.1 含水合物沉积物地质环境场理论分析 …………………………… 147
  6.1.1 水合物分解时沉积物电阻率研究 ………………………… 147
  6.1.2 水合物分解时沉积物温度研究 …………………………… 148
  6.1.3 水合物分解时沉积物孔压研究 …………………………… 149
 6.2 水合物生成时地质环境条件的变化 ……………………………… 152
  6.2.1 实验材料 …………………………………………………… 152
  6.2.2 实验装置 …………………………………………………… 154
  6.2.3 实验方案与步骤 …………………………………………… 156
  6.2.4 水合物生成过程及对环境参量的影响 …………………… 159
 6.3 水合物分解时地质环境条件变化的实验现象及结果分析 ……… 162
  6.3.1 水合物分解过程 …………………………………………… 162
  6.3.2 沉积层配比对地质环境参量的影响 ……………………… 164
  6.3.3 水合物饱和度对地质环境参量的影响 …………………… 173
  6.3.4 分解温度对地质环境参量的影响 ………………………… 180
 6.4 总结 ………………………………………………………………… 187

第7章　水下细粒土中气体渗透特征研究 ································· 189

7.1　海洋天然气水合物赋存岩土层 ································· 189

7.2　沉积物渗透性研究意义 ································· 191

7.3　气在非饱和土体中的渗透理论分析 ················· 192

7.3.1　天然气水合物渗透研究特点 ················· 192

7.3.2　渗透基础知识和基本定律 ················· 193

7.3.3　气体在多孔介质中渗透形式 ················· 195

7.3.4　气体渗透率的计算 ················· 197

7.3.5　气体在水下土层中的渗透机理 ················· 198

7.3.6　土中气体渗透性能的影响因素 ················· 200

7.4　水下黏性土中气体渗透模型实验设计 ················· 201

7.4.1　实验装置 ················· 201

7.4.2　实验方案设计 ················· 203

7.4.3　实验步骤 ················· 204

7.5　实验结果分析 ················· 207

7.5.1　试样2在环境压力为0MPa时的气体渗透实验 ················· 207

7.5.2　试样2在环境压力为0.4MPa时的气体渗透实验 ················· 211

7.5.3　试样2在环境压力为0.77MPa时的气体渗透实验 ················· 212

7.5.4　试样1在环境压力为0.4MPa时的气体渗透实验 ················· 219

7.5.5　试样3在环境压力为0.4MPa时的实验结果及分析 ················· 221

7.5.6　试样1反复多次渗气实验的结果及分析 ················· 226

7.6　水下黏性土层中气体渗透特征 ················· 228

7.7　水下土体中气体渗透影响因素分析 ················· 231

7.7.1　黏性土粗粒含量对气体流的影响 ················· 232

7.7.2　环境压力对气体渗透的影响 ················· 233

第8章　水下粗粒土中气体渗透特征研究 ································· 234

8.1　海底粗粒沉积物与有利沉积层 ················· 234

8.2　气在水下砂土中的渗透实验分析 ················· 236

8.2.1　水下气体渗流实验装置设计 ················· 236

8.2.2　主要装置功能及其技术指标 ················· 237

8.2.3　实验过程 ················· 239

8.3　实验结果分析 ················· 243

8.3.1　砂样1实验结果 ················· 243

8.3.2　砂样2实验结果 ················· 248

8.3.3　砂样3实验结果 ················· 254

8.3.4　砂样4实验结果 ················· 259

8.3.5　砂样5实验结果 ················· 264

　　8.3.6　气体渗透性的离散性分析 ································· 269

8.4　水下粗粒土中气体渗透性能影响因素分析 ···················· 270

　　8.4.1　压差对气体渗透性的影响 ····························· 270

　　8.4.2　进气压力对气体渗透性的影响 ························· 272

　　8.4.3　黏粒含量对气体渗透性的影响 ························· 274

8.5　基于 Matlab 的气体渗透率规律性分析 ······················ 276

　　8.5.1　气体渗透率的计算 ··································· 276

　　8.5.2　三次样条插值法的应用 ······························· 277

第 9 章　含 CO_2 水合物砂 CPTU 测试模型实验研究 ··············· 280

9.1　CPTU 技术方法与数据解释 ······························· 281

　　9.1.1　CPTU 贯入机理 ····································· 281

　　9.1.2　CPTU 测试数据的校正 ······························· 284

　　9.1.3　CPTU 测试法的程序与要求 ··························· 286

9.2　CPTU 模型实验设计 ····································· 290

　　9.2.1　模型实验装置系统组成 ······························· 290

　　9.2.2　主要装置及其技术参数指标 ··························· 291

　　9.2.3　实验设备的连接与调试 ······························· 293

　　9.2.4　实验材料的准备 ····································· 294

　　9.2.5　实验的方案与步骤 ··································· 296

9.3　不含水合物砂的实验结果及分析 ···························· 300

　　9.3.1　实验结果 ··· 300

　　9.3.2　临界深度及各静探参数取值 ··························· 300

　　9.3.3　不同类型砂对静探数据的影响 ························· 302

9.4　含水合物砂的实验结果及分析 ······························ 302

　　9.4.1　二氧化碳水合物生成过程 ····························· 302

　　9.4.2　静力触探贯入曲线分析 ······························· 304

9.5　实验结果对比分析 ······································· 306

　　9.5.1　含水合物对砂样静力触探数据的影响 ··················· 306

　　9.5.2　粒径对含水合物砂样静力触探数据的影响 ··············· 307

第 10 章　研究总结 ··· 312

参考文献 ··· 314

第1章 天然气水合物

1.1 天然气水合物的性质

1.1.1 天然气水合物的组成

天然气水合物(Natural Gas Hydrate,简称 Gas Hydrate),又称笼形包合物(Clathrate)。它是在一定条件下(合适的温度、压力、气体饱和度、水的盐度、pH 值等)由水和天然气组成的类冰的、非化学计量的笼形结晶化合物。天然气水合物多为白色或浅灰色晶体,外貌类似冰雪,可以像酒精块一样被点燃,故也称之为"可燃冰""气冰"或"固体瓦斯"。

由多个水分子通过氢键合成多面体笼,笼中包含作为"客体"的天然气分子,构成天然气水合物的笼形晶体结构(见图 1-1)。天然气水合物可用 M·nH_2O 来表示,M 代表水合物中的气体分子,也称"客体分子";n 为水合指数(也就是水分子数)。M 通常由甲烷(CH_4)、乙烷(C_2H_6)、丙烷(C_3H_8)、丁烷(C_4H_8)等和二氧化碳(CO_2)、氮气(N_2)、硫化氢(H_2S)等其中一种或多种气体组成。

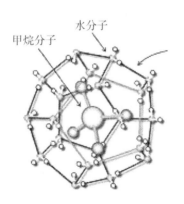

甲烷分子　水分子

图 1-1　天然气水合物晶体结构模型

在自然界中,甲烷是形成天然气水合物最常见的"客体分子",占 90% 以上。若甲烷分子含量超过 99%,则通常称为甲烷水合物(Methane Hydrate)。由于甲烷或其他碳氢气体分子遇火极易燃烧,而且燃烧后几乎不产生任何残渣或废弃物,因此,天然气水合物被认为是未来非常理想的清洁能源,得到各国的重视。

1.1.2 天然气水合物的结构特征

天然气水合物的结晶体以紧凑的格子构架排列，与冰的结构非常相似。在这种冰状的结晶体中，水分子形成一种空间点阵结构的多面体骨架，其中有空穴（直径为 $4.8 \times 10^{-10} \sim 6.9 \times 10^{-10}$ m），气体分子则充填于点阵间的空穴中，气体和水之间没有严格的化学计量关系。形成点阵的水分子之间靠较强的氢键结合，而气体分子和水分子之间的作用力为范德华力，两者在低温和一定压力下通过范德华力稳定地结合在一起。

天然气水合物结构与结晶化合物（化合物包裹体）有类似之处，可以用热力学来描述水合物的理想晶体模型。水合物的形成过程则被看作在水合物骨架（"疏松"冰）的空穴中"吸附"气体分子，水合物骨架本身是不稳定的，气体分子却稳定在水合物骨架中，吸附过程可用等温林穆尔效应来描述。

1.2 天然气水合物的分布

由于天然气水合物成藏受其特殊的性质和形成条件的限制，故通常分布在特定的地理位置和构造单元内，如高纬度的永久冻土带、大陆斜坡、大洋盆地，尤其是海洋深水区的底部和海洋平原等。

自 1965 年，苏联首次在西伯利亚永久冻土带中发现了天然气水合物矿藏后，世界多地陆续发现了天然产出的天然气水合物。截至 2004 年年底，至少在全球 79 个地区直接或间接地发现了天然气水合物的存在，其中，重要的天然气水合物发现地包括海洋区域 31 个，陆上区域 8 个。

目前已发现的天然气水合物矿藏主要分布在两类地区（图 1-2）：一类是分布在大洋中水深为 $200 \sim 4000$ m 的大陆架、洋中脊、海沟、海岭等地区。该类地区的天然气水合物储量约占全球储量的 90%，称为海洋型天然气水合物。据科学家评价结果，其分布面积达 4×10^7 km^2，占地球海洋总面积的 1/4。矿体多呈层状和透镜状，单个矿体厚度为数十厘米到数百米，有的甚至达到 1000m，矿体面积可达数万到数十万平方千米。单个海域的天然气水合物资源量可达数万亿至数百万亿立方米。目前已发现的海底天然气水合物主要分布区有大西洋海域的墨西哥湾、加勒比海、南美东部大陆边缘、非洲西部大陆边缘和美国东的布莱克海台等，西太平洋海域的白令海、鄂霍次克海、千岛海沟、日本海、四国海槽、日本南海海槽、冲绳海槽、中国南海、苏拉威西海和新西兰北部海域等，东太平洋海域的中美海槽、加利福尼亚州滨海、秘鲁海槽等，印度洋的阿曼海湾，南极的罗斯海和威德尔海，北极的巴伦支海和波弗特海，以及大陆内的黑海与里海等。另一类是陆域天然气水合物，主要分布在高纬度的极地或海拔较高的冻土地带中，称为大陆型天然气水合物，主要分布于西伯利亚、阿拉斯加和加拿大麦肯齐（Mackenzie）三角洲地区的北极圈内及我国青藏高原地区等。如俄罗斯西伯利亚麦索亚哈气田便是世界上第一个、也是迄今为止唯一一个商业开发的天然气水合物气田。

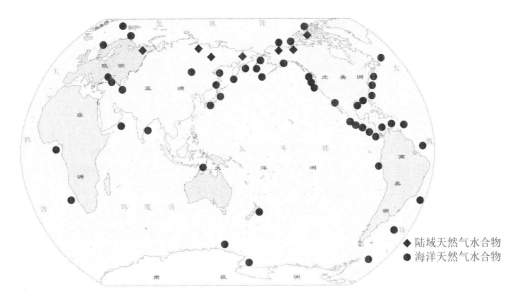

图 1-2 全球天然气水合物分布图(据 USGS, 2014)

1.3 天然气水合物的特点

作为甲烷含量在 90% 以上的一种能源矿产，天然气水合物具有以下特点：

第一，储量巨大。据推算，蕴藏于水合物中的天然气总资源量为 $1.8\times10^{16}\sim2.1\times10^{16}\mathrm{m}^3$。全球天然气水合物中的有机碳约占全球有机碳的 53.3%，而煤、石油和天然气三者之和仅占 26.6%。天然气水合物中的有机碳储量相当于全球传统化石能源的 2 倍以上。据统计预测，全球天然气水合物资源量可供人类使用 1000 年，可见其储量巨大。

第二，能量密度高。天然气水合物是一种能量密度很高的矿产资源，标准状态下 $1\mathrm{m}^3$ 的天然气水合物能释放 $164\mathrm{m}^3$ 的天然气和 $0.8\mathrm{m}^3$ 的水，燃烧所释放的热量远远大于同体积的煤、石油和天然气(约为煤的 10 倍，常规天然气的 2~5 倍)。因此，国际公认为天然气水合物是石油等的接替能源。

第三，洁净无污染。天然气水合物以甲烷为主要成分，燃烧产物为无毒无害的二氧化碳和水，与燃烧煤炭和石油相比，对环境造成的污染极低，因而是理想的清洁能源。

1.4 天然气水合物研究历程

世界上对天然气水合物的研究起始于 18 世纪 70 年代，距今已有 200 多年的历史。研究进程可大致经历了四个阶段。

第一阶段：实验室气体水合物的发现及早期探索阶段。

第一阶段是从 18 世纪 70 年代到 20 世纪 30 年代初。1778 年，英国科学家 Joseph Priestley 因好奇而在冷冻实验中观察到水溶液能在二氧化硫和溶液未结冰的条件下"结冰"

（形成水合物）。1810 年，Davy 发现了氯气水溶液在低温时也能形成水合物，于 1811 年著书正式提出"气水合物"一词。1832 年，Faraday 在实验室合成了氯气水合物，并对水合物的性质做了较系统的描述。此后，人们陆续在实验室合成了 Br_2、SO_2、CO_2、H_2S 等多种气体的气水合物，并提出了著名的 Debray 规则——在给定温度下，所有可分解成固体和气体的固态物质都有一个确定的分解压力，且该压力随温度而变化。1884 年，Roozeboom 提出了天然气水合物形成的相理论。1919 年，Scheffer 和 Meijer 建立了一种新的动力学理论方法来直接分析天然气水合物，他们应用 Clausius-Clapeyron 方程建立三相平衡曲线，用于推测水合物的组成。这一阶段，学者对水合物的研究主要源于学术兴趣，如探究何种物质能形成水合物及其所需要的温度和压力条件等。

第二阶段：自然产出天然气水合物的发现及管道堵塞防治研究阶段。

第二阶段是 20 世纪 30—50 年代。在 20 世纪 30 年代，由于水合物造成的天然气输气管道堵塞问题给天然气工业带来许多麻烦，人们开始注意天然气输气管线中形成的天然气水合物，对天然气水合物的结构和形成条件进行研究，预防和疏通油气管道堵塞，保障油气管道畅通。1934 年，美国人哈默·施密特（Hammer Schmidt）在被堵塞的输气管道中发现了可以燃烧的冰块，发表了水合物造成天然气输气管线堵塞的有关数据。这是人类首次发现天然的"甲烷气水合物"。当时正值国际油气工业高速发展时期，为了在管道运输和加工过程中抑制水合物生成，人们开始注意到气体水合物的工业重要性，一些企业、政府和大学的研究机构相继开始对水合物进行深入研究，从"负面"推动了对气体水合物及其性质的研究。在这个阶段，人们关注研究天然气水合物的组成、结构、相平衡和生成条件，为工业条件下天然气水合物的预报和清除、天然气水合物生成抑制剂的研究和应用服务。

第三阶段：作为新型能源的勘探调查研究阶段。

第三阶段是自 20 世纪 60 年代至 90 年代，人们开始认识到天然气水合物作为一种新型能源的潜在价值，进行全面研究。1946 年，苏联学者斯特里诺夫认为：只要有合适的温度和压力，自然界必定会有天然气水合物的形成，而且还能够聚集成为"天然气水合物矿产"。比如，处于极冷的地区或压力足够高的地下就有可能形成。1968 年，苏联地质学家在西伯利亚麦索亚哈常年冻土带找到了"天然气水合物矿产"，发现了第一个具有商业开发价值的天然气水合物矿藏——麦索亚哈气田，引起世界各国的重视。20 世纪 70—80 年代，美国、加拿大、苏联、日本等十几个国家联合实施了深海钻探计划（DSDP）和大洋钻探计划（ODP），在许多海域（如鄂霍克茨海、墨西哥湾、大西洋、北美太平洋一侧和拉丁美洲太平洋一侧等海域）的海底都采集到了天然气水合物样品，大规模的国际合作成果卓著，天然气水合物研究及综合普查勘探工作进入了全面发展阶段。例如，1979 年，DSDP 第 66、67 航次，开赴中美洲海槽，找到了存在"似海底反射层（BSR）"这一怪现象的海域，打钻的结果是发现了科学家期待已久的可燃冰。这使科学家确信，只要有"似海底反射层"这一怪现象存在的海域，就可能存在可燃冰。1981—1986 年，DSDP 第 84、96、112 航次在秘鲁海槽、南墨西哥滨海带、危地马拉滨海带等地发现了可燃冰的存在；1990—1993 年，又在太平洋西岸、美国西海岸、日本滨海、日本南海海沟等地发现了可燃冰的存在；1992 年，ODP 第 146 航次在美国俄勒冈州西部大陆边缘卡斯卡迪亚

(Cascadia)海台取得了天然气水合物岩芯；1995 年，ODP 第 164 航次在美国东部海域布莱克海台实施了一系列深海钻探，取得了大量水合物岩芯，证明了天然气水合物具有商业价值。

在这一阶段，世界各国科学家对天然气水合物的类型及物化性质、自然赋存和成藏条件、资源评价、勘探开发技术及其与全球变化和海洋地质灾害的关系等进行了广泛而卓有成效的研究。对天然气水合物矿藏成功的理论预测，以及对天然气水合物形成带内样品的成功检出和测试，被认为是 20 世纪最重大的发现之一。这使天然气水合物在能源方面展现出广阔前景。

第四阶段：天然气水合物试验开采阶段。

从 2000 年开始，对可燃冰的研究与勘探进入了高峰期，世界上有 30 多个国家和地区参与其中。为开发这种新能源，国际上成立了由 19 个国家参与的地层深处海洋地质取样研究联合机构，有 50 个科技人员驾驶一艘装备有先进实验设施的轮船从美国东海岸出发进行海底可燃冰勘探。这艘可燃冰勘探专用轮船是当时世界上仅有的一艘能从深海下岩石中取样的轮船，船上装备有能用于研究沉积层学、古人种学、岩石学、地球化学、地球物理学等的实验设备。2002 年，美国、日本、德国、加拿大、印度 5 国的 8 个机构联合在加拿大麦肯齐三角洲冻土带 Mallik 计划进行 Mallik5L-38 井试采，这是人类史上第一次从能源角度对天然气水合物进行钻探研究。此次试采采用注热法，连续生产 5 天，累计采出天然气 $463m^3$。此后，美国、日本、韩国、中国等国都相继开展了天然气水合物的开采试验，标志着天然气水合物研究进入了新阶段。

1.5 我国天然气水合物矿藏的分布与试采进程

1.5.1 我国天然气水合物矿藏的分布

我国天然气水合物的调查勘探研究起步较晚，但发展迅速。从 20 世纪 80 年代中期开始，中国地质科学院、中国科学院等单位开始追踪、收集天然气水合物可望作为未来能源的信息和资料。从 1995 年起，在中国大洋协会和国土资源部的支持下，中国地质科学院矿产资源研究所与中国科学院地质与地球物理研究所、广州海洋地质调查局、中国地质矿产信息研究院协作承担了西太平洋和中国近海天然气水合物找矿远景、探查关键技术等课题研究。1997 年，中国地质科学院完成了"西太平洋气体水合物找矿前景与方法的调研"项目，认为西太平洋边缘海域，包括我国东海和南海，具备天然气水合物的成藏条件和找矿前景。1998 年，我国正式加入大洋钻探计划（ODP）。2002 年，启动天然气水合物的资源调查与评价专项工作，选择了南海西沙海槽、神狐、东沙、琼东南等海域及青藏高原和大兴安岭分别作为重点研究区（吴必豪等，2003）。2004 年，中德科学家联合考察团在我国南海发现了天然气水合物的存在。2007 年 5 月 1 日凌晨，我国在南海神狐海域钻获了天气水合物实物样品（见图 1-3），使此海域成为世界上第 24 个采到天然气水合物实物样品的地区，第 22 个在海底采到天然气水合物实物样品的地区。我国也因此成为继美国、日本、印度之后第 4 个通过国家级研发计划采到天然气水合物实物样品的国家，标志着我国天然气水合物调查研究水平步入世界先进行列。

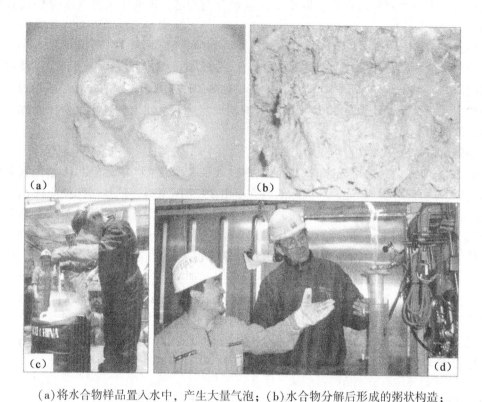

(a)将水合物样品置入水中,产生大量气泡;(b)水合物分解后形成的粥状构造;
(c)将水合物样品置入液氮罐中保存;(d)水合物分解燃烧实验
图 1-3　2007 年神狐海域 GMGS01 航次获取的水合物样品及燃烧实验(Wu et al., 2008;Yang et al., 2008)

经过多年的不懈努力,目前我国已经能够在实验室合成含有泥沙沉积物的天然气水合物,并对存在天然气水合物资源的青藏高原冻土层及东海、南海等若干重要地区进行了多轮次勘探,初步查清了天然气水合物的分布,并成功试采。

研究表明,中国可燃冰主要分布于南海海域、东海海域、青藏高原冻土带以及东北冻土带。据粗略估算,分布于南海海域、东海海域、青藏高原冻土带以及东北冻土带的天然气水合物资源量分别约为 $64.97×10^{12}\,m^3$、$3.38×10^{12}\,m^3$、$12.5×10^{12}\,m^3$ 和 $2.8×10^{12}\,m^3$。据《中国矿产资源报告 2018》,初步预测中国海域天然气水合物资源量约 800 亿吨油当量,接近我国常规石油资源量,约为常规天然气资源量的 2 倍。这为解决我国能源困境、环境污染危害等带来了希望。按当前的消耗水平,可满足我国近 200 年的能源需求。

1.5.2　我国海域天然气水合物试采进程

我国南海是西太平洋最大的边缘海,面积达 $350×10^4\,km^2$,其中北部陆坡面积约 $126.4×10^4\,km^2$,平均水深 1212m,最深超过 5000m。它是在晚白垩世(65Ma)后又经中始新世(44Ma)、晚渐新世—中新世初(21.5Ma)、晚上新世(3Ma)多次构造运动,由太平洋板块、印度洋板块与欧亚板块三大板块交汇形成的。

不少学者研究了南海北部天然气水合物的分布和成藏特征，认为这里构造活动强，沉积层厚度大，沉积速率高，深部热流异常活跃，具有一系列有利于水合物形成和赋存的地质构造和地球化学条件，形成了有别于世界其他典型构造环境的天然气水合物矿藏类型。经过多年的地质、地球物理、地球化学研究，发现南海北坡赋存丰富的天然气水合物资源，初步探明天然气水合物资源量达 $1000 \times 10^8 \sim 1500 \times 10^8 \, \text{m}^3$ 甲烷气体(标态下)。

2002 年在南海圈定了神狐区、东沙区、琼东南盆地和西沙 4 个海域为重点勘探区，面积达 $2.75 \times 10^4 \, \text{km}^2$。2007 年 MGSG01 航次中，在神狐区首次钻取了天然气水合物实物样品；2013 年 MGSG02 航次中，又探到了两个高饱和度的水合物储层。

2017 年，中国地质调查局在神狐海域组织实施了首次天然气水合物试采。3 月 28 日试开采井开钻，5 月 10 日下午 2 时 52 分点火成功，从水深 1266m 海底以下 203～277m 的天然气水合物矿藏中开采出天然气。7 月 9 日实施关井作业，连续试开采 60 天，累计产气超过 $30.9 \times 10^4 \, \text{m}^3$，平均日产 $5000 \, \text{m}^3$ 以上，最高日产 $3.5 \times 10^4 \, \text{m}^3$，甲烷含量最高达 99.5%。

此次试开采的成功是我国首次、也是世界首次成功地实现资源量占全球 90% 以上、开发难度最大的泥质粉砂型天然气水合物的安全可控开采。取得了持续产气时间最长、产气总量最大、气流稳定、环境安全等多项重大突破性成果，创造了产气时长和总量的世界纪录。试采获取了科学试验数据 647 万组，为后续的科学研究积累了大量的翔实可靠的数据资料，国务院批准将天然气水合物列为中国第 173 个矿种。

2020 年 2 月 17 日，第二轮试采点火成功，持续至 3 月 18 日完成预定目标任务(见图 1-4)。本轮试采是从"探索性试采"向"试验性试采"迈出的重要一步，试采 1 个月，产气总量 $86.14 \times 10^4 \, \text{m}^3$，日均产气量 $2.87 \times 10^4 \, \text{m}^3$，是第一轮 60 天产气总量的 2.8 倍。第二轮试采攻克了深海浅软地层水平井钻采核心关键技术，实现产气规模大幅提升，为生产性试

图 1-4 我国在南海完成水合物的第二次试采

采、商业开采奠定了坚实的技术基础。我国也成为全球首个采用水平井钻采技术试采海域天然气水合物的国家。

两次天然气水合物试开采的成功，标志着我国经过 20 年的不懈努力，在天然气水合物研究领域走到世界前列，取得了天然气水合物勘探开发理论、技术、工程、装备的自主创新，实现了历史性突破。

1.6　天然气水合物开发的意义

首先，天然气水合物的勘探开发是继页岩气后又一次能源革命。因其储量巨大，足以取代日益枯竭的传统能源。作为当今世界三大问题之一的能源问题一直都是困扰人类发展的拦路虎，如何解决日益增长的能源需求与逐渐减少的能源资源之间所产生的矛盾已经成为当务之急。从这个意义上讲，天然气水合物的开发对我国的意义更巨大。在进入 21 世纪后，随着我国改革开放的全面深化以及现代化生活的普及，无论是工业化生产还是城镇化建设，几乎在每个方面需要大量能源供给来维持运转，社会对能源资源的需求也达到一个空前的地步。我国仍是以煤炭为主、石油与天然气为辅的能源结构，煤炭消费量的占比虽逐年下降，但截至 2018 年依然接近 70%。天然气消耗量的占比虽逐年增长，但占比仍较低，截至 2018 年依然没有超过 10%。因此，开发天然气水合物对于改善我国能源结构，提高能源自给率，实现"双碳"目标意义巨大。

其次，作为一种清洁能源，天然气水合物的开发对于治理日益严重的环境污染也有重大意义。在我国，每年约有 19 亿吨油当量的煤炭消耗，排放大量固体颗粒物及二氧化硫等污染物，对地球大气层造成严重污染并引发如雾霾、酸雨等日益突出的环境问题，直接对人类的生活品质造成威胁。因此急需清洁高效且储量丰富的能源矿产来缓解能源紧缺、环境问题，保持经济的可持续健康发展，其中天然气水合物是最有前景的一种新型能源。

再次，天然气水合物作为 21 世纪的替代能源，是世界能源发展的大趋势。美国伍兹霍尔海洋研究所的一名科学家认为，天然气水合物的开发利用可能会改变世界能源结构。根据国际评估，未来天然气水合物的开发成本约相当于每桶 20 美元石油的开发成本。在今后 20 年中，我国如能开发南海天然气水合物，有可能像西气东输那样实现"南气北输"，对于形成大的能源战略转移而言，将具有重大意义。

另外，加强天然气水合物勘探开发不仅具有重大经济意义，而且还具有重大政治意义，是建设海洋强国和科技强国的重要举措，是维护国家海洋主权的里程碑。

最后，天然气水合物开发还具有潜在的科学价值。地史时期海平面变化、海底地壳活动及未来人类开发不当，都有可能导致海底天然气水合物泄漏，从而引起全球变暖，也有可能引起海底滑坡、破坏海洋生态环境。因此，相关研究可对地质学、环境科学和能源工业等的发展产生深远影响，这一点已引起世界上多个国家的高度重视。

第 2 章　海底天然气水合物的形成条件
与赋存地质环境

在地壳范围的自然界中，天然气水合物主要生成和赋存于两大类地质环境中，即大洋海底和大陆冻土带地区，因此形成了海洋型与大陆型两大类水合物。其中，海洋型天然气水合物广泛赋存于世界各大洋的海底，占天然气水合物总储量的90%以上。

2.1　海底天然气水合物的形成条件

海底天然气水合物是一种非常规天然气矿藏，其形成与分布需要满足一定的条件，概况起来讲，包括特定的温压条件、合适的沉积条件以及充足的气体来源三个方面。

2.1.1　温压条件

水合物作为一种冰状固态化合物，其形成有特定的温压条件，并且受自然界环境以及

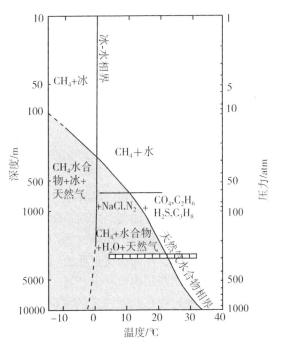

图中充填竖条带的矩形区为 ODP994 站位水合物的温压条件

图 2-1　甲烷水合物相平衡曲线(据金庆焕等，2006)

气体组分、孔隙液体的含盐度等因素的影响。水合物稳定存在于特定的压力和温度范围之内(高压低温条件),通常采用深度(压力)-温度关系图反映。图 2-1 为海洋型天然气水合物相平衡曲线。曲线左侧,即高压低温(相对的)环境下甲烷与水分子结合,形成天然气水合物;而右侧,即低压高温(相对的)环境下,甲烷则以气态形式存在,不会形成水合物。

　　海洋中水与海底沉积物的温度、压力都与深度相关,因此可以根据天然气水合物温压平衡曲线确定水合物形成带的厚度与埋深。图 2-2 为考虑了地热梯度(地温梯度)推测的海底天然气水合物稳定的温度-深度关系图。由地温梯度曲线与天然气水合物相平衡曲线的交点可以确定水合物形成带底界的深度。

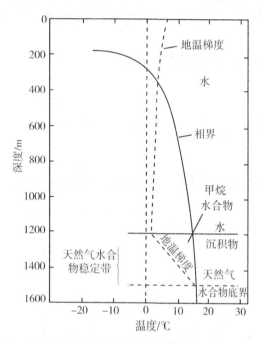

图 2-2　推测的海底天然气水合物稳定的温度-深度关系图

　　因此,可以通过实验方法获得关于某一层位、某种组分气水合物形成的平衡曲线,然后依据井筒气体的静压力将其绘成地温梯度曲线。这两条曲线的交点就是地下水合物形成的空间下限。若交点位于气藏的底部,则说明产层的气体均为水合物相;若两曲线在含气水平层内相交,则说明气藏是混合性的,比曲线交点低的层位是游离气,比交点高的是水合物;若曲线交点高于含气区,则说明产层内没有水合物。

　　根据温压条件,海域水合物的稳定存在需要一定的水深,水深越大意味着压强越高。一般认为水深超过 300m 的海域具有水合物稳定存在的压力条件(Kvenvolden,1995)。但更大的水深也意味着与陆地的距离相对较大,陆源物质的输送量相对较低,沉积物有机质含量偏低,也不利于烃类气体的生成。例如,印度西海岸的科拉拉-康坎(Kerala-Konkan)海域中水深达 2663m 的站位中,并无水合物的产出。

2.1.2 气体来源

水合物的形成一定需要丰富的烃类气体来源。在自然界中，烃类气体的产出可分有机成因和非有机成因两大类。有机成因的气体又包括生物气和热解气。生物气是指沉积物在堆积聚集过程中，当温度小于50℃时，有机质在细菌的生物化学作用下转化形成甲烷及乙烷、丙烷等烃类气体，主要成分为甲烷(>99%)，且甲烷以贫 C(-8.5% <C<-6.0%) 为主要特征(Whiticar et al., 1986)。世界范围内钻获的海域水合物气源大部分为微生物成因的。微生物成因甲烷只能在严格厌氧还原条件下由产甲烷菌产生，且因温度随埋藏深度加大而逐渐升高，产甲烷菌的活性逐渐降低，从而导致甲烷产率指数下降(Whiticar et al., 1986; Yoshioka et al., 2009)，故产甲烷菌最适宜的赋存温度为36~42℃。微生物成因甲烷产生的顶界面和底界面分别由硫酸盐还原带和地温梯度确定。它们的形成类似于湖泽沼气，广泛分布于海底和大陆浅部沉积层中，数量巨大，是形成水合物的重要烃源。

热解气是指沉积物中的有机质在一定的温度、压力条件下，经裂解作用产生的混合气体。混合气体以 CH_4 为主，包含相当含量的 C_2 ~ C_4 (Pohlman et al., 2005)。热成因甲烷水合物在水合物脊、墨西哥湾、里海和鄂霍茨克海等地都有发现(Brooks et al., 1984; Cranston et al., 1994; Ginsburg et al., 1994; Milkov et al., 2004b)。对这些区域的研究表明，热成因气水合物的形成与深部含油气系统存在一定的关联，主要依赖于含油气系统和水合物稳定带之间的流体活动，即合适的运移通道。

另外，热解气也包括深部天然气上升带来的气体。从地壳深部运移上来的无机成因的气体，被称为深源气，有时也被归并到热解气中。

烃类气体来源研究是了解水合物聚集特征的必要环节，世界范围内的水合物钻探结果表明，浅部微生物成因甲烷和深部热成因甲烷都可以作为水合物的气源，并可以通过甲烷的碳同位素和氢同位素组成特征加以区分(Kastner, 2001; Milkov, 2005)。

一般认为，原位生成的微生物气的浓度并不足以形成一定规模的水合物藏(Uchida et al., 2004)，需要经过一定通道运移在适宜的位置聚集到一定浓度才能形成水合物。甲烷和其他烃类气体在沉积物中的运移方式有三种：①扩散；②以溶解态随水一起运移；③靠浮力以单独气相运移。其中扩散过程极为缓慢，仅仅依靠这种方式，不太可能形成特定规模的水合物藏(Xu et al., 1999)。甲烷气体溶于水，并以对流的形式运移，是一种非常有效的方式。烃类气体以对流和单独气相的形式在沉积物中的运移，在可渗透沉积层附近最为常见，包括断裂体系或多孔可渗透沉积层。

2.1.3 沉积条件

水合物的形成不仅需要有充足的气源，而且需要有一定的水介质与储集空间。储集空间由海底沉积物的类型所决定，受沉积物成因、沉积速率、粒度成分、固结程度等因素控制。

1. 沉积物成因

研究表明，海洋水合物主要分布于大陆边缘的陆坡或水下隆起区的积物中(Kvenvolden, 1995; Waseda, 1998)。ODP 第 164 航次在美国佐治亚州南部 350km、水深

2000~4000m 的大西洋海域的布莱克海台地区发现了沉积物中存在水合物,科学家对钻孔揭示的沉积物常量组分进行了分析(Lu et al., 2000),认为该地区沉积物中陆源物质和生物碳酸盐的含量超过99%,沉积物 Al/Ti 值为16~20,属于典型的陆源成因范围,表明布莱克海台地区沉积物主要来源于陆源和生物成因物质(表2-1)。

表 2-1　布莱克海台地区沉积物常量组分含量(%)(引自 Lu et al., 2000)

含量	组　分									
	SiO_2	Al_2O_3	Fe_2O_3	CaO	MgO	K_2O	Na_2O	MnO	P_2O_5	TiO_2
平均值	41.45	10.83	4.91	17.25	250	1.81	1.56	0.07	0.15	0.54
最小值	31.85	8.42	3.47	13.24	1.85	1.20	0.89	0.05	0.09	0.45
量大值	46.11	12.24	5.64	24.42	3.01	2.17	2.29	0.08	0.21	0.64

注:沉积物采自 ODP 第 164 航次 997A 站位 0.21~13.58m,样品数量为 10。

2. 粒度成分

沉积物中的水合物通常具有四种存在形式:①占据粗粒沉积物的孔隙;②分散在细粒沉积物中形成结核;③充填裂隙;④含少量沉积物的水合物块体。越来越多的研究表明沉积物性质对于水合物的形成与分布具有重要的控制作用。例如,阿拉斯加和中美洲海槽沉积物中水合物分布明显与沉积物岩性有关(Collett, 1997)。在中美洲海槽 DSDP570 站位中发现水合物的沉积物粒度要比没有发现水合物的上下地层沉积物的粒度大得多,砂、粉砂粒级沉积物含量明显增加。Clennell 等(1999)认为,水合物是由于毛细管作用和渗透作用在沉积物颗粒间的空隙中形成的,粗粒沉积物由于具有较大的孔隙空间有利于流体活动和气体富集,有利于大量水合物的形成。北阿拉斯加测井曲线的研究表明,水合物主要充填在粗粒沉积物孔隙中(Collett et al., 2000)。

虽然理论上认为粗粒沉积物有利于水合物生成,但据 ODP 第 204 航次最新资料揭示,存在水合物的沉积物粒度都较细,只有粉砂级沉积物,没有砂粒级沉积物。从目前的情况来看,世界海域已经发现的水合物主要呈透镜状、结核状、颗粒状或片状分布于细粒级的沉积物中(Brooks et al., 1991; Ginsburg et al., 1993),含水合物的沉积物岩性多为粉砂和黏土。而在黑海北部克里米亚大陆边缘 Sorokin 海槽泥火山发现的水合物都存在于泥质角砾岩中,并饱含气体。出现上述矛盾情况,一方面可能是目前获取水合物的海域水深较大,沉积物整体粒度较细;另一方面说明水合物成矿与沉积物岩性粗细的关系和机理尚不清楚,并不是简单地越粗越好。金庆焕等(2006)认为,水合物主要生成于细粒级的沉积物中,富集于细粒沉积物背景的较粗沉积物中,这是由水合物处于深水沉积环境所决定的,也是目前发现的水合物主要存在于细粒级沉积物中的主要原因。

3. 固结程度

全球的勘探表明,海洋水合物主要产出于晚中新世以来的未固结沉积物中,如含砂软泥、粉砂质黏土等。如 ODP 在布莱克海台 997 孔取得的水合物分布于上新世地层。而一些通过构造裂隙或盐底辟构造部位渗出的水合物可分布于全新世地层，如德国"太阳号"设于东太平洋水合物海岭和大洋钻探项目在布莱克海台996站位取得的水合物样品。

水合物生成不仅与沉积物年龄、固结程度和粗细有关，而且沉积物中生物硅、碳酸钙等特殊成分的存在及其丰度也影响了水合物的生成和分布。根据ODP第164航次含水合物的沉积物特征，水合物稳定带的沉积物含较丰富的硅藻化石。由于硅藻具有孔隙较发育的特点，大量硅藻的存在增加了沉积物的孔隙度和渗透率，因而沉积物孔隙度与生物硅含量呈显著的正相关关系。此外，富含硅藻的沉积物形成于当地古气候适宜和古生产率高的环境下，亦是有机碳来源较丰富的地区之一。所以，沉积物的岩石学特点也可指示水合物的存在与否。ODP在布莱克海台997孔所取样品的分析结果显示，在海底之下180m即水合物的顶界，岩性及矿物组成有一突然转变，方解石、斜长石含量增高，而石英含量降低；在布莱克海台994站位，水合物带可分为上、下两带，其上带的分布位置与低碳酸钙含量段相吻合，该段碳酸钙含量低于10%，而在水合物上带的上、下地层中，碳酸钙含量大于10%或达到15%。

4. 沉积速率

根据对美国大西洋边缘水合物的研究结果，沉积速率是控制水合物聚集的最主要因素，含水合物沉积物的沉积速率一般较快，超过30m/Ma(3cm/ka)。在东太平洋边缘的中美洲海槽地区，赋存水合物的新生代沉积层的沉积速率高达1055m/Ma；在大西洋美洲大陆边缘中的4个水合物聚集区中，有3个与快速沉积有关。其中，布莱克海台地区晚中新世至全新世沉积速率为4.0~34.0cm/ka，哥斯达黎加地区上新世至全新世沉积速率为5.5~9.3cm/ka(表2-2)。究其原因，大多数海洋水合物是由生物甲烷生成的，在快速沉积的半深海沉积区聚积了大量的有机碎屑物，它们在海底由于被迅速埋藏、未遭受氧化作用而保存下来，并在沉积物中经细菌作用转变为大量的甲烷(Claypool et al.，1974)，因此，高的沉积速率有利于水合物的形成。另外，沉积速率高的沉积区易形成欠压实区，从而构成良好的流体输导体系，也有利于水合物的形成。

表2-2　布莱克海台等地区沉积速率表(cm/ka)(Paull et al.，1996)

站位	全新世	更新世	上新世	中新世	渐新世
布莱克海台	4.0~6.8		8.9~16	25.6~34	
哥斯达黎加	5.5		9.3		

2.2　天然气水合物赋存的地质环境

天然气水合物是一种在常温常压下不稳定的化合物，但能形成于低温和较高的压力环境。在地壳范围的自然界中，天然气水合物生成和赋存于大洋海底和大陆冻土带内，因为那里具备生成的基本条件——存在甲烷等烃类气体和水，以及适合天然气水合物形成的温度和压力条件(图2-3)。

13

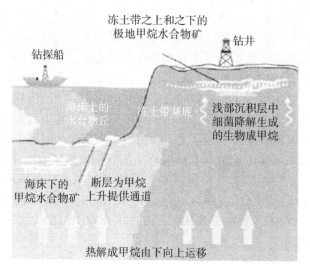

图 2-3　陆缘近海及大陆冻土带天然气水合物矿床成矿模式示意图

（NETL & USDE，2011）

天然气水合物生成于低温和较高压力的环境条件。图 2-4 显示了天然气水合物形成及稳定的温度和深度(压力)范围。在海洋环境中，水合物形成温度可为 0~15℃，压力则应大于 3MPa(30 个大气压)；在永久冻土带地区，温度为−10~10℃，压力则应大于 1.5MPa(15 个大气压)。

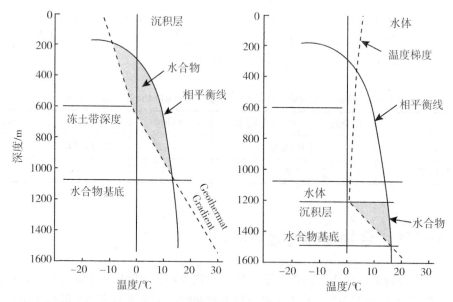

图 2-4　依据气体水合物相平衡原理和地温梯度确定的天然气水合物在冻土带(左图)

和海底(右图)形成及稳定的温度-深度(压力)条件(据 Crain，2014)

相应于上述相图所要求的温度和压力条件，具体到海洋地区水合物所能形成的海域，其水深一般要大于300m，下限水深可达2000m。在近赤道地区的海域，上限水深可能要大于400m，而在极地附近海域，则可小于300m。在较大水深条件下，海底温度通常为0~2.5℃，水合物可以直接沉积于海床上；又因压力的增长，水合物可形成于海床下深达650m甚至1100m的沉积层中。在大陆上，水合物主要赋存于极地和高纬度地区的永久冻土带地层中，水合物稳定带可在冻土带基底之上和基底之下，其形成深度可从深150m向下延展至1200m。此外，在大陆深水湖泊的湖底，若温度和压力条件适合，又有丰富的气体来源(如贝加尔湖和里海)，也可在湖底或其下的沉积层中形成水合物。

海底水合物主要赋存于世界各大洋之陆缘和半岛的近海海底，如陆坡、岛坡、陆隆、海底高原，尤其是那些与油气藏、泥火山、泥(盐)底辟、冷泉活动、碳酸盐结壳、麻坑微地貌发育密切相关的地区。从目前钻遇水合物的海域来看，主要集中在三类地质构造中：①主动大陆边缘弧前盆地，如加拿大卡斯卡迪亚俯冲带、日本海海槽、新西兰希库兰吉俯冲带等；②被动大陆边缘，如美国布莱克海台、墨西哥湾、挪威大西洋被动大陆边缘、美国阿拉斯加陆坡等；③边缘海盆地，如日本海东南缘上越盆地、韩国郁陵盆地、中国南海等。近年，在北极海域也发现了丰富的天然气水合物，可见天然气水合物在海洋中的分布十分广泛，在从赤道到极地的海域大量富集。

2.2.1 主动大陆边缘

活动大陆边缘也称汇聚型大陆边缘，包括海沟直逼大陆边缘的安第斯型大陆边缘和西太平洋型活动大陆边缘，后者由海沟、岛弧、边缘(弧后)盆地构成，简称"沟弧盆系"。活动大陆边缘存在贝尼奥夫带(Benioff zones，指位于海沟处平行于海沟的震源带)，是沟通地表与地球深部的最重要场所。俯冲板块携带洋壳和上地幔、陆源和生物源沉积以及地外宇宙尘进入地球内部，在弧前区发生俯冲增生与俯冲侵蚀，俯冲板块释放出的流体导致其上方地幔楔脱水和改造，进而引起熔融和强烈的岩浆活动，沉入地球深部的板块补给深地幔对流并可能成为地幔柱的源区。各类活动边缘具有一定的共性，它们通常发育海沟、贝尼奥夫带和火山弧，但也存在显著的差异。活动大陆边缘包括七个主要地貌单元的地质构造：外缘隆起、海沟、增生楔构造、弧前盆地、火山弧、弧间盆地与弧后盆地。天然气水合物主要分布在增生楔构造、弧前盆地和弧后盆地中。其中以增生楔构造和弧前盆地最为典型，图2-5显示了增生楔内气体迁移与水合物的形成关系。

2.2.2 被动大陆边缘

被动大陆边缘，也称大西洋型大陆边缘，是经过大陆张裂和海底扩张后形成的大陆边缘。在张裂过程的初期，新生的大陆边缘地带开始发生强烈的断裂作用和岩浆活动；后期发生岩石圈减薄和破裂并开始海底扩张；裂后漂移期发生单纯的沉降、侵蚀和沉积作用。

被动大陆边缘可分为3种类型：非火山型大陆边缘、火山型大陆边缘和张裂-转换大陆边缘。无论火山型还是非火山型被动大陆边缘，多数具有分段性，即被近垂直于走向的转换断层分割，每段400~1000km，且每段内结构特点较均一。地壳张裂的两侧往往形成

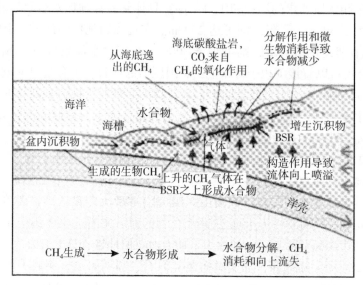

图 2-5   主动陆缘增生楔内气体迁移与水合物形成关系略图(据金庆焕等，2006)

一对共轭大陆边缘，二者分段性特征相近，结构上却存在明显差别。例如，伊比利亚纽芬兰边缘是典型的非火山型共轭边缘，而挪威、格陵兰东南边缘则是火山型共轭边缘。大西洋两侧被动大陆边缘、印度洋和北冰洋的被动大陆边缘均分布丰富的天然气水合物资源。

2.2.3 边缘海盆地

边缘海盆地成因十分复杂，既有与俯冲有关的弧后盆地，并由此决定边缘海盆地的主要特征，又有一些与俯冲无直接关联的边缘海盆地。Tamaki 和 Honza(1991)总结边缘海盆地的特征包括：①大多数分布在西太平洋，仅有少部分分布在西大西洋，且都分布在大陆东侧。②与大洋相比，边缘海盆地生存的时间很短，一般不超过 25Ma。边缘海盆地的形成是间歇性的，这与其成因有关。③边缘海盆地因为海底扩张而形成，由于俯冲而关闭消亡，某些边缘海盆地在扩张停止后即消亡，例如日本海。由于在日本岛弧的西侧目前正在发育一个俯冲带，这将使日本海随着俯冲而逐步消亡。马鲁古海盆地由于沿着东、西两个成对俯冲带俯冲而几乎已经关闭消亡。④西太平洋俯冲带开始活动于 180Ma 前，而其边缘海盆地的年龄却不到 80Ma，说明古老的边缘海盆地都已经因消亡而难以认定。⑤边缘海盆地与其所在大洋相比，具有较深的岩石圈深度。同时，如菲律宾海、日本海、中国南海、苏禄海、西里柏斯海和伍德拉克等的边缘海盆地，它们的水深分别比所在太平洋、大西洋和印度洋深 600～800m。⑥边缘海盆地有时可以改变其扩张轴的走向，这种现象见于西菲律宾盆地和斐济盆地。这说明边缘海盆地易受其周围构造单元的影响，因此其海底扩张属于被动性质。近年来，在苏禄海、中国南海、日本海、鄂霍次克海等的边缘海盆地均发现了丰富的天然气水合物资源。

2.3 天然气水合物稳定带

2.3.1 水合物稳定带的概念

天然气水合物稳定带(Gas Hydrate Stability Zone，GHSZ)是由水合物相平衡曲线与地温梯度相配合所限定的地层下的温度-深度(压力)范围，在这段温度-压力范围内，在有足够气源条件下，天然气水合物能够生成并稳定存在。

海洋中水体的温度、压力和化学成分是不均匀的，据此将水体划分为 3 层：混合层(mixed layer)、温跃层(thermocline layer)和深层(deep layer)。在混合层(0～300m)，海水可与大气层互相交流，有光合和生物作用，但温度变化不大，一般 14～16℃。在温跃层(300～1000m)，水温以大约 0.2℃/100m 的水温梯度迅速下降，达到海床时温度降到 0～2℃，再往下在地温梯度作用下温度又渐渐上升。

根据海洋的水温-地温梯度曲线，在海面附近，温度高，压力小，水合物不能稳定存在。到温跃层温度开始下降，在水深 400～500m 处，水合物相平衡曲线与水温梯度线相交(见图 2-6)。由此向下，温度下降、压力增高，进入水合物的稳定带，这算作稳定带的顶面(top of GHSZ)。稳定带的上部可能处在水体中。这里如果有丰富的甲烷气体，本应能

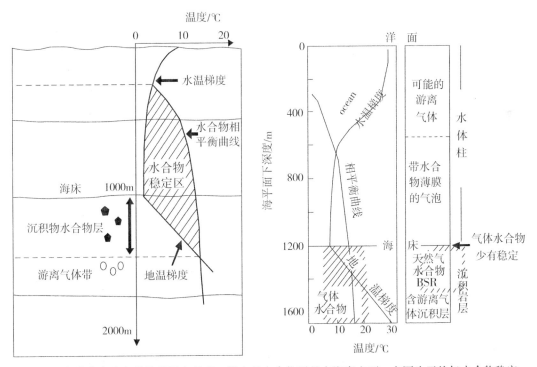

(左图，虚线代表稳定带的顶层和基底，潜在的水合物层是在海床之下；右图为天然气水合物稳定带和水合物层的海洋柱状图，在水合物层(阴影区域)之下甲烷以游离气体存在)

图 2-6　海洋中天然气水合物的稳定带(DOE/METL，2013)

够生成水合物。但是，在水体里，即使生成了水合物，由于水合物比重比水小，它会因浮力上升，升到稳定区以上而发生分解。所以，水体里的水合物是难以稳定存在的。海床下沉积层的稳定带就是海底水合物生成和稳定的区段。沿沉积层再向下，由于地温梯度的作用，沉积层深部的温度逐渐升高，到达地温梯度线与相平衡曲线再次交汇处，就到了水合物稳定带的基底(BHSZ)。这里是天然气水合物稳定的极限深度，由此再往下，水合物不复稳定，代之而存在的是游离气体和水。GHSZ 顶面和基底之间就是海洋型天然气水合物生成和稳定的区间。

海洋天然气水合物稳定带在海床下 300~500m 厚的沉积物中，且往往共存溶于孔隙水的甲烷气体。在此区域之下，甲烷只会以溶解态存在，并随着距离沉积物表层越远而浓度逐渐递减。而在此区域之上，甲烷是气态的。例如，在大西洋大陆脊的布雷克海脊，GHSZ 在 190m 的深度开始，延伸至 450m 处，并于该深度达到气态的相平衡。测量结果显示，甲烷在 GHSZ 区域占了 0~9%的体积，而在气态区域占了大约 12%的体积。

气体水合物稳定带并不是遍布于整个大洋和海域，它们只是呈狭长的带，沿大陆及海岛边缘的近海分布，稳定带通常位于水深大于 300m(最深到 2000m)的近海海域。在大洋深处并不存在水合物。这种海洋水合物沿大陆边缘近海分布的格局除温度-压力条件适合外，还缘于以下两个原因：①大洋近海及边缘沉积海盆生物活动繁盛，致使那里的有机质产出量高；②大洋近海及边缘沉积海盆的沉积速率大，快速的沉积作用能够埋藏有机质，并很好地把它们封存起来，避免被氧化，利于其后的微生物活动把有机物转化为形成水合物所必需的甲烷气体。

2.3.2　水合物稳定带的影响因素

近年的研究成果表明，水合物成矿带的最大深度和矿层厚度主要取决于其相态转换的临界压力和温度，受到多种因素制约，包括海水深度、地层温度与压力、地温梯度、烃类气体组分以及孔隙水盐度等。

1. 海水深度

一定水深的水合物稳定带的基底是比较恒定的。水深 1200m 时，稳定带的范围约为海平面下 400~1500m。随着水深的增加，GHSZ 的基底的深度也增加，从而使海床下 GHSZ 的深度和厚度也随之增大，基底甚至可以扩展到海床下的 1000m 以上，见图 2-7。

2. 地层温度与压力

地层的温度和压力是影响水合物稳定带的主要因素，受地表温度、地温梯度和地层埋藏深度等条件的制约。在纯水-甲烷体系中，大洋中甲烷水合物一般产于水深在 300m 以下的沉积层中，海底温度为 0~3℃(Makogon，1997)。海底温度可通过仪器在海底直接进行测量获得准确的数据。海底温度随水深的变化而变化，在不同的纬度区具有较大的变化区间，在低纬度地区，由于受大气温度的影响，海水水温较高，并且具有较高的变化梯度；在中高纬度地区，海水温度及变化梯度均低于低纬度地区。但是有限的区域内海底温度变化相对较小，反而对水合物稳定带深度和厚度的影响也相对较小。

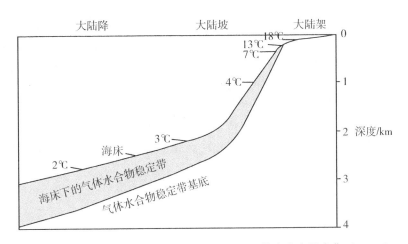

设定地温梯度为 2.8℃/100m，则水深 0~3000m 的水底水温变化于 18~2℃

图 2-7　陆缘近海天然气水合物稳定带（GHSZ）基底深度和厚度的示意图（Bohrmann et al.，2006）

3. 地温梯度

地温梯度是决定水合物稳定带厚度的一个重要参数，由于它直接对地层的温度产生影响，从而影响了水合物在地层中的相平衡条件。通常在相同的水深条件下，高的地温梯度区形成相对薄的水合物稳定带，而低的地温梯度区形成相对厚的水合物稳定带。地温梯度是地壳内部热流和岩石热导率的函数，与热流成正比，而与沉积物的热导率成反比。在不同的沉积盆地或者同一盆地不同的构造部位，由于沉积层的岩石成分密度、孔隙度以及含水量等因素的差异，其热导率在横向和垂向上也往往会发生变化而具有不同的地温梯度，从而影响水合物稳定带的厚度。例如，在泥底辟中，由于页岩比围岩的热传导性差，从而导致泥底辟内部的地温梯度较高，底辟之上地层中的地温梯度较低。因而，页岩之上的水合物稳定带变厚；与之相反，在盐底辟之上，水合物稳定带的厚度则变薄。此外，活动的深大断裂和现代火山活跃带附近，均能导致地温梯度的局部升高，从而使水合物稳定带的底界抬升。

沉积物中天然气水合物稳定存在的深度明显受地温梯度的控制，地温梯度高则天然气水合物带相对较薄，地温梯度低则天然气水合物带相对较厚。如果地温梯度保持不变，则天然气水合物带的厚度直接与水的深度有关，即水的深度较浅，则天然气水合物带的厚度较小。

4. 烃类气体组分

烃类气体组分不同，对水合物的形成与稳定带厚度、深度也有明显影响。海洋天然气水合物主要为甲烷气体，但也不排除有少量其他气体，如乙烷、丙烷、二氧化碳和硫化氢等。

在相同的温度和压力条件下，不同的气体组分会对水合物稳定带的厚度产生不同的影响。Max 等（1996）通过对甲烷-纯水体系物化条件试验表明，当甲烷中加入少量其他气体

(如乙烷、二氧化碳或硫化氢)时，水合物-气体相界将向右发生位移，水合物稳定性强，从而使水合物稳定带变厚(图 2-8)。从世界范围来看，目前发现的水合物中所含甲烷大多以生物成因为主，除俄罗斯的麦索亚哈气田、日本南海海槽以及加拿大麦肯齐三角洲等少数几个水合物分布区采集到的甲烷样品具有典型的热成因气特征外，在布莱克海台、墨西哥湾、危地马拉岸外以及里海海域等水合物富集区采集的天然气样品，大多属由厌氧细菌还原作用形成的生物甲烷气。甲烷碳同位素组成小于或等于 −60‰(PDB)。此外，在墨西哥湾以及普拉德霍湾等许多区域还发现了热成因和生物成因混合气体来源的水合物，这些气体的混入也会增加稳定带的厚度。

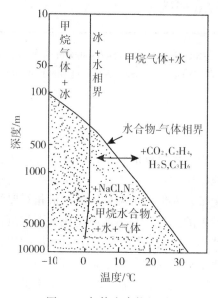

图 2-8　气体水合物相图

另外，由于海底沉积物中气体成分在侧向和垂向上都是变化的，因此会影响水合物的基底深度。例如，在墨西哥湾水合物的气体不纯是甲烷。在压力相当于 2.5km 的深度，纯甲烷的水合物稳定带(GHSZ)基底的温度为 21℃，而对于 93%甲烷、4%乙烷、1%丙烷等组成的混合气体，GHSZ 基底的温度在 23℃左右。在同样的压力下(相当于 2.5km 的深度)，对于 62%甲烷、9%乙烷及 23%丙烷等组成的混合气体，GHSZ 基底的温度抬升到 28℃。

5. 孔隙水盐度

孔隙水的盐度变化也会影响水合物稳定带的厚度。当盐溶液进入孔隙时，水合物气体相界将向左发生位移，使水合物稳定带变薄(Max et al., 1996)。盐度每增加 1%会使水合物的形成温度降低 0.06℃。因此 32%的盐度会使水合物的形成温度降低 2℃左右，从而使水合物稳定带厚度减小。假定水深为 2000m，地温梯度为 2.5℃/100m，当给纯水中加入浓度为 3.5%的 NaCl 溶液时，水合物厚度将增加 9%。由于海水中的盐度在侧向和垂向上均是变化的，因此会对水合物的底界深度产生一定的影响。据有关资料，南海海水盐度范围在3.41%~3.47%，海水盐度随水深变化而变化，在海水深度小于150m时，含盐度随水深增大而增加；当水深在150~500m时，含盐度随水深增大而减少；当水深在500~1500m时，含盐度又随水深的增大而增加；当水深大于1500m时，含盐度基本稳定在3.46%左右。

第3章　海底天然气水合物的开采与风险

天然气水合物的开采实质上是使地下的水合物进行分解，再将分解出来的甲烷气体抽到地面上来利用。由于天然气水合物巨大的开采潜力和诸多优点，天然气水合物的开采引起了全球科学家的关注。

由于天然气水合物的开采将改变其赖以赋存的温压条件，会引起天然气水合物的分解，开采过程中如果不能实现对温压条件的有效控制，可能会产生一系列安全风险和环境问题。

3.1　天然气水合物开采的原理与方法

国际上对天然气水合物的开采首先是从大陆型水合物开始探索的。20 世纪 70 年代，苏联对西伯利亚冻土带的麦索亚哈气田中的天然气水合物实现了商业化开采，断续开采了30 多年。2002 年和 2008 年加拿大联合美国、日本等国对麦肯齐三角洲永冻带的 Mallik 水合物矿藏进行了两次科学严谨的开采试验。这两地的开采试验都是成功的，都取得了宝贵的经验。同时也表明，天然气水合物是可以安全开采的，在尝试的开采方法中，以降压法最节能、实用。同期，美国也在阿拉斯加北坡冻土带水合物进行了试验开采，并探索了CO_2-CH_4置换法等新方法。可以看出，大陆水合物能源矿藏研究已率先迈入开采试验阶段。

在大陆水合物开采取得成功的基础上，深海海底水合物的开采也逐渐开展。2013 年 3月，日本首先在日本东南海海槽的大日-渥美海丘(Daini-Astumi knoll)进行了为期 6 天的海底天然气水合物试验开采，成功开采出 $1.2 \times 10^6 \, m^3$ 甲烷气体。这是全球第一次开采海底天然气水合物，具有重要的里程碑意义。试验开采前进行了多方面准备，包括试验设计、技术方法论证和开采设备的加工制造，完成了一口生产井和两口监测井，并完成了开采前的测井和真空取样(见图 3-1)。最后选定的开采方法仍然是 2008 年开采 Mallik 陆上冻土带水合物使用过的降压法。但是开采设备不是陆上的钻井，而是海底水合物勘探开采专用的"地球号"钻探船("CHIKYU"Drilling Vessel)。这一试验开采是成功的，开采出的甲烷气体产气速率及累积产气量与 Mallik 冻土水合物的相当。

中国虽然在此方面研究较晚，但通过大量的科研投入和不懈的努力也取得迅猛发展，并于 2007 年 5 月在中国南海北坡神狐海域成功钻取水合物样品，于 2011 年在祁连山冻土区进行了开采实验，先后于 2017 年与 2021 年两次成功在中国南海进行了试开采。

总结上述研究与实践，根据天然气水合物分解动力学，天然气水合物的开采方法可分为三大类五种(见图 3-2)：第一类是破坏水合物的相平衡状态，使水合物由固体分解相变

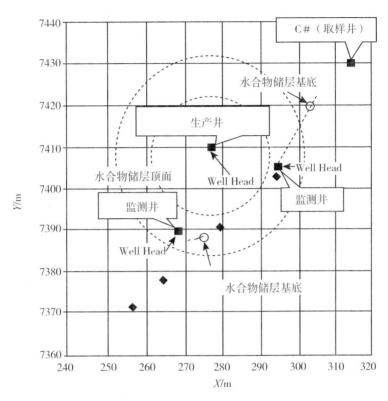

图 3-1　日本南海海槽海底天然气水合物开采钻井的布置

产生甲烷气体，包括热激法、降压法和抑制剂注射法；第二类是将客体分子替代出来，主要有气体置换法；第三类是在海底将固态水合物磨碎与海水混合，通过密闭管道输送至水面设施再进行分离产气，主要有固态流化法。各方法优缺点见表 3-1。

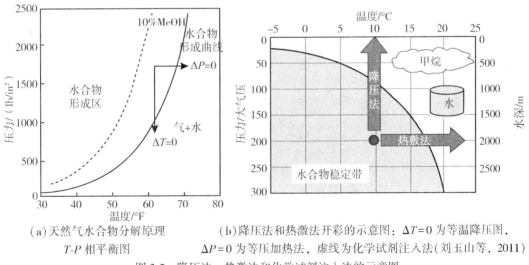

（a）天然气水合物分解原理
T-P 相平衡图

（b）降压法和热激法开彩的示意图：$\Delta T=0$ 为等温降压图，$\Delta P=0$ 为等压加热法，虚线为化学试剂注入法（刘玉山等，2011）

图 3-2　降压法、热激法和化学试剂注入法的示意图

23

表 3-1　水合物开采方法

开采方法	优　点	缺　点
热激法	直接迅速，分解效果明显	需消耗能量，热损失较大
降压法	没有额外能量消耗，经济性好	单一使用时开采速度慢
抑制剂注射法	工艺简单方便	可能会对环境造成污染，价格昂贵
气体置换法	在开采水合物的同时对温室气体进行封存，安全性高	有关技术装备要求较高，工艺流程复杂
固态流化法	开采安全性高，易控制	相关技术不成熟，能量消耗较大

3.1.1　降压开采法

降压开采法是一种通过降低压力促使天然气水合物分解的开采方法。降压途径主要有两种：一是采用低密度泥浆钻井达到降压目的；二是通过泵出天然气水合物层下方的游离气或其他流体来降低天然气水合物层的压力。第二种方法要求水合物层下方存在游离气或其他流体。降压开采法不需要连续激发，陆上试验开采的实践证明，降压法开采较为经济实用，且开采能够持久（刘玉山等，2011），适合大面积开采，尤其适用于存在下伏游离气层的天然气水合物矿的开采，是各种方法中最有前景的一种技术。但它对天然气水合物矿的性质有特殊要求，只有当天然气水合物藏位于温压平衡边界附近时，降压开采法才具有经济可行性。

近年来，美国、日本计划中的海洋水合物试验开采也采用降压法，只是海上开采的技术设备要比陆上的复杂些。除开采用的钻孔钻具外，海上开采还需要一个浮动钻井平台以及套管、防喷和安全设备等。深海采油气技术可以借用到海底水合物开采。图 3-3 是日本设计的降压法海上开采设备。

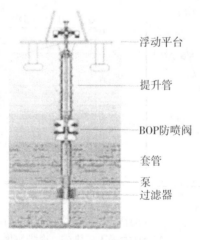

图 3-3　海洋水合物降压法开采的钻井技术设计示意图（Tanahashi，2011）

　　日本于 2013 年 5 月在东南海海槽进行了全球首次海底天然气水合物的试验开采，开采使用了降压法。水合物储层位于海床下约 330m，开采持续了两个星期。而后对开采结果进行了全面分析，之后再决定开采是否继续进行。

3.1.2　热激发开采法

　　俄罗斯学者 Basniyev 认为，降压法开采海底水合物并不是最佳的方法，因为海床下含水合物的岩层往往为尚未完全压实的新沉积层，降压会使岩层松动，引起海底岩层失去稳定。他们推出了一种热激水平孔开采的新方法。根据这一方法，在水合物储层中钻出 3 个水平孔，中间为水合物开采孔，上下两个为热水注入孔。通过热水对水合物加热，当天然气水合物层的温度超过其平衡温度时，天然气水合物会分解为水与甲烷，释放出来的甲烷由开采孔抽到地面上。图 3-4 是热激水平孔开采海底水合物的原理示意图。

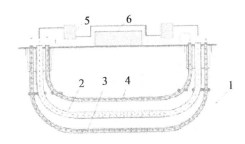

1. 水合物层；2. 生产孔；3、4. 热水注入孔；5、6. 地面设施

图 3-4　热激水平孔开采海底水合物的原理示意图（Basniyev et al.，2004）

　　热激发开采法经历了直接向天然气水合物层中注入热流体加热、火驱法加热、井下电磁加热以及微波加热等发展历程。热激发开采法可实现循环注热，且作用方式较快。加热方式的不断改进，促进了热激发开采法的发展。但这种方法尚未很好地解决热利用效率较低的问题，而且只能进行局部加热，因此该方法尚有待进一步完善。

3.1.3　抑制剂注射开采法

　　抑制剂注射开采法（Inhibitor Injection）通过向天然气水合物层中注入某些化学试剂，如盐水、甲醇、乙醇、乙二醇、丙三醇等，破坏天然气水合物藏的相平衡条件，促使天然气水合物分解。这种方法虽然可降低初期能量输入，但缺陷却很明显，它所需的化学试剂费用昂贵，对天然气水合物层的作用缓慢，而且还会带来一些环境问题，所以对这种方法投入的研究相对较少。目前该方法很少作为单独方法用于天然气水合物的开采，而是作为辅助方法与降压法配合使用。

3.1.4　固体流化开采法

　　固体流化开采法最初是直接采集海底固态天然气水合物，将天然气水合物拖至浅水区进行控制性分解。这种方法进而演化为混合开采法，或称矿泥浆开采法。该方法的具体步骤是，首先促使天然气水合物在原地分解为气液混合相，采集混有气、液、固体水合物的混合泥浆，然后将这种混合泥浆导入海面作业船或生产平台进行处理，促使天然气水合物彻底分解，从而获取天然气。

3.1.5 气体置换开采法

这种方法首先由日本研究者提出，方法依据的仍然是天然气水合物稳定带的压力条件，所采用的气体为 CO_2。在一定的温度条件下，天然气水合物保持稳定需要的压力比 CO_2 水合物更高。因此在某一特定的压力范围内，天然气水合物会分解，而 CO_2 水合物则易于形成并保持稳定。如果此时向天然气水合物藏内注入 CO_2 气体，CO_2 气体就可能与天然气水合物分解出的水生成二氧化碳水合物。这种作用释放出的热量可使天然气水合物的分解反应得以持续地进行下去。具体说就是，在水合物赋存岩层的温度范围(0~10℃)内，甲烷水合物稳定的压力比二氧化碳水合物高，当 CO_2 注入甲烷水合物储层时，甲烷水合物可被二氧化碳水合物置换。这样，在降压开采过程中，当压力降到甲烷水合物稳定压力以下时，甲烷水合物将会分解并被稳定的二氧化碳水合物所置换，从而释放出甲烷气体(图 3-5)。

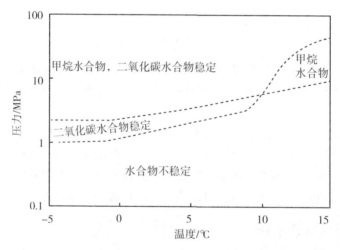

图 3-5 甲烷水合物与二氧化碳水合物的温度-压力相图，图中显示二氧化碳水合物
比甲烷水合物稳定(Ersland et al., 2010)

科学家已经在实验室里成功进行了二氧化碳水合物置换甲烷水合物的实验，在 9℃ 的甲烷水合物相平衡附近，甲烷水合物不稳，二氧化碳水合物能够自发地置换甲烷水合物，析出甲烷气体。其化学反应式可简单表示为

$$CH_4 \cdot nH_2O + CO_2 \Longrightarrow CO_2 \cdot nH_2O + CH_4 \qquad (3\text{-}1)$$

图 3-6 是二氧化碳置换开采法的一种原理设想示意图，可用于海底水合物开采。通过一个钻孔把液态二氧化碳注入甲烷水合物储层中，二氧化碳就会与甲烷水合物反应，生成二氧化碳水合物并释放出甲烷气体，再通过另一管道把分解出的甲烷抽到地面上。

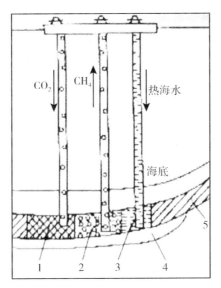

1. 二氧化碳水合物；2. 分解出来的甲烷和水；3. 注入的热海水；4. 游离气体层；5. 天然气水合物

图3-6 天然气水合物的二氧化碳置换开采法原理设想图（蒋国盛等，2002）

图3-7是ConocoPhillips公司为冻土带天然气水合物开采所推出的二氧化碳置换开采法的钻井原理图，这是一个较新的二氧化碳置换开采构思图，包括了对冻土层的保护。

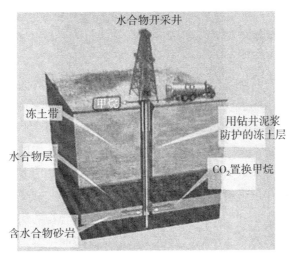

图3-7 ConocoPhillips公司推出的冻土带天然气水合物二氧化碳置换开采法的原理图（Baley，2009）

现在，天然气水合物二氧化碳置换开采法已经不只是一种构想，它已经开始野外冻土带天然气水合物的开采试验。2011年，美国在阿拉斯加的Ignik-Sikumi水合物赋存地进行了二氧化碳置换法开采试验。在完成一口试验钻井后，通过钻井向天然气水合物储层注入59000m³（210000CF）液态二氧化碳和液态氮。储层内甲烷水合物与CO_2自发发生置换反应，并释放出甲烷气体。开采试验持续了 6 天，试验期间一直有甲烷气体排出。

该开采方法的优点是：一方面可以用二氧化碳水合物填补采空的水合物储层；另一方面又可以把温室气体二氧化碳固定在深部地层中，起到碳捕捉和储存(CCS)中的"固碳作用"。

3.2　海底天然气水合物开采中的安全风险与环境问题

天然气水合物藏的开采会改变天然气水合物赖以赋存的温压条件，引起天然气水合物的分解，开采过程中如果不能有效地实现对温压条件的控制，就可能产生一系列安全风险和环境问题，见图 3-8。

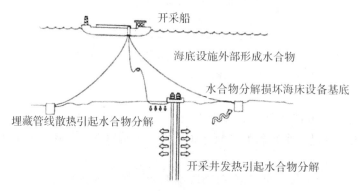

图 3-8　深海天然气水合物开采对海底设施和环境可能带来的损害

水合物开采风险以及对环境的影响主要来自两个方面：一方面是开采钻井可能给海底岩层造成机械性破坏，削弱岩层的稳定性；钻机工作和管道的散热可能改变岩层和水合物储层的温-压条件和热平衡状态，引起水合物分解和甲烷气体的逃逸。另一方面是钻井的钻具和管道的破损、密封失灵、钻管堵塞等事故，也可能会造成甲烷气体泄漏。

因此，深海水合物开采最大的风险和挑战是水合物分解以及甲烷气体的泄漏和逃逸。即使轻微的甲烷气体逃逸也可对海底钻探和开采设施造成一些麻烦和威胁。开采过程中如果不能有效地实现对温压条件的控制，快速的降压促使水合物的快速分解可导致水合物储层迅速冷却，引起水合物的二次形成。二次形成的水合物能堵塞钻井管道，甚至导致井喷等重大事故。

大规模的、突发性的水合物分解和甲烷泄漏还会破坏海床下岩层的平衡和水合物储层的稳定，进而引发海床塌陷、陆坡岩层的滑塌和滑坡，甚至诱发海啸和地震。泄漏和逃逸的甲烷进入和溶解于海水，还会影响海洋的氧化还原条件，破坏海洋的生态平衡。

因此，天然气水合物矿藏开采过程中可能引发的次生灾害问题可分为三大类，即海洋地质灾害、海洋环境灾害及海洋工程灾害等。

3.2.1 海洋地质灾害

固结在海底沉积物中的水合物，它们可以对岩土体骨架起到胶结物的作用，从而提高含水合物地层的强度。当水合物分解后，上述效果严重减弱甚至消失，同时会导致水合物沉积层的三相组成及其物理力学性质发生改变，降低海底沉积物的工程力学特性，使海底软化，便容易出现大规模的海底滑坡，甚至会毁坏海底工程设施，如海底输电或通信电缆和海洋石油钻井平台等。另外，若分解产生的甲烷气体和水不能够立即消散（例如，上覆地层的渗透率较低），则会造成超孔压急剧增大，从而导致土体的有效应力减小，当到达一定限度或外界条件有所变化时，很容易发生滑塌破坏。同时，沉积层的承载能力降低，又会导致上覆土层产生过大变形，也易于诱发海床破坏、海底滑坡等严重的地质灾害问题。研究发现，因海底天然气水合物分解而导致陆坡区稳定性降低是海底滑塌事件产生的重要原因。

根据前人的研究，在晚更新世期间（约220—179ka）曾发生过海退，海平面总共下降了100m左右，造成海底的压力减少了约1MPa，由此引发海底的水合物分解，所以在这一时期发生的海底滑坡大多与水合物分解有关。图3-9是全球目前已经识别出的与水合物分解有关的海底滑坡分布。

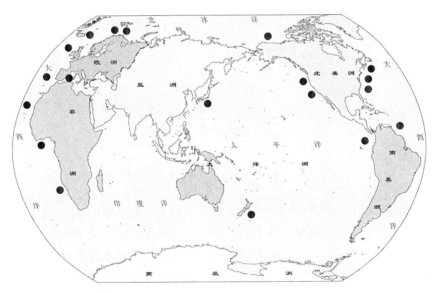

图3-9　全球已经识别出的与水合物分解有关的海底滑坡分布

其中最为典型的例子就是挪威外陆架，在此地发生了世界上已知的最大海底滑坡——Storrega滑坡。该滑坡规模巨大，从挪威西海岸一直延伸到冰岛南部。作为20世纪80年代后期的重要研究对象，国内外众多学者对它进行了深入研究。研究证实，该滑坡历史上曾发生过三次滑动：第一次滑坡发生在距今30~50ka，这次滑坡造成3900km³的沉积物滑塌流入深海，第二次和第三次滑坡发生在距今6~8ka，这两次滑坡同样造成了1700km³的沉积物发生滑移。发生这三次滑坡的原因还不是很明确，Bouriak 等（1987）研究后认为，至少 Storrega 的第二次滑坡是由天然气水合物分解所触发的。图 3-10 为 Storrega 滑坡的海底反射剖面图（似海底反射面——天然气水合物存在的重要标志），可以看出在滑坡区北侧的剖面图上有一条明显的 BSR，这个区域也是 Storrega 的第二次滑坡区域（图上 AB 段是发生滑坡的区域，C 段是没有发生的滑坡区域）。研究发现，滑移面深度和似海底反射面的深度一致，说明这次滑坡受到了天然气水合物的影响，推断是由于 AB 段地层渗透性较差，所以天然气水合物分解后产生的气体无法逸散，在沉积层下部孔隙压力明显增加，达到一定限度后诱发滑坡。

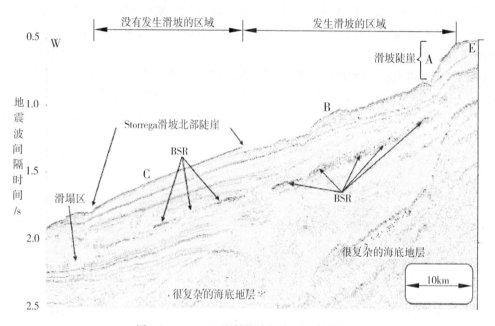

图 3-10　Storrega 滑坡海底沉积层反射剖面图

　　另一个比较受到关注的海底滑坡是加拿大西北岸 Beaufort 海滑坡。它是由天然气水合物分解造成的一个大型海底滑坡。从大陆边缘的地球物理勘探记录中可以发现沿整个边缘延伸的天然气水合物带，这个区域沿着阿拉斯加北部的大陆坡水深超过 400m 的地方一直延伸到 2000m 深处（见图 3-11（a）），在地震剖面上可以最大限度地识别出来。声学记录表明，至少有一条 500km 长的滑坡体沿着整个边缘延伸，这个滑坡体至少有 100~150m 厚，从大陆架上向海延伸 40~50km，滑坡带从大陆边缘水深 200~400m 的区域一直延伸到水深超过 2000m 的位置（见图 3-11（b））。从这两幅图中不难看出滑坡区和天然气水合物区惊人地重合，尤其是在大陆边缘的地方。

　　在多道地震反射剖面中可以看到 Beaufort 海大陆边缘滑坡地形的具体情况（如图 3-12 所示）。图中大陆架滑坡发生在水深约 750m 的地方，一个 100~300m 厚的滑坡体向海上延伸至少 15km，地震测线在这里终止，破裂面底部与一个强声波反射所标示的水合物区的底部边界一致。对于该滑坡发生的具体原因，有研究指出该滑坡所在斜坡上 0.5km 范

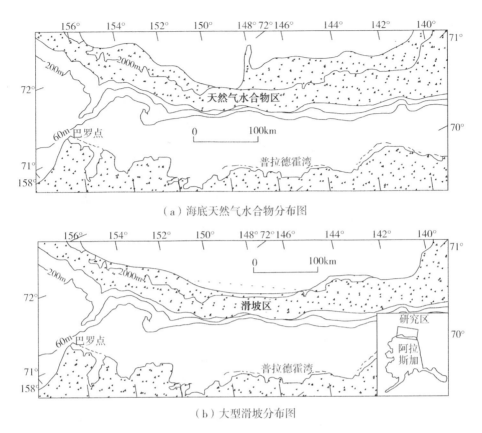

（a）海底天然气水合物分布图

（b）大型滑坡分布图

图 3-11   阿拉斯加北部 Beaufort 海陆坡海底滑坡带与水合物层分布的对比图（Kayen et al.，1991）

围内的地层通常由海洋和非海洋沉积的黏土、淤泥和沙子组成，这类沉积物的孔隙度较小，地层渗透性很差，气体不易逸散，为孔隙压力的积聚创造了条件。在更新世时期发生了海平面的下降，导致天然气水合物发生分解，产生大量的甲烷气体，由于地层渗透性差，气体不易逸散，所以在边坡底部产生的超孔隙压力，最终引发海底滑坡。

通过对上述两个典型案例的分析，可以看出水合物的存在对海底的边坡有着不利影响，每一个例子都有直接或间接的证据证明海底滑坡的区域或附近有天然气水合物的存在，其成因大多是外界条件发生改变致使天然气水合物发生分解，在边坡内产生大量甲烷气体且无法逸散，从而影响上部斜坡的稳定。因此，研究气体对海底斜坡稳定性的影响对未来天然气水合物的研究有着重要的作用。

3.2.2   海洋环境灾害

甲烷作为强温室气体，它对大气辐射平衡的贡献仅次于二氧化碳。一方面，全球天然气水合物中蕴含的甲烷量约是大气圈中甲烷量的 3000 倍；另一方面，天然气水合物分解产生的甲烷进入大气的量即使只有大气甲烷总量的 0.5%，也会明显加速全球变暖的进程。因此，天然气水合物开采过程中如果不能很好地对甲烷气体进行控制，就必然会加剧全球温室效应。

31

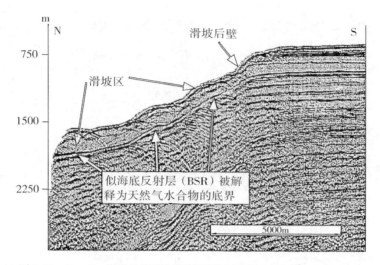

图 3-12　Beaufort 海滑坡海底沉积层反射剖面图（Kayen et al., 1991）

从长远的地质时期角度来看，海洋中的水合物分解与全球气候变暖呈现一种循环往复的平衡状态，如图 3-13 所示。冰川时期，全球温度处于低位，地球表面覆盖大规模冰川，海平面下降导致静水压力减小，水合物的相平衡条件遭到破坏进而分解；水合物分解逸出的甲烷气体造成温室效应，全球温度升高，进入相对温暖时期，即间冰期；间冰期大规模冰川融化，海平面上升导致静水压力增大，水合物重新生成直到下一冰川时期。而一旦开采过程中防控不当，导致甲烷大量泄漏到大气环境中便会打破这种平衡状态，势必会加剧全球变暖。

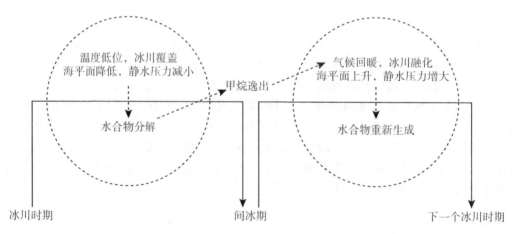

图 3-13　水合物分解与全球气候变化关系图

另外，水合物分解产生的大量甲烷气体会沿渗流通道向上运移，其中一部分进入海水中，其氧化作用会消耗海水中大量的氧气并生成 CO_2，如式（3-2）所示，形成缺氧环境并使海洋酸化，破坏海洋生态系统平衡，从而对海洋微生物的生长发育带来危害。

$$CH_4+2O_2 \Longrightarrow CO_2+2H_2O \qquad\qquad (3\text{-}2)$$

3.2.3 海洋工程灾害

钻井过程中如果引起天然气水合物大量分解，可能导致钻井变形，加大海上钻井平台的风险。一方面，水合物分解时会产生大量高压流体涌入钻井管线，导致其内部压力急剧升高，易造成井喷等工程事故；同时，甲烷气体极易在管内二次生成水合物堵塞钻井管线。另一方面，水合物分解会造成沉积层强度减小以及钻井液造壁性降低，易导致开采井失稳，危及海底基础工程设施安全。

此外，进入海水中的甲烷量如果特别大，则还可能造成海水汽化和海啸，甚至会产生海水动荡和气流负压卷吸作用，严重危害海面作业，甚至海域航空作业。

综上所述，作为一种开发潜力巨大的能源矿藏，若天然气水合物实现商业开发，则能在极大程度上缓解目前的能源与环境问题。但天然气水合物的可控开发涉及多方面因素，若开采不当造成严重的次生灾害，抑或开采花费直逼其资源价值本身，便失去了开发的意义。

第4章　水合物分解对海底沉积物的变形破坏

海底天然气水合物赋存于海底沉积物中，开采水合物会对其储层产生扰动，降低储层颗粒之间的胶结程度，同时分解产生的甲烷气体在孔隙空间也会形成较高的超静孔隙压力，造成储层有效应力降低，诱发储层变形，甚至破坏。若大量分解水合物难以有效控制，将引起液体和气体以柱状形式沿着垂直方向向上流动，加速或触发大规模的海底沉积物滑动，引发环境灾害与地质灾害。

4.1　海底水合物沉积层特征

海底天然气水合物储存于大洋海底由砂、黏土及混合土等组成的沉积物中，该沉积物称为天然气水合物沉积层，以赋存天然气水合物为其主要特征。

4.1.1　海底沉积物的地质成因与特征

1. 海洋环境分带

根据海水深度，结合海底地形，海洋环境可分为滨海带、浅海带、半深海和深海带（图4-1）。滨海带是海陆交互地带，范围在低潮线与最高的高潮线之间。低潮线到水深200m以上范围内的水域为浅海带，对应的海底地形为大陆架，其中低潮线以下、浪基面以上的区域为潮下带（滨外）。水深200~2000m范围内的水域为半深海带，对应的海底地形为大陆坡，大陆坡在地形上表现为一个陡坎，其上有大量的脊和槽，表面形态复杂多样，类似于大陆上的山脉和高原的边缘。半深海带是海底天然气水合物赋存的主要场所。水深大于2000m的海域为深海带，对应的海底地形主要为大洋盆地。

2. 海底沉积物的来源

海底沉积物的来源一般有四类：①陆源；②海洋组分自生；③火山作用形成的火山碎屑；④外太空。其中以前三类为主。

（1）来自陆源的沉积物称为陆源沉积物，是大陆侵蚀的产物经河水、冰川及风力的搬运作用在海底的沉积物，如石英、长石、云母、角闪石、辉石、磁铁矿、锆石等陆源碎屑矿物及岩屑和陆地生物碎屑。海底沉积物中的砾、砂和黏土等颗粒，是典型的陆源沉积物。蚀源区的性质决定了陆源物质的原始特征，从而对沉积物的性质产生深刻影响。

（2）海洋组分自生的沉积物分为化学成因、生物成因的自生沉积物。化学成因沉积物是海水溶液中的物质经化学反应沉淀在海底，又包括沉积成因和成岩作用两种，前者的自

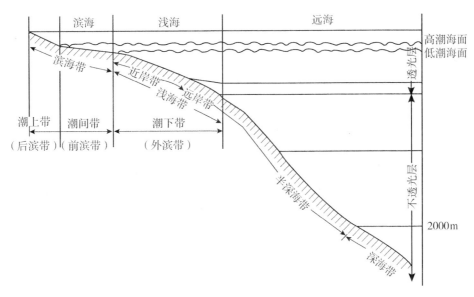

图4-1 海洋沉积环境分带示意图(杨坤光等，2009)

生矿物有方解石、白云石、针铁矿、水锰矿、硫化铁、裂谷中重金属软泥及硅的氢氧化物等；后者的自生矿物包括铁锰氢氧化物、碳酸盐岩(灰岩、白云岩)、绿泥石、磷酸盐矿物及蒙脱石等。生物成因的沉积物，是海洋生物碎屑和遗体在海底沉积而成，如有孔虫软泥、硅藻软泥、放射虫软泥及贝壳碎屑等。

在缺少陆源物质的海域，来源于化学作用和生物作用的产物占有重要地位。在某些海域，特别是较深的海域，生物作用的产物和生物遗体可成为主要的物质来源，如南海外陆架、东海冲绳海槽的有孔虫细砂以及大洋中的生物软泥等。自生矿物也主要见于陆源沉积速率低的海域，如南太平洋中部的沸石沉积等。

(3)来自火山成因的沉积物，包括火山作用形成的火山碎屑、大洋裂谷等处溢出的来自地幔的物质等，有火山玻璃、角闪石、辉石、榍石、绿帘石等。

(4)来自宇宙成因的物质，是陨石等天体物质陨落到海底沉积的。它们含量极少，偶见于红黏土和生物软泥中，如宇宙尘粒或球粒。

上述类型的沉积物受组分的供给速率、环境能量、生物活动程度、氧气供给、氢离子浓度及二氧化碳等各种因素的控制，而这些因素皆与水深、距大陆距离、洋底地形、海水运动、水化学特征及上覆水体生物生产率有关，故研究时必须考虑诸因素的影响。

3. 海洋的搬运方式

海洋的搬运方式包括物理搬运与化学搬运。物理搬运主要指机械搬运。

1)机械搬运

搬运海底沉积物的营力虽然复杂多变，但就整体来说，起主导作用的仍然是海水的动力条件。在不同海域，物质搬运的动力条件不同。陆源物质入海主要是河流的搬运，其次是浮冰和风力等地质作用的搬运。由河流搬运入海的陆源碎屑很少能到达深海，主要是在近岸河口区和内陆架沉积下来，只有少量细粒物质被带到外陆架及更远处。在高纬度海域，由于冰川作用和浮冰搬运，会形成大量粗碎屑沉积。

在大陆边缘，特别是陆架海，物质搬运主要受潮流、密度流、风海流和风浪等作用控制。如欧洲北海，潮差 3m 以上，潮流的表面流速可超过 2m/s，沉积物的搬运受潮流作用控制。有的陆架沉积作用主要受风海流与暴风浪控制，天气好时风海流悬移细粒物质散布到陆架各地，风季时暴风浪对粗粒物质进行搬运。但是，陆架水流往往是由综合因素形成的，在同一陆架的不同部位，其流场也不相同。在近岸带一般以波浪和潮流的作用为主。在内陆架往往是由温度、盐度、密度差与风形成的海流所控制，它们常沿海岸或向外海流动，致使某些大河搬运入海的细粒物质沿海岸扩展或被搬运至远海区，这种模式在中国东海和南海较为典型。外陆架及大陆坡处往往是由与海岸平行的洋流所控制，如黑潮暖流。上升流对物质搬运所起的作用虽属局部性的，但具有特色，一些磷酸盐沉积往往与上升流活动有关。

大陆坡沉积物可因滑坡作用向深海运动，或碎屑物质产生浊流。浊流是大量由液体湍流支撑的呈自身悬浮状态的碎屑颗粒在重力作用下沿水底高速流动的混浊密度流。它是将沉积物从陆缘搬运到深海区的主要机制，特别是在冰期低海位时，由河流输送到陆架外缘的沉积物即以浊流形式进入半深海、深海。切割陆架外缘和陆坡的海底峡谷就是输送沉积物的重要通道。

在深海区主要是以底层流(包括等深线流)的形式起到搬运功能。它可以搬运黏土、粉砂甚至细砂，在海脊、海山和深海平原上造成侵蚀。

在高纬度地区，浮冰是搬运沉积物的重要方式。它们目前主要分布在极地至纬度 55°左右的范围。在更新世冰期，曾远达南、北纬 35°左右。正是由于物质搬运营力的特殊性而使高纬度地区的沉积类型别具一格。

2)化学搬运

化学搬运主要以真溶液和胶体的形式进行搬运。在物源区通过溶解等化学方式形成真溶液或胶体，随着水流到沉积区重新结晶出新的矿物晶体，或通过胶体凝聚沉淀形成新的沉积物。Cl、S、Ca、Na、K、Mg 等元素溶解度大，易呈离子状态溶解于水中，Fe、Mg、Al、Si 也可以呈离子状态溶解于水，都是化学搬运的主要对象。

4. 海洋的沉积方式

1)牵引流沉积作用

通过自身的流动带动(牵引)碎屑颗粒搬运的流体称为牵引流。河流、波浪、潮流、洋流以及风均属于牵引流。牵引流的沉积作用服从于机械沉积分异规律。被搬运物质在搬运和沉积过程中发生分离，称为沉积分异作用。它分为机械沉积分异作用和化学沉积分异作用。

所谓机械沉积分异作用，是指搬运过程中碎屑物质依重力大小依次沉积分离。影响机械沉积分异作用的因素除了流速外，碎屑颗粒的大小、形状和相对密度很重要。随流速的降低，碎屑颗粒将由粗到细依次沉积，其沉积顺序是砾石、砂、粉砂、黏土。其中砾石最易沉积，而黏土最难沉积。后者甚至要到海洋或湖泊深处，在水动力条件相当安静的环境中才会慢慢沉积，对于粒度相近的颗粒，相对密度大的先沉积，相对密度小的后沉积。

同时，碎屑颗粒的沉积还受其形状的影响，在其他条件相似的情况下，随流速的降低，球状颗粒先沉积，片状颗粒后沉积。

2）重力流沉积作用

重力流是由重力推动的含有大量碎屑物质的高密度流体，水下重力流一般在其他流体的底部沿斜坡向下流动。流动中常保持着明显的边界，因而呈现出事实上的整体性。高密度是重力流的一个重要特征。

根据重力流中碎屑颗粒的支撑机理的不同，可分为泥石流、颗粒流、液化沉积物流和浊流4种类型。对于海洋天然气水合物沉积层来说，影响最大的是浊流。浊流多发生在河流的三角洲以及大陆架外缘，大陆坡上部和海底峡谷的源头等松散沉积物广泛分布的地区。由于外界因素的触发（如地震、海啸、河流洪峰入海等），沉积物发生"液化"，开始向下滑动，随着海水的加入，沉积物黏度减小，滑动速度逐渐加快，浊流内部出现速度差，粗粒物质开始向头部集中。流速继续加大，沉积物与水完全混合，粗粒物质集中头部，形成典型的浊流。

浊流在流动时，可分为头部、体部和尾部三部分，头部呈舌状，厚度大、密度高、流速快。从体部到尾部，厚度逐渐变薄，粒度变小，密度降低，流速亦越来越慢。当浊流沉积在深海中时，堆积成海底浊积扇。由于浊流头部的粗碎屑先沉积，尾部的细碎屑后沉积，浊积物自下而上由粗变细——最底部为砂层（有时含砾石），向上变为粉砂层，顶部为泥质层，因而呈现出规律的粒序性，构成所谓的鲍马层序（Bounma，1962）。如图 4-2 所示，鲍马层序分为五段，各段的沉积物粒度和沉积构造不同。A、B 两段属浊流沉积，C、D、E 三段属稀释的浊流沉积，已具有牵引流的性质。

3）化学沉积作用

如果按照沉积方式划分，化学沉积可以分为真溶液沉积和胶体沉积两种。

（1）真溶液的沉积作用。

真溶液沉积是呈离子状态溶解于水中的化学物质按照其溶解度的大小依次沉积，这种现象称为化学沉积分异作用（图 4-3）。其沉积顺序为：氧化物→硅酸盐→碳酸盐→硫酸盐→卤化物。真溶液中溶解物质的沉积作用还受介质的 pH 值、Eh 值、温度、压力、CO_2 含量等因素的影响。

（2）胶体溶液的沉积作用。

胶体粒子的直径很小（1～100nm），表面带电荷，如 $Al(OH)_3$ 带正电荷，SiO_4 带负电荷，普遍具有吸附能力。当带相反电荷的两种胶体相遇，因电性中和发生凝聚沉淀。如果有电解质加入，胶体质点表面所吸附的带相反电荷的离子发生中和，会导致胶体失去稳定而凝聚沉淀。此外，蒸发作用也会增大胶体溶液的浓度，引起胶体凝聚。

如果按照沉积物种类分，化学沉积主要有碳酸盐沉积、硅质沉积、磷质沉积以及铁、锰、铝等金属矿产的沉积。

①碳酸盐沉积。碳酸盐是浅海化学沉积物中数量最多的一类。主要成分为 $CaCO_3$（方解石）。当温度升高或压力降低，或者由于藻类的光合作用大量消耗了海水的 CO_2 时，均

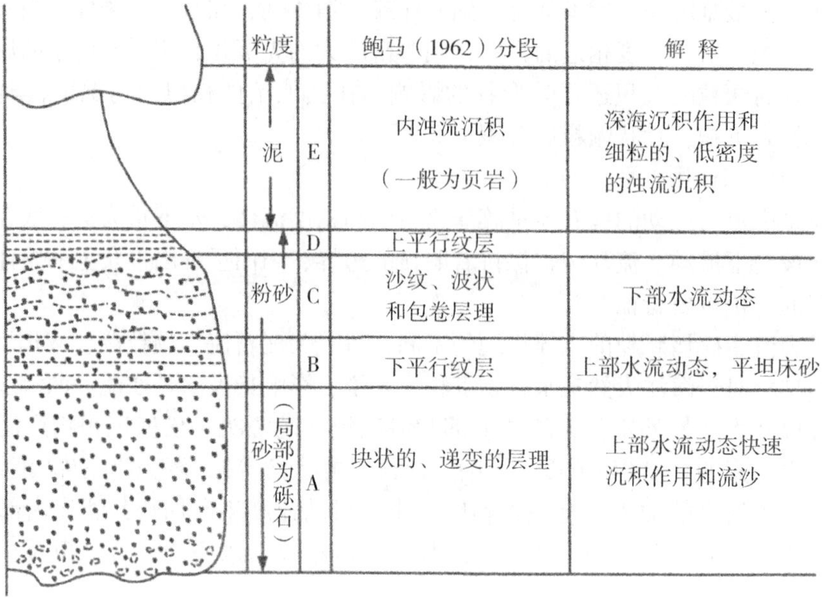

粒度
鲍马（1962）分段
解 释
泥
E
内浊流沉积
（一般为页岩）
深海沉积作用和细粒的、低密度的浊流沉积
D
上平行纹层
粉砂
C
沙纹、波状和包卷层理
下部水流动态
B
下平行纹层
上部水流动态，平坦床砂
砂（局部为砾石）
A
块状的、递变的层理
上部水流动态快速沉积作用和流沙

图 4-2　鲍马层序

氧化物
硅酸盐
碳酸盐
硫酸盐及卤化物
氧化铁
氧化锰
SiO_2
铁的硅酸盐
铁的低价盐类
$CaCO_3$
白云石
$CaSO_4$
NaCl
KCl
$MgCa(SiO_3)_2$

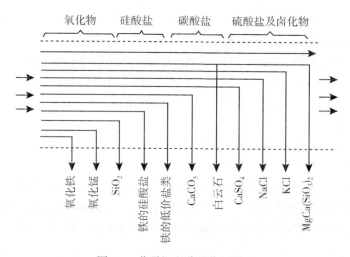

图 4-3　化学沉积分异作用模式

导致海水中 CO_2 含量减少，$Ca(HCO_3)_2$ 过饱和生成 $CaCO_3$。海水析出的 $CaCO_3$ 往往不能立即沉入水底，而以灰泥、灰屑等形式被波浪搬运后再沉积，因此在碳酸盐的形成过程中，机械沉积作用也扮演了重要的角色。另一类重要的碳酸盐是 $CaMg(CO_3)_2$（白云石）。由于其溶解度较高，在正常盐度的海水不易沉淀，当气候炎热，海水盐度增高时，白云石才可能结晶析出。

②硅质沉积。河流搬运、海底火山喷发和生物浓集均使海水中含有大量的 SiO_4，当 SiO_4 达到足够的浓度时，多以胶体凝聚的方式沉积。SiO_4 沉积后形成蛋白石（$SiO_2 \cdot nH_2O$）。部分蛋

白石脱水进而形成燧石(SiO_2)。

③磷质沉积。磷的富集与生物作用有关。富含磷质的生物死亡后，尸体下沉，磷质分解出来溶解于深部的海水中，富含磷质的低温海水随深海环流沿大陆坡上升至浅海后，由于压力减少和温度升高，磷以磷酸钙[$Ca_3(PO_4)_2$]的形式沉淀。磷质沉积长期进行，可形成磷矿床。

④铁、锰、铝的沉积。铁、锰、铝主要来自河流的胶体搬运，它们进入浅海后，以电解质作用或被碎屑表面吸附的方式沉积下来。铁、锰、铝的大量沉积，可形成具有工业价值的矿床。

4）生物沉积作用

（1）生物遗体直接堆积。

生物除了影响化学沉积作用以外，其遗体本身也可以构成沉积物。浅海是生物最繁盛的地区，生物沉积作用非常显著。生物死亡后，易分解的有机质部分埋藏下来经生物化学作用可形成石油、天然气、煤和油页岩；生物的稳定外壳和骨骼部分经富集堆积可形成岩石或生物礁，如生物碎屑灰岩、硅藻土、珊瑚礁和珊瑚岛等。

（2）生物的间接沉积作用。

①生物化学沉积作用。生物在生命活动过程中或在生物遗体分解过程中产生大量的H_2S、NH_3、CH_4、O_2、CO_2等气体和有机酸，影响沉积介质的物理化学条件，从而促使某些物质溶解或沉淀。如生物遗体分解，生成大量H_2S，使盆地底部呈还原环境，有利于含铜化合物和低价锰、铁化合物的沉淀。

②生物物理沉积作用。藻类的黏结性和捕获作用：如蓝绿藻能分泌黏液，这种黏液捕获水中的碳酸盐颗粒，使其沉积于藻体表面。生物沉积作用：当河水流经枝状珊瑚或枝状藻类丛生的地点时，流速受阻降低，流水中的携带物发生沉积。

5. 海底沉积物特征

海底沉积物是指各种海洋沉积作用所形成的海底沉积物的总称，是以海水为介质沉积在海底的物质。各种沉积作用往往不是孤立地进行，所以海底沉积物可视为综合沉积作用的产物。

1）滨海带沉积物特征

滨海带是波浪和潮汐作用强烈的地区，沉积作用以机械方式为主，沉积物以陆源碎屑物为主。滨海的生物以底栖生物为主，多具硬壳，所以滨海沉积物中常夹有贝壳碎片。地貌类型以海滩沉积、沿岸堤与沙坝沉积、潟湖沉积为主。海滩是由沉积物堆积而成的平坦的海滨地带，潟湖是由于沙坝或沙嘴的增高和延长而形成隔离的、与外海呈半隔绝状态的一片海域。在干旱气候下的潟湖中，因蒸发作用可以形成岩盐、石膏和钾盐等化学沉积物；在潮湿气候条件下，潟湖可变成滨海沼泽，堆积大量成煤物质。

2）浅海带沉积物特征

浅海离大陆近，陆源物质丰富，同时浅海中生物繁盛，提供了大量的生物碎屑。浅海带占海洋面积的25%，但这一海域的沉积物占海洋全部沉积物的90%。因此，浅海是海洋中最主要的沉积区。沉积作用包括机械沉积、化学沉积以及生物沉积三种类型。浅海区的机械沉积分异现象比较明显，由近岸到远岸，沉积物粒度由粗到细(砾—砂—粉砂—粉砂质黏土)。同等大小的碎屑物平行海岸呈带状分布，并且细粒沉积物较粗粒沉积物分布范围宽。近岸带的沉积物以砂为主，磨圆度及分选性良好，含大量底栖生物遗体；远岸带的沉积物以粉砂、黏土为主，分选较好但磨圆度较差，除大量底栖生物遗体外，还有浮游生物遗体。但是受潮流、洋流，以及海底的起伏和大陆的剥蚀强度等的影响，浅海带的现代沉积物的粒度，并非都是近岸粗、远岸细。浅海化学沉积作用主要发生在低纬度(南、北纬$30°$之间)、碎屑来源少的海域，主要类型有碳酸盐沉积、硅质沉积、磷质沉积以及铁、锰、铝的氧化物和氢氧化物的胶体等。浅海是生物最繁盛的地区，生物沉积作用也比较显著，主要形式是生物碎屑与生物礁。

3)半深海沉积物特征

半深海沉积物通常以陆源泥为主，可有少量化学沉积物和生物沉积物。半深海区离陆地远，能进入的陆源碎屑物一般粒径小于0.005mm。因此，沉积物多是一些胶体的软泥。但在浊流和海底地滑发育区，也可以有来自浅海的粗碎屑物。局部地段还可见冰川碎屑和火山碎屑。浊流是典型的重力流，浊流沉积物又称浊积物，平面呈扇状分布，成分主要为陆源碎屑物，以砂和粉砂为主，磨圆度和分选性中等—较好，颗粒比周围正常的半深海沉积物颗粒粗、渗透性好。大陆坡上分布最广的沉积物是形成于还原环境中的蓝色软泥；分布于热带、亚热带海岸大河口外的红色软泥，和发育于大陆架与大陆坡接壤地带的绿色软泥。

4)深海沉积物特征

深海沉积物通常以浮游生物遗体为主，而极少陆源物质，能进入深海的悬浮物质一般在0.002mm以下，沉积速率极为缓慢，常形成深海褐色软泥。深海底部生物稀少，表层生活着大量的浮游生物，如藻类、放射虫等。所以，软泥沉积物中常含有这些生物的骨质，通常为各种生物软泥，如硅藻软泥、放射虫软泥、有孔虫软泥等。位于火山作用强烈地区的深海区，还发育有火山碎屑沉积。位于高纬度地区的深海区，则常含有冰碛物。深海区尚有锰结核沉积。有时发育于大陆坡的浊流沉积可延入深海平原，形成浊流沉积物。

6. 海底沉积物的沉积速率

海底沉积物的沉积速率在海底不同的部位相差甚大。沉积速率的不均一性反映了沉积环境的差异性，从而在沉积类型和沉积厚度上表现出很大的差别。影响沉积速率的主要因素有物质来源状况、气候、构造作用等。在物质来源充足，海洋生物作用产物十分丰富的海域，沉积速率很高；反之，则低。由于快速沉积期常与慢速沉积、无沉积或侵蚀期相互交替，故通常使用平均值来表达不同环境中沉积速率的大小。

世界大型三角洲和河口区的沉积速率，最高可达到50000cm/ka左右；在陆坡和陆隆，最高可达100cm/ka；而深海区一般只有$0.1\sim10\text{cm/ka}$。由于深海沉积速率低，加之洋底年龄不老于侏罗纪，故深海洋底的沉积厚度小，平均不过500m。各大洋的沉积速率也有所不同：大西洋沉积速率较高；太平洋不少海域距陆甚远，大洋周缘被海沟环绕，陆源物质难以越过海沟到达大洋区，故沉积速率较低；北冰洋由于覆冰沉积速率也低。

现代浅海环境中有时会出现无沉积区，可看作短期的沉积间断；深海钻探揭示，深海沉积中沉积间断十分常见。这就为某些海洋组分，如自生矿物的大量形成提供了有利条件。

7. 海底沉积物的孔隙性

沉积物的孔隙性主要取决于土的颗粒级配与土粒排列的疏密程度，可以用孔隙度和孔隙比两个指标来反映。

1）孔隙度

孔隙度又称孔隙率，指土中孔隙总体积 V_v 与土的总体积 V 之比，用百分数表示。

$$n = \frac{V_v}{V} \times 100\% \tag{4-1}$$

土的孔隙度取决于土的结构状态，砂类土的孔隙度常小于黏性土的孔隙度。土的孔隙度一般为 27% ~ 52%。新沉积的淤泥，孔隙度可达 80%。

2）孔隙比

孔隙比指土中孔隙体积 V_v 与土中固体颗粒总体积 V_s 的比值，用小数表示。

$$e = \frac{V_v}{V_s} \tag{4-2}$$

土的孔隙比说明土的密实程度，按其大小可对砂土或粉土进行密实度分类。如在《岩土工勘察规范》（GB 50021—2009）中，用天然孔隙比来确定粉土的密实度：$e < 0.75$ 为密实；$0.75 \leqslant e \leqslant 0.9$ 为中密；$e > 0.9$ 为稍密。

孔隙度与孔隙比的关系为

$$n = \frac{e}{1+e} \text{ 或 } e = \frac{n}{1-n} \tag{4-3}$$

3）砂土的相对密度

砂土的密实程度还可用相对密度（D_r）来表示。

$$D_r = \frac{e_{max} - e}{e_{max} - e_{min}} \tag{4-4}$$

式中：e_{max} 为最大孔隙比，即最疏松状态下的孔隙比；e_{min} 为最小孔隙比，即紧密状态下的孔隙比；e 为天然孔隙比，即通常所指天然状态下的孔隙比。

砂土的天然孔隙比介于最大和最小孔隙比之间，故相对密度 $D_r = 0 ~ 1$；当 $e = e_{max}$ 时，则 $D_r = 0$，砂土处于最疏松状态；当 $e = e_{min}$ 时，则 $D_r = 1$，砂土处于最紧密状态。工程实际中，常用相对密度判别砂土的震动液化，或评价砂土的密实程度。按相对密度值可将砂土分为三种密实状态：$D_r \leqslant 0.33$ 为疏松的砂；$0.33 < D_r \leqslant 0.67$ 为中密的砂；$D_r > 0.67$ 为密实的砂。

8. 海底沉积物的渗透性

土渗透性（permeability of soils）是指水在土颗粒的孔隙中渗透流动的性能，表征土渗透性指标是渗透系数。土中的水受水位差和应力的影响而流动，砂土渗流基本服从达西定律，黏性土因为结合水的黏滞阻力，只有水力梯度增大到起始水力梯度，克服了结合水黏滞阻力后，水才能在土中渗透流动，并且不符合线性达西定律。

影响砂性土渗透性的主要因素为土的颗粒大小、形状、级配、密度以及海水的黏滞度。海水黏滞度受温度影响，温度越高，黏滞度越低，渗流速度越大。土颗粒越细，渗透性越低；级配良好的土，因细颗粒充填于大颗粒的孔隙中，会减小孔隙尺寸，从而降低渗透性。土的密度增加，孔隙减小，渗透性也会降低。影响黏性土渗透性的主要因素为颗粒矿物成分、形状和结构(孔隙大小和分布)，以及土-水-电解质体系的相互作用。黏土颗粒的形状为扁平的，有定向排列作用，因此渗透性具有显著的各向异性。渗透性的毛管模型表明，渗透流速与孔隙直径平方成正比，而单位流量与孔隙直径的四次方成正比。孔隙度相同的黏性土，粒团间大空隙占比高的渗透性，比均匀孔隙尺寸的渗透性大得多。黏性土的微观结构和宏观结构对渗透性影响很大。土的层状构造也会影响土的渗透性的各向异性，往往水平方向远大于垂直方向。土中存在裂缝也会增大黏土的渗透性，且具有严格的方向性。当沉积层中形成水合物后，其渗透性会大幅度下降。表 4-1 列出了土的渗透系数经验值，表 4-2 为岩土体渗透性分级。一般认为 $k < 10^{-6}$ cm/s 的土为相对隔水层(不透水层)。

表 4-1　土的渗透系数经验值

土类	$k/(\text{m/s})$	土类	$k/(\text{m/s})$	土类	$k/(\text{m/s})$
黏土	$<5\times10^{-9}$	粉砂	$10^{-6}\sim10^{-5}$	粗砂	$2\times10^{-4}\sim5\times10^{-4}$
粉质黏土	$5\times10^{-9}\sim10^{-8}$	细砂	$10^{-5}\sim5\times10^{-5}$	砾石	$5\times10^{-4}\sim10^{-3}$
粉土	$5\times10^{-8}\sim10^{-6}$	中砂	$5\times10^{-5}\sim2\times10^{-4}$	卵石	$10^{-3}\sim5\times10^{-3}$

表 4-2　岩土体渗透性分级

渗透性等级	标准		土类	岩体特征
	渗透系数 $k/(\text{cm/s})$	透水率 q/Lu		
极微透水	$0\sim10^{-6}$	$0\sim0.1$	黏土	含张开度 $<0.025\text{mm}$ 裂隙的岩体
微透水	$10^{-6}\sim10^{-5}$	$0.1\sim1$	黏土—粉土	含张开度 $0.025\sim0.05\text{mm}$ 裂隙
弱透水	$10^{-5}\sim10^{-4}$	$1\sim10$	粉土—细粒土质砂	含张开度 $0.05\sim0.1\text{mm}$ 裂隙
中等透水	$10^{-4}\sim10^{-2}$	$10\sim100$	砂—砂砾	含张开度 $0.1\sim0.5\text{mm}$ 裂隙
强透水	$10^{-2}\sim1$	$\geqslant100$	砂砾—砾石、卵石	含张开度 $0.5\sim2.5\text{mm}$ 裂隙
极强透水	$\geqslant1$		粒径均匀的巨砾	含张开度 $>2.5\text{mm}$ 裂隙或连通孔洞

4.1.2 水合物沉积层的形成过程

1. 水合物生成动力学

水合物的沉积是在原有海底沉积物形成的基础上，由于沉积物中孔隙水分子与甲烷等烃类气体分子互相结合，在沉积物孔隙内形成稳定的水合物带，这样，海底沉积物便转换成水合物沉积层。

由于水合物在自然界中以固体形式存在，并且水合物存在于极为敏感的温压条件下，温压扰动都会导致水合物分解，水合物沉积物的基本性质会发生变化。因此，要想充分认识水合物沉积物及其分解渗气时的特性，需要了解水合物在沉积物中的形成过程。

水合物的生成过程是气相溶于水生成固态水合物晶体的过程，其反应式可表示如下：

$$\xi G + n\, H_2O \xrightarrow{\text{放热}} G_\xi \cdot n\, H_2O \tag{4-5}$$

式中：G 表示气体分子；ξ 为气体分子 G 的数目，即每个水合物"笼形物"所包络的气体分子数；n 为水合物单体中的水分子数目。

水合物沉积层的形成过程包括气液溶解、核化、生长和稳定 4 个阶段(见图 4-4)。

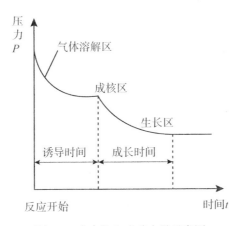

图 4-4 水合物生成动力学示意图

首先，是烃类气体(以甲烷为主)溶解于水的阶段。溶解于水的烃类气体在过冷或过饱和时会引起亚稳态结晶。

其次，是水合物的成核阶段。指主体分子(水分子)与客体分子(甲烷分子)相互接触，在一定温压条件下形成水合物晶核，晶核进一步聚集长大，达到临界尺寸，形成水合物的稳定核。因此，水合物晶核的形成有一定的诱导期，诱导期具有很大的随机性，其成核和生长的过程和机理非常复杂。对其机理可从两方面解释：一方面是水分子围绕溶解的气体分子形成不稳定簇，在水合物的生成过程中，这些不稳定簇互相组合并以气体分子为基础形成一个个单元格，单元格不断生长，直至达到临界尺寸；另一方面是气体分子向界面流动，并吸附于空穴内的水溶液表面，在表面扩散作用下，向易于吸附的位置迁移。水分子围绕这些被吸附的分子，形成空穴结构。核的形成为进入水合物生长阶段奠定了基础。

再次，是水合物的生长阶段。是指稳定核的成长过程中，气体分子向液相主体传递，水合物逐步生成，气体由液相主体穿越水合物颗粒边界层扩散，以减小表面积和自由能，进而在界面反应下形成大量水合物。

最后，是水合物进入稳定期。在海底形成水合物稳定带是水合物进入稳定期的标志，也是水合物藏形成的标志。

第 2 章论述了水合物的形成条件，当各方面条件具备之后，经过上述过程最终才能在海底沉积物中形成天然气水合物矿藏。在世界各大洋，水合物主要赋存于主动、被动陆缘（大陆）和半岛的陆坡及陆隆（rises）的海底沉积层中，分布海域水深一般 300～1100m，最深可达 2000m。

2. 水合物在多孔介质中的赋存模式

目前关于水合物在多孔介质中的赋存模式，科学家还没有达到统一的认识。Winters 等（2004）提出水合物在多孔介质中的生长与赋存模式有四种：孔隙填充（悬浮）、骨架支撑、黏固（覆盖和胶结），见图 4-5。

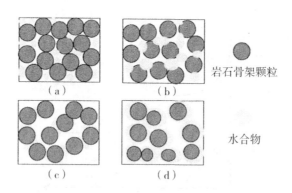

图 4-5　水合物在多孔介质中的生长模式

（1）如图 4-5(a)所示，水合物颗粒分布于孔隙中心，与岩石骨架颗粒间的附着力很弱，水合物颗粒呈游离状，岩石颗粒对其生成与生长没有明显作用；

（2）如图 4-5(b)所示，水合物在骨架颗粒间生长，并与骨架颗粒接触，水合物生成后对颗粒起支撑作用，增大了介质强度；

（3）如图 4-5(c)所示，水合物在颗粒接触的缝隙中生长，起到颗粒胶结作用，但不会改变多孔介质的骨架原有结构；

（4）如图 4-5(d)所示，水合物包裹在颗粒表面生长。

4.1.3　海底水合物沉积物分层结构

根据水合物形成的温压条件，可以确定天然气水合物稳定带范围。但是，天然气水合物稳定带只表示该范围内的温度压力条件适合于水合物形成稳定存在，并不意味着带内一定赋存水合物。天然气水合物只赋存于水合物赋存带(Gas Hydrate Occurrence Zone, GHOZ)。除适合的温度和压力外，水合物的生成和稳定还需要具备其他条件。其中之一就是需要有足够的烃类气体(主要是甲烷)，要求甲烷的摩尔浓度必须达到或大于甲烷的溶解度，如图4-6所示。甲烷的溶解度本身是温度和压力(深度)的函数，一般来讲，在海床面上甲烷的溶解度非常低，不足以支持甲烷水合物的生成，因此海床之下一定深度内并不是水合物赋存带。例如，在卡斯卡迪亚陆缘的水合物脊(hydrate ridge)的1245站位，海床至海床下134m深处均处于水合物稳定带范围，但是根据钻孔取芯和测井资料，水合物只存在于海床下40~134m的沉积层中(这与钻孔的甲烷浓度测量结果一致)，在海床面至海床下40m的沉积层区间内并无天然气水合物存在。

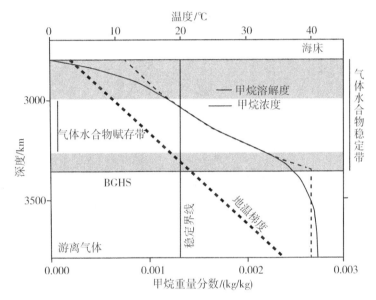

海洋含水合物沉积层中，气体水合物赋存带(GHOZ)位于稳定带(GHSZ)范围内，而赋存带之上和之下的岩层虽在稳定带内，但由于甲烷浓度小于溶解度，水合物也缺失

图4-6　海床下天然气水合物赋存带分布示意图(Trehu et al., 2013)

海床下几米至几十米的沉积层中气体水合物的缺失还与这里的环境较氧化有关。甲烷在有硫酸盐存在的环境中可与硫酸盐发生缺氧氧化反应，从而造成浓度降低。此外，还有部分甲烷逃逸并溶解于海水中，进一步导致其浓度降低。

当然，情况也不尽如此。在有些情况下，海床面上和海床下附近也可以形成丘状或块状水合物。它们是由深部岩层中的烃类气体沿构造断层或构造破碎带上升到海床形成的。这种海床上生成水合物的气体往往是热解成因的。这类水合物形成和存在的必要条件是气体流的流速很大，浓度足够高。

因此，在有天然气水合物存在的海洋，除非有水合物丘和块状水合物存在，否则在海床下几米至几十米的沉积层中是没有水合物的，多为不同地质时期的松散堆积物，为非水合物层。其下才是水合物稳定层(即水合物赋存带GHOZ，其深度一般在40~1100m范围内)。水合物层下面还可能存在游离气体层。而在有些地质环境中，水合物层下面会缺失气体层或水层。这样就形成海底水合物沉积物的分层结构：最上一层为非水合物沉积层，其下为水合物稳定层，再往下为甲烷游离层(或者缺失)，再往下为基底层，见图4-7。

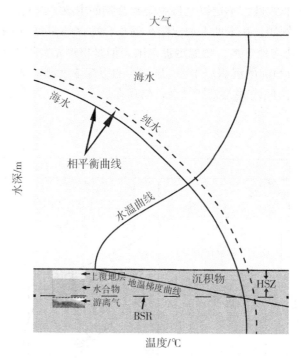

图 4-7　海底沉积层分层结构示意图(修改自 Dickens et al., 1997)

水合物开采过程中，水合物产生分解，不仅影响水合物储层的变形破坏状况，而且也会对其上覆的非水合物层沉积物产生影响，甚至出现破坏，本章将通过室内实验对该变形破坏特征进行模拟分析。

4.2　海底天然气水合物的分解

天然气水合物非常不稳定，轻微的温度变化或压力降低都会使水合物发生分解，导致大量的甲烷气体释放。这不仅会降低水合物储层的强度，而且水合物分解后，释放出的甲烷气体在来不及散逸的情况下，会使孔隙流体压力大幅增加，引起有效应力的下降，降低土体强度，导致上层非水合物层的变形破坏。

4.2.1　引发水合物分解的因素

从国内外目前的研究成果来看，导致水合物分解的因素可以是自然的，也可以是人为的。其中自然的因素主要有以下三种。

(1)海平面下降：海平面的下降导致海底沉积物所受的静水压力减小，压力改变，水合物随之发生分解。有研究成果得出海平面每下降 100m 会使天然气水合物稳定带在水平面的宽度至少减少 100m。

(2)沉积物温度的升高：一方面，如果有新的沉积物在水合物沉积层上继续沉积，导致水合物的埋深不断增加，由于低温梯度的存在，当埋深到达一定深度后，水合物就会发生分解；另一方面，全球气候变暖也会使水合物层的温度改变，引起水合物分解。

(3)地震与火山喷发等地质活动：地质活动本身就会引起海底滑坡，同时由此造成的地层断裂可以为游离气体运移提供通道，导致水合物层额度压力平衡被破坏，水合物分解。

造成天然气水合物分解的人为原因主要是海洋油气开发。如果油气开采处存在水合物或者开采水合物资源时，会引起温压条件的改变，造成水合物的分解，严重状况下甚至会引发一些灾难性事件，如在墨西哥湾的深水钻井油气泄漏事故。该事故发生在 2010 年 4 月 20 日，起因是在采油过程中引发海底水合物分解，造成甲烷气泄漏，引发英国石油公司所属一个名为"深水地平线"(Deep Water Horizon)的外海钻油平台发生大火及爆炸。爆炸导致 11 名工作人员死亡、17 人受伤以及钻井严重漏油。据估计，每天平均有 12000~100000 桶原油泄漏到墨西哥湾里，导致至少 2500km^2 的海水被石油覆盖。漏油事故附近大范围的水质受到污染，不少鸟类、海洋动物以及植物都受到严重影响，如患病及死亡等，严重影响了当地的渔业、旅游业，造成了严重的生物与环境灾难。

4.2.2　分解气体在沉积物中的增长模式

水合物分解，甲烷由固态转化为气态，因此就会在海底沉积物中形成气泡，并不断增长。评判沉积物中气体的主要指标是溶出气泡的尺寸和形状。大部分学者认为在渗透性不佳的土体中(例如黏性土和分解初期的水合物沉积层)气泡都是独立存在或者聚集在沉积物的大孔隙内。当溶出气泡的尺寸小于沉积物中孔隙尺寸时，气泡的初始增长不会对土颗粒的位置产生影响，而是先充满整个孔隙空间。Kesteren 等(2002)在假设气体通入速率不变的情况下，推导出气体在水中形成气泡的大小与时间的变化关系为

$$d^2 - d_0^2 \approx 8D(x_\infty - x_t)t \tag{4-6}$$

式中：d 为气泡等效直径；d_0 为 $t=0$ 时的气泡等效直径；D 为气体扩散系数；x_t 和 t 分别为气体在水中的溶解度和达到此溶解度所需的时间；x_∞ 为气体在水中的最大溶解度。

若气泡溶出的速率恒定，气泡体积的扩大和时间的平方存在一定的比例关系，这个时候气体的作用是将沉积物孔隙中的水分挤走，若在不排水条件下就会形成超孔隙水压力。

当气体持续溶出时，如果气体压力足够，能够克服孔隙水压力和表面张力的作用，将孔隙水排走，就不会影响土体结构，此时土体的含水率会减小，含气率升高，总孔隙率不变；否则，气泡会挤压土颗粒，在土体中产生一个大的孔隙通道，此时土体会发生破坏。Wheeler 等(1990)经过研究，认为当气泡压力需达到 $P_b = 2\sigma/r_{crit}$ (其中，σ 为水的表面张力；r_{crit} 为临界等效半径)时才能推开土颗粒，在土层中形成空腔，气泡逸散而出。这时土体出现破坏，空隙率增大。

4.2.3　分解气体在沉积物中的运移方式

水合物分解出的气体在海底沉积物中的运移方式主要有三种，分别是浮力上升、开裂

上升和毛细入侵。如果沉积物厚度大、渗透性较差，浮力上升则较为轻微，最主要的方式则为开裂上升和毛细入侵两种，它们对土体的破坏影响不同。

1. 开裂上升

气体使土体产生开裂要满足两个条件，一是气体溶出的气泡尺寸足够大，能在黏土中产生应力集中；二是土体开裂只会在弹塑性边界发生。

Murdoch (1993) 认为应力集中强度可以用应力强度因子 K_I 来表示。K_I 的表达式如下：

$$K_I = 2\sqrt{\frac{r_P}{\pi}}\left[(p_b - p_\infty)\frac{2}{\pi}\arcsin\frac{r}{r_P} + (p_p - p_\infty)\left(1 - \frac{2}{\pi}\arcsin\frac{r}{r_P}\right)\right] \tag{4-7}$$

式中：r_P 为塑性区域半径；r 为溶出气泡的等效半径；p_p 为塑性区域内的平均切向应力；p_b 为溶出气泡的内部压力。

Katsman 等 (2013) 指出，在气泡超过临界压力后，气泡顶部的黏性土将发生局部开裂，开裂后气压减小；而因气体的持续溶出，气压又将升高、土体开始膨胀，气泡顶部再次发生开裂。一旦黏性土形成连续裂缝，后续的气泡更容易沿着前面气泡的路径上升。

2. 毛细入侵

Boudreau 等 (1993) 指出，气体扩散可以简单地通过连接孔道将孔隙水驱替，如果气体内部的压力 p_b 能够克服表面张力 σ 及孔隙水压力 p_w，气泡就能入侵相邻孔隙。气体毛细入侵的条件是只需满足毛细应力 p_{cap} 克服表面张力 σ，即

$$p_{cap} = p_b - p_w \geqslant 2\sigma/r \tag{4-8}$$

目前，科学家并没有给出气体在何种条件下会以何种方式运移，尤其当产生超孔隙压力时。但是有一点可以明确，运移方式与气体增长速率和土体性质有关。如果气体压力缓慢增长，则气体压力可以缓慢消散，反之就会产生超孔隙压力；如果土体渗透性较好，则气体压力可以快速消散，比如在砂土中；如果土体渗透性差或者不渗透，就会产生超孔压，比如在黏土中。

4.3　渗气引发上覆土层变形破坏分析

4.3.1　水合物沉积层破坏现象

在水合物形成、分解的动态过程中，海底沉积物会形成与之相关的特殊微地貌，如滑坡、气烟囱、冷泉、裂隙与麻坑等，将在下一章分析滑坡，本章重点分析滑坡之外的其他破坏现象。

1. 气烟囱

气烟囱是一个"象形"词，从本质上来看是含气流体垂向运移在地震剖面上形成的柱状地震反射异常，通常表现为弱振幅、弱连续性的地震反射特征，其形状多为柱状，有的则是椭圆状或锥体状（Kang et al., 2016）。研究显示，已在韩国郁龙盆地、我国南海、挪

威近海、美国布莱克海台、北极斯瓦尔巴特群岛海域等地区的气烟囱发育区域，发现了较好的水合物生成(Cathles et al.，2010；Petersen et al.，2010；Sun et al.，2012；Kim et al.，2013)。

例如在郁龙盆地，气烟囱是最主要的流体运移通道，作为郁龙盆地水合物钻探站位选择的重要依据之一，共布置了 UBGH1-9、UBGH1-10、UBGH2-11 等多个与气烟囱有关的站位(图4-8)，钻探发现了裂隙充填型的较高饱和度水合物(Ryu et al.，2013)。这些气烟囱可以分成两大类型：一类终止于海底以下的沉积物中；另一类刺穿海底形成冷泉(Choi et al.，2013)。气烟囱使深部热成因气运移到浅部地层，流体的快速充注会加速水合物的形成，造成沉积层变形或海底地形变化，进而在浅层形成水合物帽，或在海底形成地形上凸的水合物丘。

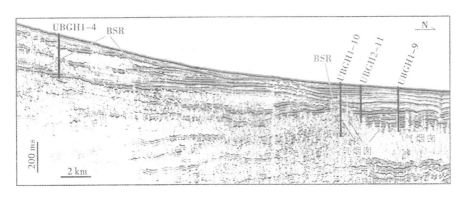

图4-8 韩国郁龙盆地气烟囱构造(Ryu et al.，2013；Choi et al.，2013)

2. 冷泉

冷泉，也称天然气冷溢气口，大多分布于水深大于500m的海底，在其周分布大量如菌席、蠕虫类、双壳类等组成的以溢出天然气为营养源、适应厌氧生物化学环境的生物组合(即化能自养生物群落)，生物分布区面积可达数平方米，形成具有鲜艳色彩的独特生物微地貌环境景观。在布莱克海台、墨西哥湾、水合物脊以及日本海等地都先后发现了此类溢气口及生物群落。图4-9是在墨西哥湾北部陆坡发现的冷泉，水深543m。

3. 裂隙

除了大尺度的断裂体系之外，小尺度的裂隙/网状裂隙也能够作为含气流体的运移通道。以墨西哥湾 AC21 站位为例，含水合物地层出现于浅部的富砂质薄层中，其下部为厚层泥质—粉砂质的 MTD(Mass Transport Deposits)。小尺度网状裂隙(图4-10(a))穿过整个富泥质的 MTD，为来自深部的热成因气和局部生物成因气进入水合物稳定带提供了大量的运移通道，它是水合物形成的关键控制因素(Miller et al.，2012)。

郁龙盆地水合物分布主要受裂隙和粗粒沉积物控制，表现为裂隙填充型水合物和富砂储层孔隙弥散型水合物两大类(Ryu et al.，2013)。裂隙在郁龙盆地地层中广泛发育，常

图 4-9　冷泉及其沉积物(MacDonald et al.，1989)

与气烟囱构造伴生，其角度大多处于 28°~66°，它们既是良好的流体运移通道，又是较好的水合物储集空间(图 4-10(b))。含气流体沿着裂隙进一步运移，并可在裂隙中形成水合物，通过岩芯扫描成像可以清楚看到赋存在裂隙中的水合物(图 4-10(c))(Kim et al.，2013)。

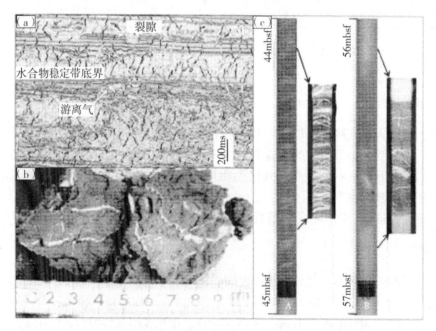

(a)墨西哥湾网状裂隙特征；(b)郁龙盆地裂隙型水合物；
(c)郁龙盆地岩芯扫描成像；mbsf 为海底之下深度(m)。
图 4-10　裂隙作用下的水合物赋存(Miller et al.，2012；Kim et al.，2013；Ryu et al.，2013)

4. 梅花坑

麻坑地形是被动陆缘区海底浅表层环境与水合物相关的一种地貌识别标志，也称梅花坑。在外陆架及陆坡区未固结的海底表层堆积物上常出现一些洼地地貌景观，洼地直径几米到几十米，深几厘米到几十厘米。据统计，在全球被动陆缘的水合物探区均存在这种现象，如大西洋西海岸、印度西部大陆边缘、非洲西海岸等。分析认为"梅花坑"可能是水合物分解释放气体后，在海底遗留的地貌痕迹。如 8000 年前在挪威以北海底发生的水合物分解汽化事件在该区海底留下了上百个梅花坑的特殊地貌(图 4-11、图 4-12)，最大的坑洞直径超过 3km，这次海底喷出的甲烷对全球大气增温及海水温度变化产生了重要影响。

图 4-11　挪威以北古代大规模水合物分解汽化区　　图 4-12　水合物分解汽化遗留坑状地

4.3.2　水合物沉积层变形破坏理论分析

水合物分解渗气引发的上覆地层变形破坏一般包含多个阶段，即传热阶段、渗流阶段、地层的变形以及骨架与流体之间的相互作用阶段等。其中，孔隙渗流对上覆层影响较大，水合物分解会产生气体和水，一方面，分解产生的较大气压会对上覆层土体产生作用力；另一方面，气水两相渗流会改变上覆层的物理状态，影响土体内部孔隙结构。这两个因素对上覆层土体的稳定都有较大影响。

随着水合物分解，释放的气体会超过土体饱和度，在沉积物中产生气泡，增加孔隙水压力。若是在不排水或沉积物渗透性极低的情况下，孔隙水压力会急剧增加，进而引发上覆地层的不稳定现象；若是上覆层沉积物的渗透性不可忽略时，尤其是上覆层渗透性较好时，水合物分解后会在上覆层发生气水两相渗流，对上覆层的稳定性也会造成较大影响。这时便要考虑水合物分解后气体在上覆层渗流效果，气水两相渗流便转化为对上覆层起主要影响的作用方式。

1. 上覆层为低渗透性地层时

水合物分解会产生大量的游离气体，当上覆层为渗透性极低的地层时，气体无法短时间通过渗透排出，便集聚在层间，形成超高气压，使上覆土层发生变形及各种破坏现象。

张旭辉等(2012)分别在轴对称的矩形玻璃模型箱和一维圆筒中展开了模型实验，研究水合物快速加热分解情况下对上覆层的影响。轴对称实验中，由于水合物的分解导致含水合物沉积物产生变化，强度变低，从而影响到上覆层，导致斜坡坡顶和坡底均出现不同程度的位移。在一维圆筒实验模拟中，上覆层的性质对地层的破坏模式影响较大。实验中改变不同的变量，产生不同的变形破坏现象，主要有以下几种模式：①分层破坏，表现为土层侧面观察到分层裂缝；②土颗粒在覆盖层呈圆孔状喷发；③水合物层与模型箱边壁的黏结拉裂破坏；④覆盖层顶部开裂喷出。这种现象与圆孔状喷出类似，表现为表面出现裂缝，而后土颗粒随气体喷出。

在上述的模型实验中，高温加热使水合物快速分解，水合物分解大量气体在短期无法从上覆层排出，这种情况在研究中可以将上覆层视为低渗透性地层，基于这种思想，可以采用 Grozic 等(2011)提出的水合物分解引起沉积物层中有效应力变化计算模型，见式(4-9)：

$$\Delta u = -\Delta \sigma' = \frac{\Delta \sigma'(1 + e_0)}{0.434 \, C_s \ln\left(1 + \dfrac{\Delta \sigma'}{\sigma'}\right)} n(1 - S_r)\left(0.13 - 164.6 \, \frac{T_{eq}}{298.15} \times \frac{1.013 \times 10^5}{p_{eq}}\right)$$

$$(4\text{-}9)$$

式中：σ' 为有效应力；u 为孔隙压力；e_0 为水合物未分解时的初始孔隙比；C_s 为膨胀因子；n 为孔隙率；S_r 为饱和度；T_{eq}、p_{eq} 分别为水合物的平衡温度和压力。

据此可通过数值计算求出沉积物层的孔隙压力 Δu，同时得到沉积层的有效应力 σ'。但该模型是建立在沉积物层中孔隙压力不向围岩地层散失的基础上的，对低渗透率或非渗透性地层具有良好的适应性。

2. 上覆土层渗透性不可忽略时

当上覆层渗透性不可忽略时，水合物分解后气体会在上覆层间渗流，此时便涉及饱和土体中的气水渗流问题。

根据非饱和土水气两相渗流理论，当土体为完全饱和状态，即饱和度为100%时，导气系数接近0，说明饱和土体基本上不透气。因此，气体在饱和土体中扩散时，难以排出，气体在饱和土体中不断积累。当气体压力不断上升，能够克服孔隙中水的阻力，气体推动孔隙水排出，而后形成稳定透气通道，此时土体具有一定透气性，饱和度下降。

当上覆层为砂土等渗透性较好的土时，水合物分解产气需考虑气体渗流，即气水两相渗流，气体的渗透过程主要取决于土体的微观结构。通过电镜扫描观察土体的微观结构，发现土体孔隙大小不一，当气体在土体中流动时，会优先通过大孔隙。在渗气过程中，把大于某一直径长度且延伸较长的孔隙看作裂隙，其余部分当作均质土体。因此土体受力可简化成带有许多微小裂隙的弹塑性体。

当土层为均质饱和土体时，根据线弹性断裂力学理论，运用应力强度因子 K 的概念，来分析土体充气后的变形特点。发生断裂的判据为

$$K_I \geqslant K_{IC} \tag{4-10}$$

式中：K_I 为外应力产生的强度因子；K_{IC} 为某种材料的极限强度因子。

运用该理论来判断土体是否破坏时，为简化计算，可视土体为横观各向同性材料，因此可简化为二维问题，计算模型如图 4-13 所示。

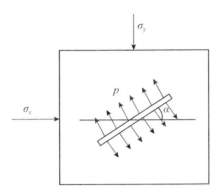

图 4-13　土体裂隙强度因子计算模型

假设土体中有一条裂缝长度为 $2l$ 的微小裂隙，裂隙与水平面夹角为 α，图 4-13 是在土体中充气时原有裂隙所在的微小单元体内所受的应力状态。由弹性断裂力学可知，尖端裂隙强度因子满足叠加原理，即

$$K_I(\sigma_x,\ \sigma_y,\ p) = K_I(\sigma_x,\ \sigma_y) + K_I(p) \tag{4-11}$$

式中：σ_x，σ_y 分别是土体裂隙外部的水平、竖向应力；p 为气体渗漏时裂隙出所受的气体压力。

对于裂隙表面存在均匀分布的应力时，裂隙尖端的应力强度因子为

$$K_I = \frac{1}{\sqrt{\pi l}} \int_{-1}^{1} \sigma(s) \sqrt{\frac{1+s}{1-s}} \, \mathrm{d}s \tag{4-12}$$

式中：$\sigma(s)$ 为裂隙表面均匀分布的应力；s 为裂隙表面在某一点处到裂隙中心的距离。

当只考虑 σ_x，σ_y 作用时，根据式（4-12）计算得

$$K_I(\sigma_x,\ \sigma_y) = -\sigma(s,\ \alpha)\sqrt{\pi l} \tag{4-13}$$

式中：$\sigma(s,\ \alpha)$ 为裂隙表面的正应力。

当只考虑充气气压 P_0 作用时，裂隙处气压 p 与充气气压、裂隙位置存在一定的关系：$p = f(P_0,\ x,\ y)$。当 p 单独作用时，代入式（4-12）得

$$K_I(p) = p\sqrt{\pi l} \tag{4-14}$$

将式（4-13）、式（4-14）代入式（4-11）得

$$K_I(\sigma_x,\ \sigma_y,\ p) = [\,p - \sigma(s,\ \alpha)\,]\sqrt{\pi l} \tag{4-15}$$

在土体渗气时，水平应力 σ_x 主要为静止土压力，$\sigma_x = K_0\gamma h$；竖向应力 σ_y 主要为上部

土体的重力，$\sigma_y = \gamma h$（其中：h 为上层土体厚度；γ 为上部土体的平均重度）。代入式（4-15）得

$$K_I = [f(P_0, x, y) - \gamma h \cos^2\alpha - K_0 \gamma h \sin^2\alpha] \sqrt{\pi l} \qquad (4\text{-}16)$$

式中：K_0 为静止土压力系数。

由于静止土压力系数 $K_0 < 1$，因此在其他条件相同、$\alpha = 90°$ 时，K_I 最大。于是，在土体裂隙各个方向分布较均匀时，土体破坏优先沿竖向裂隙开始扩展，直至土体表面。该理论很好地解释了当上覆土层渗透性较好的情况下，气体会优先沿竖向裂缝渗流。

江海华等（2018）通过室内模型实验发现在气体扩散进入上覆土层过程中，不同上覆层的性质（上覆层厚度 h、c、φ 值、含水量）会产生不同的现象，在其一维圆筒模型实验中，得出三种不同的破坏现象，分别为裂隙扩展延伸、土颗粒沿孔隙运动和土体内部形成气囊抬起。依据上述线弹性断裂力学理论可以初步解释渗气过程对上覆层的破坏模式。

4.4　室内模型实验方案设计

4.4.1　基本思路

通过上文讨论，水合物分解渗气对上覆层的破坏过程中，上覆层表现出的变形破坏模式与上覆层性质息息相关，如上覆层的厚度、渗透性能等因素对其变形破坏模式都有较大影响，而渗透性能的主要决定因素是土体本身的性质。为了进一步研究该影响，本节拟采用模式实验，控制不同的上覆土层性质，展开水合物分解渗气引发上覆层变形破坏的实验研究，观察探究水合物分解渗气引起上覆层变形破坏的物理过程，对变形破坏模式进行总结，根据现象和相关数据分析上覆层变形破坏机理，并探究上覆层环境的改变对于变形破坏模式的影响。

模型实验共分一套一维实验装置和一套二维实验装置。主要模拟研究水合物因各种扰动分解产生大量气体，气体会扩散至上覆层，引发上覆层土体产生变形破坏等现象，因此模型实验装置的设计将围绕满足上述功能展开。

一维实验装置为圆筒状，体积较小，下伏层为人工制备的水合物沉积层，通过加热使水合物分解，此装置能较为真实地模拟水合物分解渗气这一实际过程，能清楚地观测到水合物分解相变及后续上覆层的变形破坏，缺点是水合物分解渗气基本上处于一维环境中，与实际三维条件下的情况会有所差异。二维实验装置为矩形玻璃箱状，体积较大，能够较为真实地模拟水合物分解时的地层环境，实验现象会较一维实验更接近实际情况，但由于模型体积等原因，出于安全性考虑，下伏层没有使用人工制备的水合物沉积层，而是采用在上覆层底部直接通气的方式模拟水合物分解渗气进入上覆层，这种方式的缺点是无法准确模拟实际水合物分解气体渗入上覆层的情况。

综上所述，一维模型实验的地层环境单一，可以直观地模拟水合物分解气体渗流进入上覆层的过程，易于分析水合物分解渗气引起的上覆层破坏机理及主要影响因素。二维模型实验的地层环境更符合实际情况，实验现象则更直观，更能表现渗气条件下上覆层的变形破坏演化过程。因此两种实验相结合，研究水合物分解气体逸散程对上覆层变形破坏模

式的影响。

4.4.2 一维实验方案设计

1. 实验装置设计与制作

一维实验装置由有机玻璃圆筒（亚克力玻璃）、热源、孔压量测系统、温度量测系统组成。有机玻璃筒的直径为20cm，高度为50cm。热源由加热板和温控器组合而成，加热板水平放置，布置在圆筒的正中央，为防止加热板在加热过程中温度过高损害筒底，因此在加热板底部垫有砂土，加热板离筒底6cm。温控棒的探头与加热板的中心紧密接触在一起，通过温控器来控制其温度，当温度探头测出温度超过温控器设定温度时，电源关闭；反之，电源开启，控制温度误差小于3℃。因此温控器一边控制热源温度，一边也测试出热源温度。在筒的两侧分别开有三个小孔，用以放置孔压传感器及温度传感器，以便在水合物分解渗气时对温度压力进行精准量测，为后续的变形破坏现象提供数据参考。具体实验装置见图4-14。

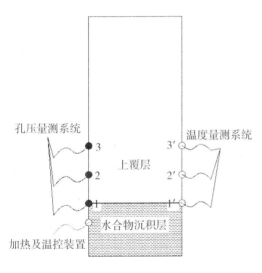

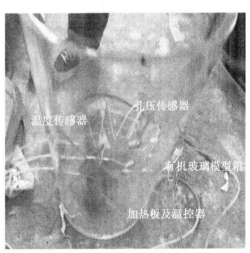

图 4-14　一维实验装置组合简图　　　　图 4-15　模型箱及测控元件

（1）模型箱及各测控元件。模型箱采用玻璃筒，有机玻璃材质，直径20cm，壁厚1cm，高50cm。加热板及温控器紧密相连，为防止加热时温度过高烧坏有机玻璃筒底部，加热板位置设在离筒底垂直向上6cm处，板中心位于玻璃筒中轴线上；孔压传感器为电阻应变式，采用应变全桥电路，可准确消除温度变化对仪器的影响。孔压传感器量程为600kPa，测量精度为0.5%，属于小体积传感器，更适用于室内模型实验。温度传感器为Pt100型，采用德国贺利式M222型芯片，A级精度，测量温度范围为−50～250℃。温度及孔压传感器沿玻璃筒两侧布置，加热板高度为6cm，考虑传感器线的粗细及加热分解影响，传感器设在加热板之上5cm处，且传感器间隔6cm，由事先打好的孔穿入有机玻璃筒中，孔间缝隙用玻璃胶封住，防止漏水漏气。传感器及加热板等测控元件在模型箱内的布置具体见图 4-15。

（2）采集仪。采集仪功能为采集温度传感器及孔压传感器量测的数据，采集仪型号为 DM-YB1808 型动静态电阻应变仪，上述的温度及孔压传感器均能适用，采集仪为 8 通道，最多可同时采集 8 个传感器的数据，采集仪及采集界面见图 4-16、图 4-17。

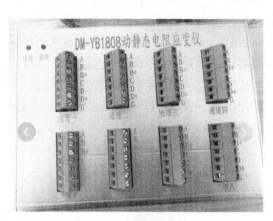

图 4-16　动静态电阻应变采集仪

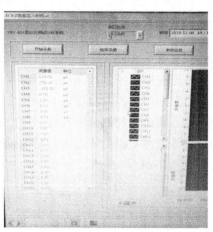

图 4-17　采集仪的采集界面

2. 实验材料的选取

（1）水合物的选取。一方面，由于实验室中获得甲烷水合物沉积物的试样必须保证低温高压的条件；另一方面，由甲烷获得制备均匀、不同饱和度的样品，困难也很大。加之甲烷水合物实验的可操作控制性差，安全隐患大，目前采用与甲烷水合物性质极其相近的四氢呋喃水合物替代其模拟沉积物进行实验室研究。甲烷水合物与四氢呋喃水合物热力学性质对比见表 4-3。

表 4-3　甲烷水合物与四氢呋喃水合物热力学性质对比

相关参数	四氢呋喃水合物	甲烷水合物
热传导系数/（W/（m·K））	0.45~0.54	0.4~0.6
比热/（kJ/（kg·K））	2.12	1.6~2.7
容重/（kg/m³）	997	913
分解热/（kJ/kg）	270	429.66

四氢呋喃（THF）在常压下呈液态，无需搅拌即可与水任意比例互溶，可保证样品均匀，保证在溶液内部任何地方都有可能生成晶核。常压下，四氢呋喃就可以生成水合物。此外，THF 溶液平衡温度为 4°，实验室制备简单快捷，且无安全隐患。因此，本实验采

用四氢呋喃合成水合物及水合物沉积物。

水和四氢呋喃刚好生成水合物时，二者的物质的量之比为 17：1，即四氢呋喃的质量百分数为

$$\omega_{THF} = \frac{1 \times 72}{1 \times 72 + 17 \times 18} \times 100\% = 19.05\%$$

因此，将四氢呋喃质量分数 19% 称为计量型浓度。考虑到四氢呋喃的挥发性，在实验过程中会不可避免地发生损失，为了保证能够较为完全地生成水合物，因此实验中采用质量百分数为 21% 的四氢呋喃水溶液。此时，四氢呋喃溶液与水的体积之比为

$$\frac{V_{H_2O}}{V_{THF}} = \frac{(a - 21\%a)/1}{21\%a/0.8892} = 3.345 \tag{4-17}$$

式中：a 为假设有 a 克的四氢呋喃水溶液，实验室配置溶液时取水的体积与 THF 体积比为 16：5，即每瓶 THF（标准体积 500mL）与 1600mL 水混合，所得溶液四氢呋喃质量分数为 21%。

(2) 沉积物骨架配制。在海底环境中，粒径小于 0.1mm 的黏土占总土重的 90% 以上，由于黏土的低渗透性，若将四氢呋喃溶液加入黏土中制备水合物沉积物，由于孔隙很难被填充，可能无法制备均匀的、符合实验要求的水合物沉积物。相比之下，砂土更易控制生成水合物，故而在实验中选用砂土作为沉积物骨架，采用经过筛分的粒径小于 0.25mm 的砂土和 0.25~0.5mm 的砂土，将这两种粒径砂土按 1：1 比例混合，搅拌均匀后作为制备水合物沉积物的土骨架。

(3) 上覆土层配制。海底环境中多为粒径小于 0.1mm 的黏土，但为了比较不同特性的上覆层下地层的多种变形破坏模式，实验拟采用多种特性上覆层作为实验材料，包括黏性土和砂土，其中砂土主要用 0.25~0.5mm 的粒径，黏性土为粒径小于 0.075mm 的，实验过程中将采用上述几种土的组合作为实验研究中的上覆层。

3. 实验控制变量及分组设计

一维实验是在有机玻璃筒中进行的，考虑到上覆层特性是引发地层变形的关键因素之一，拟通过控制实验中上覆层厚度及上覆层黏粒含量两个变量，探求不同的土层环境下上覆层不同的变形破坏模式，分析其破坏机理，并总结出相关的规律性。基于上述实验目的，实验将针对上覆层厚度、上覆层黏粒含量等因素进行方案设计，即采用不同的上覆层厚度或上覆层黏粒含量，采用控制变量法以达到预期的实验目的。分组设计见表 4-4。

4. 实验步骤

(1) 备样。实验室中有级配良好的砂土，为满足实验条件需对其进行筛分，分别筛分出小于 0.25mm 及 0.25~0.5mm 的砂土，并装入铁筒中备用。

(2) 装样。将筛分好的砂按照实验需要的配合比混合并搅拌均匀，将搅拌均匀的土体装入有机玻璃圆筒中，在装入过程中每隔几厘米砸实一次，并在砸实面进行刮毛处理使层间充分接触，直至设计高度。

表 4-4　一维实验分组设计方案

实验编号	加热温度/℃	水合物沉积层厚度及性质	上覆层厚度/cm	上覆层黏土占比/%
A-0			18	0
A-1			12	0
A-2		<0.25mm、0.25~0.5mm 砂土 1:1 混合，厚度 12cm	6	0
A-3	110		2	0
B-0			6	30
B-1			6	70
B-2			6	100

注：上覆层使用的是 0.25~0.5mm 砂土和黏土的混合土层。

(3)制备水合物沉积层。按设计质量分数制备四氢呋喃溶液，质量分数为 21%，将制备好的溶液缓缓加入玻璃筒中，这里注意要缓慢加入，防止水流冲刷土层出现冲坑。加入后待溶液完全渗入，即完全饱和后，放入冰箱，调节冰箱温度为 -8℃，冰冻 48h，便可制备出水合物沉积层。

(4)水合物分解渗气实验开展。形成水合物沉积层后从冰箱中取出，再加入提前准备好的饱和土填入筒中作为上覆层，在室外通风良好处分解，分解前将采集仪与各传感器连接，并在分解前检查初始值是否正常。

确认连接无误后，调节加热板温度，打开加热板，开始加热分解，同时打开电脑的采集软件，实时记录分解过程中的温压数据并保存，实验过程中注意观察数据明显变化的点并记录，并实时关注筒内土层变形或破坏现象，拍照留存。待土层产生明显变形破坏后且上覆土层基本不再产生气体时，关闭加热板，采集仪停止采集，实验结束。

4.4.3　二维实验方案设计

1. 实验装置设计与制作

二维实验装置见图 4-18。该装置为一个长方体玻璃容器，用以模拟与实际地层环境更相似的水合物分解渗气导致上覆层土层的变形破坏。模型装置长 1.2m，高 0.9m，宽 0.4m，在玻璃缸底部侧面宽度的方向开一孔，为渗气孔，箱内填土并使其饱和以模拟海底上覆土层环境，使用空气压缩机充气沿渗气孔进入箱内土层，在空气压缩机与箱体间连接一个压力控制器及一个缓冲容器。

渗气组合装置由多个装置组合而成，包括空气压缩机、压力控制仪、缓冲容器。

图 4-18 中塑料细管用以将气体引入砂土气室中，塑料上的小箭头代表气体渗透的方向，大致垂直于斜坡面。实验开始前，关闭图示中的阀门，打开空气压缩机加压，接入压力控制仪，压力控制仪可以控制缓冲容器内的压力，调节压力控制仪的压力值到实验所需的数值，待其稳定后打开阀门，气体将通过玻璃箱下部砂土层渗入上覆层。

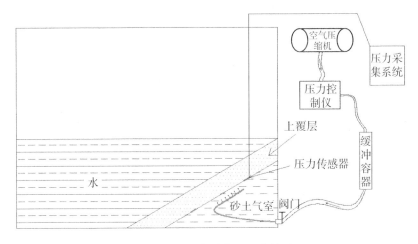

图 4-18 二维实验装置组合简图

2. 实验材料的选取

由于四氢呋喃有毒性,人体长期大量吸入会对健康造成损害。而二维实验的玻璃箱体积较大,若使用四氢呋喃制备水合物沉积层,将需要大量的高浓度四氢呋喃,安全性很差。因此,在二维实验中,不采用四氢呋喃制备水合物沉积层,而采用在箱底直接通气的方式来模拟水合物分解后大量气体渗透进入上覆层,通过控制通气条件(通气气压大小、通气时间等),来研究充气后上覆土层的变形破坏现象及规律。

实验过程中的上覆层将根据实验要求进行选择,采用砂土和黏土不同掺合比例的组合土层,其中砂土粒径 0.25~0.5mm。对于实验中下伏层的砂土气室,为了便于渗气,选用高孔隙度的粒径>1mm 的砂土。

3. 实验控制变量及分组设计

二维实验在长方体玻璃箱中进行,先在玻璃箱中填入砂土,通过软管连接渗气孔,软管平铺埋入砂土层一定厚度,软管表面有多处小孔便于气体渗入上覆层。砂土层坡度取恒定值30°,在砂土层上方根据不同需要填入上覆层,黏土坡角与下覆砂土层坡角相同,实验中的水深均取 10cm(相对于坡顶处)。实验过程中,通过空气压缩机充气,压力控制器精准调节充入上覆土层的压力。实验中将从上覆层厚度、上覆层黏粒含量方面来进行实验设计。具体见表 4-5。

4. 实验步骤

(1)备样。二维实验中下覆层采用粒径较大的砂土,方便气体渗入上覆黏土层,采用粒径 1~2mm 的砂土,上覆层采用黏土与细砂的组合土层,提前按实验需求配好备用。

表 4-5　二维实验分组设计

实验编号	上覆层坡角	初始充气压力	上覆层厚度/cm	上覆层黏土占比/%
D-0			2	70
D-1			4	70
D-2	30°	2kPa	6	70
D-3			8	70
F-0			4	30
F-1			4	100

注：为使上覆层变形破坏更易发生、便于研究，在厚度组的实验中，在上覆层黏土中掺入 30% 的砂土；在黏粒含量组的实验中，纯砂土无法在自然状态形成 30° 的斜坡，因此上覆层黏粒含量取 30%、70% 及 100% 三组展开实验。

（2）装样。装样中先装入下覆砂土层，注意压实。坡角取 30°，靠玻璃箱侧壁为最高处，高 30cm，将软管沿坡面方向放置，并用铁丝固定住，接着填入黏土，坡角与砂土保持一致，并在填入过程中在不同位置放入孔压及土压力传感器。上覆层厚度根据实验需求填入。见图 4-19。

图 4-19　装样并压实

（3）加水饱和。加水至设计水深，即高过坡顶 10cm，静置半天使其饱和。

（4）进行充气实验。待土体饱和后开始实验，从 2kPa 开始通气，设定每 5min 加压 0.5kPa，同时打开电脑上的数据采集软件并开始采集，通气直至斜坡发生变形破坏，待现象稳定后停止采集，实验结束。通气全程注意随时观察斜坡变形或破坏的现象，并拍照留存。

4.5 一维模型实验结果

一维实验主要从调整上覆层厚度和渗透性两种因素来研究水合物分解渗气对上覆层变形破坏模式的影响，因为实验分上覆层不同厚度和不同渗透性两大组。

4.5.1 上覆层变形破坏现象

1. 不同上覆层厚度

一维实验中，取水合物沉积层高12cm，上覆层为粒径0.25~0.5mm的砂土，厚度分别取2cm、6cm、12cm、18cm四种。加热板温度控制110℃。

（1）上覆层为厚18cm的砂土层。试样总高度30cm。加热约2h后，在高度6cm处初次出现裂缝，起初裂缝宽度较小且长度延伸较短，且在裂缝上方一定范围内的筒壁上出现一层雾气，随着分解持续进行，裂缝逐渐扩展，沿着筒壁圆周方向形成一条贯穿的裂缝，出现分层破坏，宽度远超初始情况，约4mm宽。随着分解继续，在高度约12cm处又新增一条裂缝，在实验后期，可以观察到两处明显的分层破坏。

图4-20中裂缝为分解初期出现，裂缝出现在约6cm高处，大概为加热板位置，裂缝较小且不贯通，对整体影响不大。说明四氢呋喃水合物已部分分解，气体正逐步往上覆土层中渗透。图4-21展现了实验后期裂缝的扩展情况，可以明显看到初期裂缝宽度增大，最宽处可达4mm，且在约11.5cm高度处出现新的裂缝，宽约2mm。实验后期两处裂缝在水平方向基本贯通，形成明显的分层破坏。

图4-20　开始出现分层裂缝　　　　图4-21　裂缝扩展且形成第二层分层破坏

（2）上覆层为厚12cm的沉积层。试样总高度24cm。加热约80min后，在筒高约7cm处出现分层裂缝，起初裂缝较窄，在出现分层后的1h内，裂缝宽度由起初的1mm扩展到5mm左右；随着分解进行，在高度为12cm处也出现分层，但宽度较小，且实验后期两条裂缝有相互贯通的趋势,同时在上覆层的顶层表面有气泡不断冒出,冒气位置密度较小的土颗粒随着水和气被冲走,形成小的冲刷坑。

图 4-22 为两条分层破坏的裂缝,此时两条裂缝在水平方向上均已形成贯通通道(见图 4-23),即分层破坏,且两个分层面有相互贯通的趋势。随着分解进行,水合物分解不断渗气,在发生分层破坏之后,气体沿着土中的优势孔道从上覆层土体表面冒出,图 4-24 中上覆层表面靠着筒侧壁明显看到有气泡冒出,这便是受热四氢呋喃水合物气化后形成的。

图 4-25 中的"冲坑"为气体在饱和土体中渗流的结果,水合物分解后气化,气体沿土中孔隙渗流,久而久之便会形成一个渗流通道,且在该通道表面处会因小颗粒被带走而形成"冲坑",这种冲坑在表面不止一处,在侧边筒壁可观察到气泡在孔道中流动。

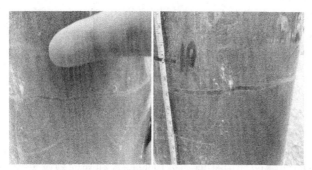 

图 4-22　裂缝随分解进行不断扩展　　　　图 4-23　两条裂缝趋于贯通

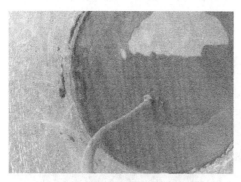 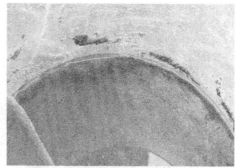

图 4-24　上覆层表面冒气泡　　　　图 4-25　气体渗流带走小颗粒留下"冲坑"

(3)上覆层为厚 6cm 的沉积层。试样总高度 18cm,在加热持续约 1h 后,在筒高约 7cm 处出现分层裂缝,起初裂缝较窄,在出现分层后,裂缝宽度快速由起初的 1mm 扩展到 5mm 左右;随着分解进行,在另一侧高度 8cm 处也出现分层,两条裂缝逐渐贯通,在分层现象出现约 10min 后,上覆层表面开始冒气泡,且冒泡位置前后共有三处,待分解过程基本结束后,高 12cm 处的分层破坏界面的空腔厚度最大处可达 1cm。见图 4-26 与图 4-27。

图 4-26　分解过程中出现两处分层破坏　　　图 4-27　分层破坏最宽处空腔厚度达 1cm

分解进行到一定阶段，上覆层有气泡从上覆层表面冒出，侧壁可明显看到气体渗流的通道，见图 4-28，实验中在侧壁处观察到两处气体渗流通道，且在上覆层表面靠近中心一处也有气泡冒出现象。

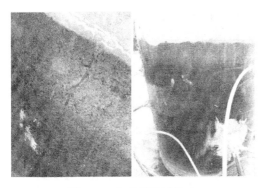

图 4-28　气体沿孔道渗出　　　　　　图 4-29　气体渗流形成"冲坑"

（4）上覆层为厚 2cm 的沉积层。试样总高度 14cm，其中水合物沉积层（水合物分解渗气层）厚 12cm，上覆层厚 2cm。此组实验上覆层较薄，在实验过程中未观察到前几组实验的分层破坏现象。在实验后期观察有气泡冒出，在冒出位置有冲坑形成，见图 4-29。

2. 不同上覆层渗透性

上覆层的渗透性不同通过配比不同黏粒来实现，分别为 100% 纯黏土、70% 黏土夹 30% 砂土及 70% 砂土夹 30% 黏土。水合物沉积层定为 12cm 厚，上覆层厚度为 6cm，且一直保持不变。加热温度仍为 110°。

1）100% 纯黏土

随着水合物分解，在上覆层与沉积层的界面出现裂缝变宽的现象，在上覆黏土层表面有气泡冒出，在分解持续 3h 后，上覆层侧壁观察到裂缝通道，可以观察到气体在裂缝中流动，最终从上覆层表面逸出，见图 4-30。

图 4-31 中可以观察到三处明显的冲坑，系水合物分解气体渗流进入上覆黏土层所致，气体携带小颗粒土体冲出，冲坑周围有明显的凸起，即为气体渗流所致，经气体冲刷部分可观察到周围土体出现软化现象。冲坑出现的位置没有表现出规律性。

不同于上覆层为砂土层的情况，上覆层为黏土时在侧壁观察到气体渗流的水平通道，见图 4-32。渗流时间越长，通道宽度越大。

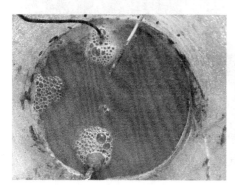

图 4-30　上覆层表面有气体渗出

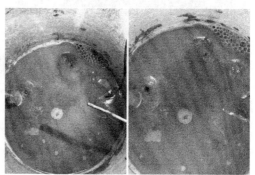

图 4-31　水合物分解形成"冲坑"

图 4-32　水合物分解气体渗流通道

2）70% 黏土夹 30% 砂土

试样总高度 18cm，上覆层成分为 70% 黏土夹 30% 砂土，砂土粒径为 0.25~0.5mm。随着水合物逐渐分解，在侧壁出现分层裂缝，接着观察到上覆层表面有气泡冒出，侧壁出现的裂缝随分解范围的加大而逐渐变宽，同时在上覆层表面观察到出现了几处裂缝。

在上覆层观察到分层裂缝，此时水合物已部分分解往上方渗入，图 4-33 中出现两条裂缝，应是水合物分解气体所致，裂缝随分解范围加大而逐渐变宽。图 4-34 中，可以从顶部观察到多处裂缝，裂缝的宽度、长度都较小，随着分解进行，逐渐延伸扩展，最终长度在 3~5mm，裂缝应当是气体压力作用所致。

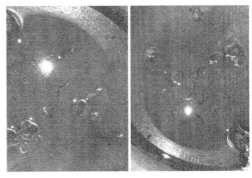

图 4-33　上覆层侧边首次观察到裂缝　　　图 4-34　上覆层表面出现多条裂缝

3）70%砂土夹 30%黏土

该组试样总高度 18cm，上覆层成分为 70%砂土夹 30%黏土，砂土粒径为 0.25 ~ 0.5mm，随着加热持续进行，沉积层中水合物逐渐分解，气体渗透进入上覆层，上覆层表面有气泡冒出，在表面形成气体冲刷坑（见图 4-35），侧壁观察到气体渗流通道（见图 4-36）。

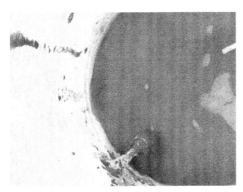

图 4-35　上覆层表面形成"冲坑"　　　图 4-36　上覆层观察到气体渗流通道

4.5.2　上覆层各处温压变化结果

实验过程中，上覆层内的温度及孔压传感器记录了水合物从开始分解至分解结束全过程中上覆层不同位置的温度、孔压变化曲线。

如前文图 4-14 所示，标出了各传感器的分布示意图，左侧为三个孔压传感器 1、2、3，右侧为三个温度传感器 1′、2′、3′。其中，1 号传感器高度为 12cm，靠近加热板，处于水合物层与上覆层的分解面处，此处的温压数据变化最明显。各组实验中的温压随时间变化曲线分别见图 4-37、图 4-38 与图 4-39。

A-0 组实验（图 4-37）由于加热板的加热功率所限，位于中部及上部的 2′、3′号温度传感器变化极小,对实验分析没有参考价值,因此这里只放了最底部靠近加热板的 1′ 号温度传感器的温度数据。由于传感器误差等原因,数据一直处于小范围波动状态,因此呈现出来的曲线较粗。

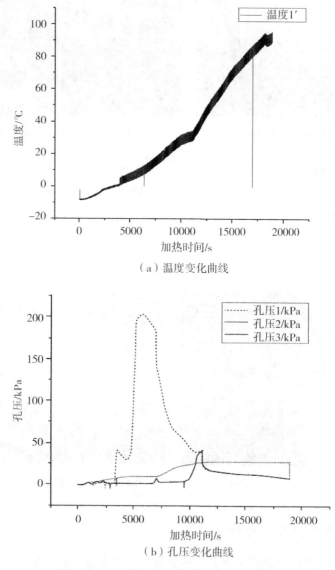

(a)温度变化曲线

(b)孔压变化曲线

图 4-37 A-0 组实验中的温压随时间变化曲线

A-1 组实验(图 4-38)上覆层顶面靠近 3 号传感器,故 3 号孔压传感器基本不会有变化,所以这里没有列出来。温度传感器也同理,只列出有较明显变化的 1′ 号温度传感器。

A-2 组实验上覆层厚度为 6cm,上覆层顶面与 2 号传感器高度基本相同,故该组实验

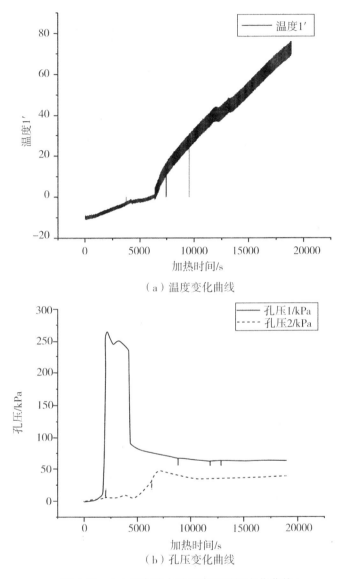

（a）温度变化曲线

（b）孔压变化曲线

图 4-38　A-1 组实验中的温压随时间变化曲线

中，只有 1 号传感器的数据有意义。在上覆层黏粒含量的实验组中，即 A-2、B-0、B-1、B-2 四组实验中，均只有 1 号孔压数据有意义，这四组实验中 1 号孔压随时间变化曲线如图 4-39 所示。图 4-39 中，B-2、B-1、B-0、A-2 依次代表上覆层为纯黏土、70% 黏土夹 30% 砂土、30% 黏土夹 70% 砂土、纯砂土四组实验中 1 号孔压随时间变化曲线。

A-3 组实验为上覆层厚度为 2cm 的情况，该组实验孔压从始至终基本没有变化，本组实验的温压曲线就不再罗列出来。

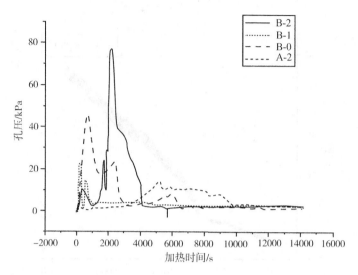

图 4-39　上覆层不同黏粒含量的四组实验中 1 号孔压随时间变化曲线

4.5.3　上覆层变形破坏过程分析

实验开始加热，水合物开始受热分解，随着加热板温度逐渐到达预设温度，水合物从液化再到气化，导致地层产生各类变形破坏现象，再到现象趋于稳定。这一过程中，温度、压力传感器记录了不同高度下的温度、压力值，表征了沿模型筒轴线方向上的温度-压力分布，其数值的波动起伏代表了一个状态或一个过程。通过分析温度压力曲线的规律，可以帮助深入了解地层破坏的成因机制，详细剖析其形成机理。

下面以 A-0 组实验为例（见图 4-37）分析水合物分解渗气过程中各处的孔压变化规律。根据孔压 1 的结果，可以看出：加热板布置在有机玻璃筒内水合物上部，开始加热的过程中，由于加热板与周围存在温差，热量将从加热板上下两侧向上和向下传导；由于加热板的加热功率所限，加热过程较慢，初始温度为冰箱冷藏温度-8°左右，待加热板温度到达四氢呋喃的沸点温度（66.6℃），周围的水合物便会开始气化，其间经历了从固态到液态的过程；在由固态到液态的过程中，水合物原先占据的孔隙会随着液化而连通性变好，四氢呋喃和水溶液在重力作用下沿孔隙向下渗流，同时，液体流动力会反作用于孔隙通道，孔隙迂回度减小，连通性增强。当加热板温度到达 66.6℃作用时，四氢呋喃水溶液会进一步气化，密度为 0.88kg/cm³ 较水合物变小，气体会沿土中孔隙上移，上移过程会遇冷再次液化，当加热温度传递到液化处时，水合物会再次气化，当气化速度大于液化速度时，分解产气和一部分液化的四氢呋喃会在孔隙处聚集，产生较高的孔压。对于液化那部分的四氢呋喃，当温度高于其沸点时会再次气化，孔隙中的气液体系处于动态平衡的状态。当水合物分解界面上的土体渗透性极低时，没有连通的孔隙让气体渗透，便会在孔隙中不断聚集，压力也不断累计，表现为孔压 1 曲线有一个短期的陡增，当压力累计足够大时，便会超出土体间的黏聚力，产生分层破坏，此后该处孔压开始下降，最终趋于稳定。

对比 A-0 组实验中各个位置的孔压变化规律，可以看出：由实验过程中孔压随时间变化曲线可知，位于加热片附近的 1 号孔压传感器示数随分解产气迅速上升，同时，此处温度很快高于四氢呋喃沸点(约66℃)，使产生的四氢呋喃汽化，而加热初期分解范围有限，气体在加热板附近积聚，在 1 号孔压传感器处产生最大压力值，气体受到分解面以上土体的阻碍不能马上渗出，因此 1 号孔压传感器保持稳定的最大值。气体继续上移，当到达中间的孔压传感器处时，2 号孔压传感器示数开始增大，在几乎同一时刻 1 号孔压传感器示数减小，这是由于分解使孔隙连通，分解区域内部气液压力将逐渐接近；2 号孔压传感器的示数最终保持稳定，但不为 0，说明在该位置的土层孔隙内仍有孔压，此时应当是水合物的分解与气体的逸出速率达到一种动态平衡状态；3 号孔压在后期有短暂增大的现象，应当是气体渗入上覆土层中，在上覆层间累计，当累计到一定程度，在砸实时形成的较薄弱面产生较细微的分层破坏，其后压力开始下降，最终也趋于稳定。

由此可知，当层间孔压累计到一定值后，气压超过上覆层重力和上覆层与筒壁摩擦力的合力，便会发生分层破坏。之后，气体在上覆层孔隙中渗流，气体的渗流会改变土中的孔隙结构，使上覆层产生过各种变形破坏。总结实验中上覆层典型的变形破坏模式，有以下四种。

(1)分层破坏。见图 4-40，分层的位置一般为两处，一处位于加热板附近的高度，一处位于上覆层与沉积层的分界面处。分析原因是加热板开始加热后，加热板附近的土体最先达到分解温度，附近的水合物分解，然而其他位置的沉积物并未分解，仍处于冰冻状态，气体无法迅速排出，因此在已分解处累计，分解产生的气压推动两侧土体，形成分层裂缝；当气压超过上覆层所有土体重力与土体和侧壁的摩擦力时，气体便会从逸出，裂缝也会停止扩展。当加热板继续加热，热量传递至上方水合物层，上方水合物层也开始分解，同样地，气体在层间累计，形成分层破坏，当超过一定压力，气体便会从上覆层表面逸出，分层破坏裂缝扩展也终止。

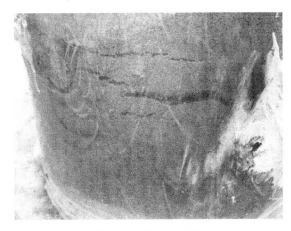

图 4-40　分层破坏图

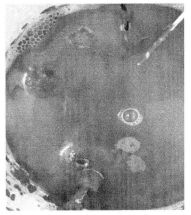

图 4-41　上覆层出现冲坑

(2)土体喷发形成冲坑。见图 4-41，这种冲坑在实验中也普遍出现，一般出现于上覆层较薄的情况，冲坑形成前期可能伴随分层破坏现象。

（3）上覆层表面出现裂缝。见图 4-42，上覆层若含有黏聚力的黏土，便会出现下述的实验现象，上覆层在气体的渗流下形成裂缝通道，久而久之，裂缝扩展至上覆层表面。

（4）上覆层侧面出现裂缝。水合物分解后气体渗入上覆层，渗流在上覆层中形成孔隙通道，如图 4-43 所示。

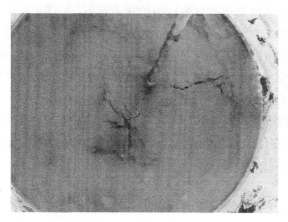

图 4-42　上覆层出现多条裂缝　　　　图 4-43　侧面出现长条状裂缝

4.6　二维模型实验结果

4.6.1　上覆层变形破坏现象

二维实验中，实验变量为上覆层厚度及上覆层黏粒含量，在所有对照组实验中，下伏砂土层参数不变，砂土层坡顶填至 30cm，坡度 30°，气体经空气压缩机压缩进入模型箱，再经过下伏的砂土气室渗入上覆层。实验中观察到上覆层最终的破坏形式基本相似。

上覆层的破坏过程大致为：在通气到达某一时刻后，坡面上靠近坡顶的一处位置开始出现裂缝，其后裂缝在短时间内迅速扩展，观察到裂缝较初期明显变宽，同时在裂缝周围出现新扩展的小裂缝，从表面看裂缝深度也在增加，存在周围土体明显被顶起的现象，通气继续进行，最终土体被完全顶起，坡体完全破坏，见图 4-44。

图 4-45 中是两组实验中停止通气后的坡面情况。左图中，在靠近坡顶的坡面位置有个约 30cm 的条形裂缝，坡顶的土体由于冲刷和重力作用产生滑塌现象，坡顶较之前下降了 4~5cm。对整个坡面而言，明显看到下半部分坡面十分平整，而由于气体冲刷上半部分坡面凹凸不平，土体松散，且观察到较多水分，被冲刷的这部分土体出现"软化"现象。右图中的现象与左图相似，坡体滑塌，坡顶较通气之前下降了 2~3cm。

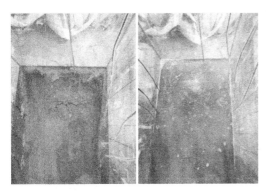

图 4-44 上覆层的破坏过程   图 4-45 停止通气后的坡体破坏情况

4.6.2 上覆层各处压力变化结果

针对上覆层厚度展开了四组实验，上覆层为 70% 黏土夹 30% 砂土，实验变量为上覆层厚度分别是 2cm、4cm、6cm、8cm。另外，在上覆层厚度为 4cm 的条件下，针对不同上覆层黏粒含量展开了两组实验，上覆层分别为纯黏土和 70% 砂土夹 30% 黏土。

实验装置简图在 4.4 节中已述及，为了方便介绍，三个孔压及土压力传感器按沿上覆层斜坡从上到下分别为 1 号、2 号和 3 号，即 1、2、3 号孔压传感器和 1、2、3 号土压力传感器。图 4-46~图 4-51 分别为六组实验孔压及土压力随时间变化曲线。

处理土压力数据时考虑到传感器测得的土压力不是真实值，每次开始实验时都有一个初始值，如果直接用开始测得的数据作图很不美观，也不能看出什么变化趋势，所以对数据进行了处理，将每组数据的初始土压力都定为 1kPa，可以将三组数据放在一起进行比较。

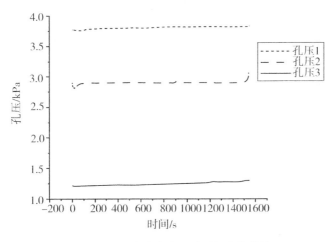

图 4-46 D-0 实验中孔压随时间变化曲线

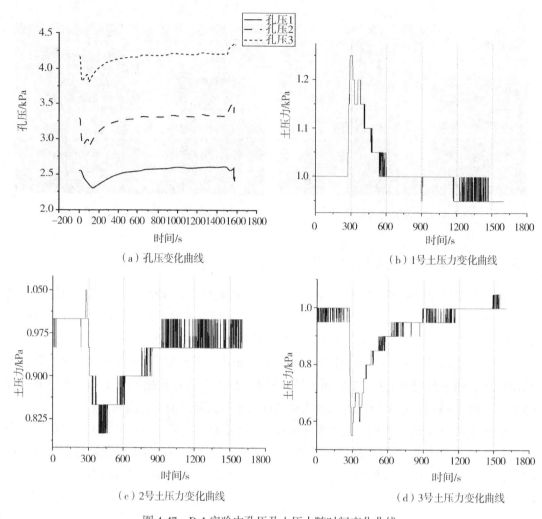

（a）孔压变化曲线　　　　　　　　（b）1 号土压力变化曲线

（c）2 号土压力变化曲线　　　　　　（d）3 号土压力变化曲线

图 4-47　D-1 实验中孔压及土压力随时间变化曲线

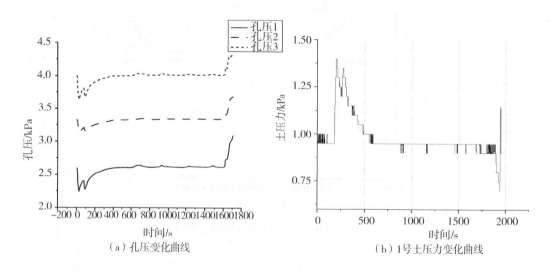

（a）孔压变化曲线　　　　　　　　　（b）1 号土压力变化曲线

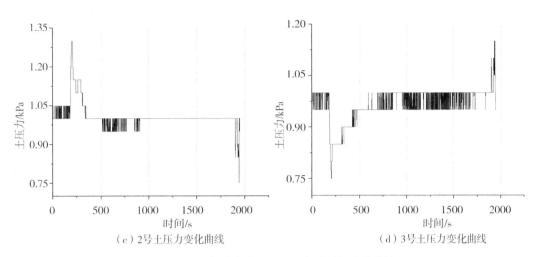

（c）2号土压力变化曲线　　　　　　　（d）3号土压力变化曲线

图 4-48　D-2 实验中孔压及土压力随时间变化曲线

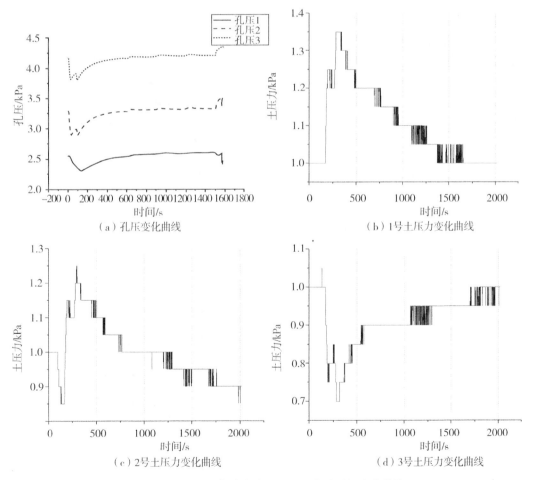

（a）孔压变化曲线　　　　　　　（b）1号土压力变化曲线

（c）2号土压力变化曲线　　　　　　　（d）3号土压力变化曲线

图 4-49　D-3 实验中孔压及土压力随时间变化曲线

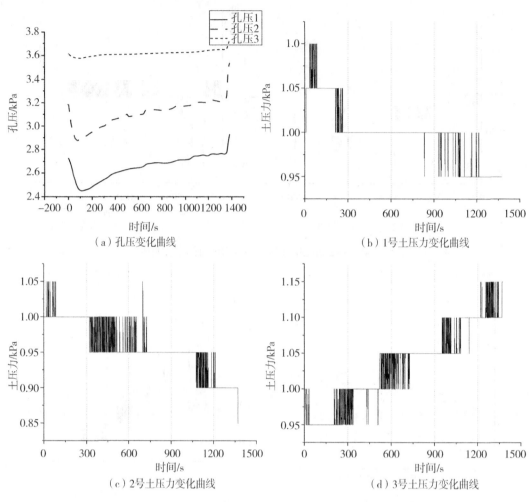

（a）孔压变化曲线　　　　　（b）1号土压力变化曲线

（c）2号土压力变化曲线　　　　　（d）3号土压力变化曲线

图 4-50　F-0 实验中孔压及土压力随时间变化曲线

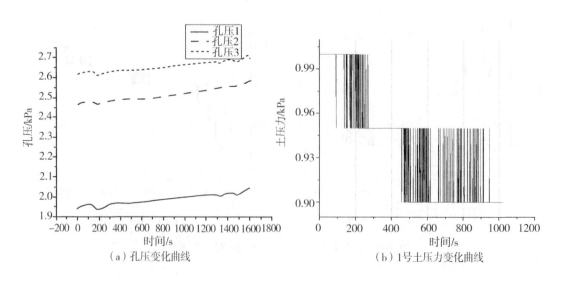

（a）孔压变化曲线　　　　　（b）1号土压力变化曲线

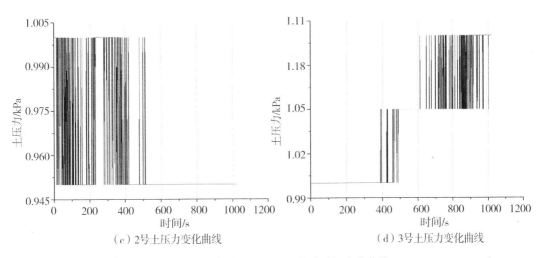

（c）2号土压力变化曲线　　　　　　（d）3号土压力变化曲线

图 4-51　F-1 实验孔压及土压力随时间变化曲线

4.6.3　上覆层变形破坏过程分析

实验中，为了研究上覆层的破坏过程，避免出现通气压力过大的情况，采用逐级加载的方式通气，通过空气压力控制仪精确控制进入上覆层的气压。

图 4-52 为上覆层厚度为 4cm 的 D-2 组实验中的孔压时间曲线，起始通气气压为 2kPa，采用逐级加压的方式，起初每 5min 增大 0.5kPa，后面根据上覆层的变化情况酌情增大加载速率。打开阀门后，发现坡体内的孔压并没有增大，说明缓冲容器内的气没有进入模型箱中，是由于在填坡压实的过程中难免有空气残留其中，在加水饱和的过程中会产生超孔压，打开阀门后超孔压会逐渐消散，最终接近静水压力。随着充气进行，充气压力也在逐渐增大，气体不断进入玻璃箱中，此时三个位置的孔压均有增长，但增长幅度都不

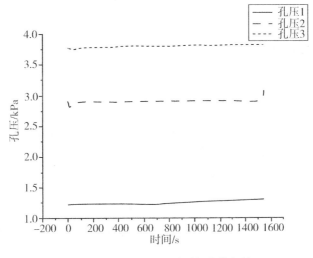

图 4-52　实验中孔压随时间变化规律

大。以上覆层厚度为 4cm 的实验为例，当实验进行至 25min 时，充气气压调至 5kPa，此后中下两处孔压传感器的读数开始快速增大，在实验进行至 26min20s 即 1580s 时上覆层表面出现裂缝，说明此时上覆层下方的累计气压已超过上覆层压力与水压的合力，土体出现开裂破坏。

上述实验规律是以上覆层为黏粒含量 70%、厚度 4cm 的实验组为例来描述。事实上，实验中每组的实验规律基本相似：开始通气后，上覆层下方砂土气室内孔压有较快减小的现象，其后便开始缓慢增大，在这期间上覆层土体宏观上看不到任何变化，没有出现开裂或是气体渗漏现象。对于不同的上覆层，当充气气压增大到某个值之后，下方积聚的孔压开始快速增大，积累一定时间后上覆层出现开裂破坏，并且短时间内裂缝迅速扩展，直至土体完全破坏，实验结束，见图 4-53。停止充气后，将水用小型抽水机缓慢抽走，观察到裂缝处的土体被冲走，表面形成一个破坏坑，坡顶有一定的沉降，整个斜坡产生微小的滑塌现象，如图 4-54 所示。

图 4-53　坡体开始破坏至完全破坏示意图　　　　图 4-54　充气结束后的坡面

4.7　实验结果分析

4.7.1　分层破坏产生的分层空腔厚度分析

在一维模型实验中，多组实验中都出现了地层的分层破坏，而分层破坏的空腔是由气体积聚而成，空腔的体积远大于土体内部的孔隙体积，当空腔内气体压力大于上覆层土体的启动力后，气体将上覆层土体顶起，此时整个上层土体向上运动，实验中空腔厚度在不同组实验中有所不同，受多方面因素影响。

由于气体积聚，产生较大的压强，遇到土体薄弱部分时会产生分层现象，气压克服空腔之上的上覆土体重力和边壁表面张力、黏滞力等摩擦阻力，使土体向上移动，产生空腔。此时分层空腔厚度为 h_0。

如图 4-55 所示，水合物在受热分解过程中表现为分解阵面的推移，假设在分解阵面到达(a)中虚线所示处后，在接下来很短时间内形成分层空腔，空腔厚度为 h_0，分层前分解产生的气体体积为 $\Delta V_{\text{THF}(g)}$，分层现象发生后，气体体积扩展至 $\Delta V_{\text{THF}(g)} + h_0 \cdot \dfrac{\pi}{4} D^2$，该过程在很短的时间内完成。分层稳定前的温度、压强为 T、P，分层稳定后气体空间的温度、压强为 T_1、P_1。有 EOS 方程如下：

$$P_1 \left(\Delta V_{\text{THF}(g)} + h_0 \cdot \frac{\pi}{4} D^2 \right) = \Delta n_{\text{THF}} \cdot R T_1 \tag{4-18}$$

分层空腔未形成前，根据 EOS 方程有

$$P \cdot \Delta V_{\text{THF}(g)} = \Delta n_{\text{THF}} \cdot RT \tag{4-19}$$

结合上述两式有

$$h_0 = \frac{R \cdot \Delta n_{\text{THF}}}{\dfrac{\pi \cdot D^2}{4}} \left(\frac{T_1}{P_1} - \frac{T}{P} \right) \tag{4-20}$$

式中：Δn_{THF} 为已分解气化的四氢呋喃水合物的物质的量，该值与已分解区域大小有关，即与图 4-55(b) 中的 h_{h2} 有关。因此，结合分层前后的温压数据，以及水合物分层处的厚度，可以确定分层空腔的厚度 h_0。

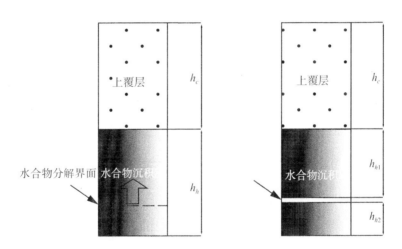

（a）临界条件下水合物分解界面的推移　（b）分层后产生分层空腔

图 4-55　分层瞬间示意图

4.7.2　上覆层表面冲刷坑形成机理分析

一维实验中，有多组实验中都能在上覆层表面观察到出现圆孔状的冲刷坑，如图 4-56 所示。

以图 4-56 左侧实验为例，为 100% 纯黏土、上覆层厚度为 6cm 的实验组，实验过程中，根据孔压传感器量测的孔压数据，上覆层出现冲刷坑之前，在上覆层与沉积层分界面处的孔压有一积累过程，之后在达到峰值孔压 77.5kPa 后急剧下降，其后上覆层开始出现

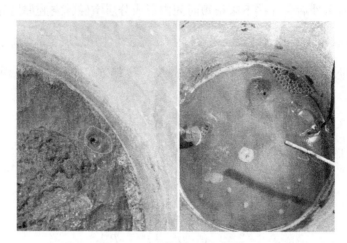

图 4-56　上覆层表面的冲刷坑

气体渗出现象。这一过程解释为：水合物分解后，由于上覆层透气性较差，气体无法短期内从上覆层排出，便会在层间累计，当超过一定压力值，"冲破"上覆层，使土体间的微裂隙扩张延伸，在上覆层形成完整的透气通道，在表面呈现出圆孔状破坏坑。

为具体研究气体渗入上覆层后对上覆层表面影响区域的大小情况，现假设气体在分界面处累计时为椭球形的气囊状，将破坏区域简化为一个剪切破坏锥形状后进行力学分析。

计算模型如图 4-57 所示。假设土体在分界面处形成一个长轴为 R 的气囊，之后气囊上部形成一个剪切破坏的圆台破坏区。土体为横观各向同性材料。沿破坏锥横向上气压不变，即 $\dfrac{\partial \sigma_h}{\partial R} = 0$。

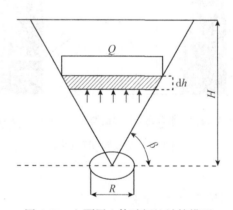

图 4-57　上覆层土体破坏坑计算模型

破坏坑出现的本质原因是气体在孔隙间流动，将部分小颗粒土体抬起冲走，从而形成冲刷坑，因此在抬起的某个瞬间，向上的气压与被抬起土颗粒重力和土颗粒与周边土体的摩擦力的合力达到平衡，以此建立如下平衡方程：

$$\frac{1}{4}\pi Q^2 \mathrm{d}\, \sigma_h = \frac{1}{4}\gamma_{\mathrm{sat}}\pi Q^2 \mathrm{d}h + \pi Q\mathrm{d}h \cdot \tau \qquad (4\text{-}21)$$

式中：$Q = R + 2h\cos\beta$；$\tau = c + \tan\varphi$；c 为上覆层土体黏聚力；φ 为土体内摩擦角；τ 为土体侧壁受到的剪应力；γ_{sat} 为上覆层土体饱和重度；σ_h 为微型土表面的竖向应力；Q 为微型土条直径；H 为上覆层厚度。代入式(4-21)计算可得：

$$\sigma_h = \lambda\, (R + 2h\cos\beta)^{\frac{2\tan\varphi}{\cos\beta}} - \frac{\gamma_{\mathrm{sat}}}{4\tan\varphi - 2\cos\beta}(R + 2h\cos\beta) - \frac{c}{\tan\varphi} \qquad (4\text{-}22)$$

式中：λ 为待定系数。

选定大气压为 0，根据边界条件，① 当 $h = 0$ 时，$\sigma_h = P_0$；② 当 $h = H$ 时，$\sigma_h = 0$。则式(4-22)可以写成：

$$\frac{\left(P_0 + \dfrac{\gamma_{\mathrm{sat}}RH}{4H\tan\varphi - R + Q} + \dfrac{c}{\tan\varphi}\right) \cdot \left(\dfrac{Q}{R}\right)^{4\tan\varphi H}}{Q - R} - \frac{\gamma_{\mathrm{sat}}QH}{4H\tan\varphi - Q + R} - \frac{c}{\tan\varphi} = 0 \quad (4\text{-}23)$$

由式(4-23)可以看出，上覆层的破坏坑的直径 Q 与土的性质 c、φ、γ_{sat}，以及气体在层间累计的气压的大小，气囊的大小 R，埋深 H 有关。根据式(4-23)可以估算影响区域的范围，即破坏坑的直径 Q。在本章的一维实验中，由上述公式可知，上覆层表面冲刷坑的影响范围与上覆层的厚度 H、上覆层土体性质(c、φ 值)有关。由于气体在分界面处积累的过程中，难免有部分气体从小孔隙漏出，使气囊内气压减小，因此，该公式估算的影响范围要大于实际情况。

4.7.3 气体在上覆层的渗流通道分析

本节主要研究气体在扩散进入上覆层后，在上覆层土体中的渗流路径。由于二维实验不便于观察，本节主要针对一维实验中水合物分解后，分析气体在上覆层中扩散路径。

图 4-58 是上覆层为 6cm 的纯砂土的气体渗流示意图，观察到在筒壁处有渗流通道，该通道为垂直方向，此时气体正垂直向上渗流出上覆层表面，可观测到的渗流路径约 2cm。

图 4-58　气体渗流路径(纯砂土)　　　　图 4-59　气体渗流路径(纯黏土)

图 4-59 是上覆层厚度为 6cm 的纯黏土的实验，可以观察到在圆筒表面的气体渗流路

径。左图中观察到在 14cm 高度处，气体沿着与水平方向夹角 15°左右方向的裂缝渗流，流动约 2cm 后，气体改变方向，垂直向上流动，最终从上覆层表面逸出。右图也有类似现象，该现象发生在圆筒的另一侧，气体刚开始沿着近似水平方向流动，接着又沿着与水平方向夹角约 45°斜向上流动，最终垂直向上流动从上覆层表面逸出。

图 4-60 为上覆层厚 6cm、70%黏粒含量的混合土层，图中分别为两处不同位置的裂缝，一个为水平方向，另一个为斜向上约 45°，气体在上升过程中沿着已有裂缝渗流，最终经上覆层表面逸出。

图 4-61 为上覆层厚 6cm、30%黏粒含量的混合土层，图中的裂缝方向为近水平方向转斜向上约 45°方向，最终以 45°方向从上覆层表面逸出。

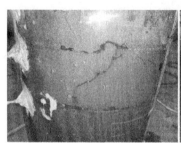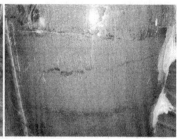

图 4-60　气体渗流路径(70%黏土)　　　　图 4-61　气体渗流路径(30%黏土)

上述观察到的上覆层渗流现象均发生在上覆层厚度为 6cm 的实验组中，当上覆层厚度过厚或过薄时，均没有观察到筒侧壁气体的渗流现象。当上覆层较厚时，气体的渗流路径较长，受到的阻力也较大，气体的渗透能力被削弱，因此在筒壁表面较难观察到气体渗流现象。当上覆层较薄时，气体渗流路径很短，会沿着土体内部直接逸出，不会在筒壁表面形成通道，在筒壁也难以观察到渗流通道。

上述四组实验中，侧壁观察到的裂缝通道一般有三个方向，分别为水平向、垂直向和与水平方向呈 45°夹角，整体流动趋势为斜向上方向，说明上覆层土体在气体渗流力的作用下形成的主要裂缝方向为竖直方向和 45°左右斜向上的方向。一般在一组实验中，这两种方向的裂缝并存，气水两相渗流使土体出现裂隙破坏，裂隙出现使更多的气体从其中渗流，而气体的渗流再次作用于裂隙使裂隙不断扩展，这些局部破坏会逐渐扩展最终造成整体的贯通破坏。

4.7.4　上覆层厚度对破坏模式影响分析

在实验变量为上覆层厚度的实验组中，观察到不同厚度的上覆层存在不同的变形破坏模式，而土层的变形破坏的起因是力的变化，气压的变化是地层变形破坏的直接原因，因此，以下将从实验全过程中孔压这一数据变化来分析地层的变形破坏。

1. 一维实验分析

在上覆层厚度的实验中，除了最后一组上覆层厚 2cm 的条件下，实验中未观察到分层破坏的现象，前三组实验中均观察到分层破坏，分层破坏往往伴随孔压的累计，A-0、A-1、A-2 三组实验中 1 号孔压传感器采集到的孔压数据如图 4-62 所示。

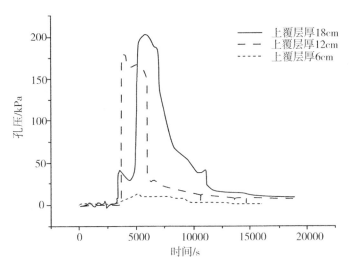

图 4-62 三组实验中 1 号孔压计随时间变化曲线

图 4-62 展示了上覆层厚度分别为 18cm、12cm、6cm 实验组中 1 号孔压计测试结果的变化曲线。可以发现，不同厚度时曲线的峰值不同，厚度为 18cm 时，孔压在达到 202kPa 时，产生分层破坏，孔压骤降。上覆层为 12cm 和 6cm 时，对应的峰值孔压分别是 179kPa 和 13kPa。整体规律表现为，当水合物沉积层保持不变时，上覆层厚度越大，峰值孔压越大。

不同上覆层厚度的四组实验总结如表 4-6 所示。

表 4-6 不同上覆层厚度实验情况汇总

上覆层厚度/cm	峰值孔压/kPa	土层变形破坏现象
18	202	两处分层破坏，无明显气泡逸出现象
12	179	两处分层破坏，后期观察到断续有气泡逸出，表面形成一处冲刷坑
6	13	两处分层破坏，后期观察到气体快速从表面逸出，侧壁观察到渗流通道，表面形成三处冲刷坑
2	无	没有观察到分层破坏，有气体不停从表面逸出，形成多处冲刷坑

上述四组实验中，水合物沉积层厚度均为 12cm，加热板温度也都设定为 110℃，上覆层均为粒径 0.25~0.5mm 的砂土，唯一变量为上覆层厚度，对比上述几组实验并结合实验过程的压力变化及实验现象，可得到如下结论：①当水合物沉积层各项性质都相同时，在同样加热温度下，即同一种渗气条件下，实验过程中的峰值孔压随上覆层厚度的增大而增大；②实验中所用水合物分解层为 12cm 厚度的 100%饱和度的砂土沉积层，上覆

层为砂土，在这一条件下，厚度 6cm 及以上的实验中均出现了分层破坏的现象，而厚度为 2cm 的上覆层未见分层破坏，因此，应当存在一个特征厚度，当上覆层超过这一厚度时，会产生分层破坏，表现为在筒壁侧边观察到明显的裂缝，随着实验分解进程裂缝有明显地在水平方向贯通趋势；③分层破坏一般有两处，一处位于上覆层与沉积物的分界面处，一处位于沉积层之间的薄弱面处；④沉积层水合物分解后，气体会向上扩散，最终会从上覆层表面逸出，上覆层厚度越大，气体的渗流路径越长，表面的气体冲刷效果会越弱。即当上覆层厚度越小，侧壁观察到的气体渗流速度越快，气体的渗流通道也会越多，表面观察到的渗流形成的冲刷坑也会越多。

2. 二维实验分析

二维实验中，上覆层厚度共有四个变量，分别为 2cm、4cm、6cm、8cm，厚度实验中上覆层均为含 70% 黏粒的黏土砂土混合土层，水深均为 10cm；实验中砂土气室中渗气管的位置离中间位置的孔压传感器较近，下面以中间传感器的数据为例来分析实验中的充气破坏过程，由于实验过程中的土压力变化值很小，对实验分析参考意义不大，因此这里主要依据实验过程中的孔压变化来分析。

图 4-63 为不同上覆层厚度情况下，中间位置的孔压传感器在充气实验全过程中孔压随时间变化的规律，四条曲线的形状大致相似，由于上覆层坡顶高度与水面的相对高度保持不变，因此上覆层较厚时，玻璃箱中的总体水位更高，对于同一位置的传感器，上覆层厚度越大，则孔压越大。在前文已述及，在孔压到达最大极值时，标志着气压已到达能将上覆层土体顶起的临界值，在此时刻之后，由于上覆层土体的破坏气压将不再积累，呈急剧下降，在此之后上覆层的裂缝将逐渐扩展直至土体完全破坏，此后的孔压曲线参考意义不大。

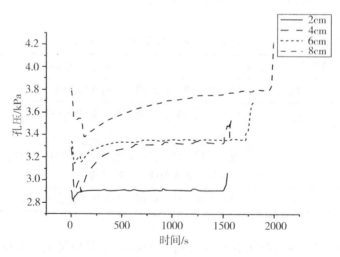

图 4-63　不同上覆层厚度下的孔压时间曲线

在四组实验中，上覆层厚度不同，上覆层产生裂缝破坏时的峰值孔压不同，上覆层开始出现破坏的时间也不同，见表 4-7。

表 4-7　不同上覆层厚度对应的峰值孔压及破坏时刻

上覆层厚度/cm	破坏时的充气压力/kPa	实验过程中的峰值孔压/kPa	开始破坏的时刻/s
2	4.5	3.048	1542
4	5	3.564	1580
6	5.5	3.684	1710
8	6	4.222	1993

依据表 4-7 作图 4-64，当土层其他条件（上覆层坡角、水深、黏粒含量等）及充气条件不变时，实验中的峰值孔压随上覆层厚度的增大而增大，上覆层开始破坏的时间也随上覆层厚度的变大而逐渐变长，由于充气气压的加载规则，开始破坏的时间与破坏时的充气压力是对应的，因此破坏时的充气气压也随上覆层厚度的增大而增大。

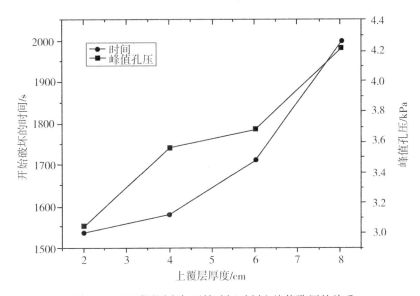

图 4-64　上覆层厚度与开始破坏时刻和峰值孔压的关系

通过在二维模型中针对上覆层厚度的实验可以得到如下结论：①当上覆层为渗透性较低的黏性土时，在其底部通气会产生气压的累计，最终使上覆层产生变形破坏，破坏形式为在上覆层表面出现横向裂缝，且裂缝会随着充气持续进行而不断扩展，直至坡面完全破坏；②当其他条件相同时，上覆层厚度越大，破坏时其下部的孔压也越大，同时达到破坏所需的时间也越长；③上覆层的破坏过程中，裂缝由最初的条形状呈放射状扩展，最终呈现为一群放射状的裂缝，且互相贯通，主裂缝的方向为垂直于斜坡的倾向；④被冲刷过的裂缝周围土体呈隆起状，在停止通气且卸载掉水压后，裂缝周围的土体十分松散，未被充气点影响到的土体表面则十分密实，说明气体冲刷使上覆层土体产生明显的软化现象；⑤充气使上覆层产生裂缝破坏，在充气实验停止一段时间后，裂缝之上的坡顶位置会产生一定的滑塌现象。

4.7.5　上覆层黏粒含量对破坏模式影响分析

土体在受力之后的变形破坏模式往往与土体本身的性质有很大关联，不同性质的土体对应不同的黏聚力和内摩擦角，不同 c、φ 值的土体在受力时可能会有不同的破坏模式反馈。以下将探究不同上覆层黏粒含量时，水合物分解气体渗流对上覆层变形破坏模式的影响。

1. 一维实验分析

一维实验中，水合物沉积层厚度为 12cm，上覆层厚度为 6cm，加热板温度设定为 110℃，实验变量为上覆层中砂土与黏土的比例，图 4-65 为四组实验过程中沉积层与上覆层分界面处的孔压变化曲线。

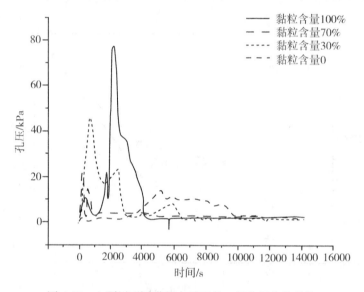

图 4-65　上覆层不同黏粒含量下的 1 号孔压变化规律

图 4-65 为不同黏粒含量的四组实验中，上覆层黏粒含量分别为 100%、70%、30%、0 时 1 号孔压传感器量测的孔压随时间变化曲线。

在实验分解前期，孔压会出现一个快速的峰值，可能原因是上覆层黏土混合物在填入过程中，由于不可避免的原因，在分界面处有部分空气无法排除，而又由于饱和黏土的透气性能不好，因此在前期加热过程中，存在于分界面的空气由于受热膨胀，积聚在分界面处，到达一定气压值，受热的空气会在上覆层某薄弱处冲出一个通道而排出。

对比四组实验可以发现，当上覆层为纯黏土时，有最大的峰值孔压，约为 77.5kPa，当上覆层为砂土时，具有最小的峰值孔压，为 13kPa，而对于剩下两个黏粒含量为 70% 和 30% 的情况对应的峰值孔压分别为 17.1kPa 和 21.48kPa。这是因为黏土的粒径较小，饱和纯黏土基本不透水，属于渗透性较低的土层，当沉积层水合物分解后，气体不能马上从上覆层排出，会在层间积聚，当气体压力超过一定值时，会冲破黏土层，在层间形成渗流通道，气体逸出，而后孔压会持续下降。由于砂土中的孔隙连通性较好，渗气能力更强，因此积聚的孔压会较小，气体较易从孔隙间流通。

在上述四组实验中，纯黏土与纯砂土相比，黏土的透气性要弱于砂土，水合物分解后气体渗透能力也会较弱；而对于砂土与黏土的混合物，其渗透性能与土体孔隙有关，并不能通过黏粒含量得到直接反映，孔压曲线也没有表现出规律性。

表4-8中，四组实验中的分层破坏发生位置基本相同，分别位于加热板高度处和上覆层与沉积层分界面处。结合实验现象与实验过程的孔压曲线，得到如下结论：①黏粒含量影响上覆层的孔隙度和土体黏聚力，孔隙度越小的上覆层具有越高的峰值孔压；②上覆层的黏粒含量不同，表面出现的破坏模式也不同，如纯黏土是表面形成数个圆孔状的冲刷坑，而对于黏粒含量70%的混合土则是表面形成两条长条状的裂缝；③上覆层表面出现的各种破坏模式均是气体渗流导致，气体渗流在土体内部会形成裂缝通道，裂缝不断扩展至上覆层，即出现所见的冲坑或裂缝；④上覆层表面形成的冲坑的位置是无规律的，在筒边壁或中间位置都有，气体会沿着某些土体中的大孔隙渗透，这些大孔隙孔道位置与土体本身结构有关。

表 4-8　上覆层不同黏粒含量实验情况汇总

上覆层黏土含量/%	峰值孔压/kPa	土层变形破坏现象
100	77.5	两处分层破坏，上覆层侧边有明显的气体渗流通道，通道较宽较长，上覆层表面形成三处冲坑
70	17.1	两处分层破坏，上覆层侧边有明显气体渗流通道，表面形成两处裂缝
30	21.48	两处分层破坏，上覆层侧边观察到气体渗流通道，表面形成两处冲坑
0	13	两处分层破坏，后期观察到气体快速从表面逸出，侧壁观察到渗流通道，表面形成三处冲刷坑

2. 二维实验分析

针对上覆层黏粒含量的实验组中，取上覆层厚度为4cm，其他条件也保持不变，由于在30°坡角条件下，上覆层为纯砂土时无法自然存在，因此上覆层分别采用饱和纯黏土、70%黏粒含量、30%黏粒含量展开实验。

实验中，三组不同黏粒含量下的上覆层破坏模式相似：上覆层表面出现裂缝，裂缝不断扩展直至土层破坏。当上覆层为纯黏土时，从开始通气至裂缝出现的时间最长，为1640s。从整体来看，黏粒含量的大小对上覆层出现破坏的时间及峰值孔压没有表现出相关性。

充气过程中，上覆层的渗透性对实验过程影响较大，而对于不同的黏粒含量，在制样过程中，由于实验误差，每次上覆层的制样时压实度都存在一定差异，后期土体饱和的过程中，每组实验上覆层的固结程度都不同。因此本书针对上覆层黏粒含量的实验中，实验的控制条件有一定缺陷，不够完善，需要后续进行更深入的研究。

4.7.6　海底水合物沉积层微地貌形态成因分析

海底水合物沉积层特殊的微地貌，如气烟囱、冷泉、裂隙与麻坑等，其存在与水合物有紧密的联系，所以可以作为水合物勘探的标志。从上述模拟实验也可以看出，在深部气体上升的过程中，形成水平向分层、竖向裂隙、冲刷坑等现场是完全可能的。气泡的溢出与竖向裂隙进一步发展为气烟囱、冷泉，在水平分层裂隙的基础上发展为块状水合物矿，冲刷坑进一步发展为麻坑，这是很有可能的。如果海底坡度较大，发展为滑坡也是很有可能的，下一章将详细分析。

第5章 水合物开采对海底斜坡稳定性的影响

海底天然气水合物主要赋存于世界各大洋之陆缘和半岛的近海海底，如陆坡、岛坡、陆隆、海底高原，地形起伏大，发育不同厚度、不同时代的较为松散的岩土层。水合物的分解、渗流对这些松散岩土层斜坡的稳定性带来严重影响。一些大型的海底滑坡，其中很重要的一个因素就是气候变化过程中水合物自然分解导致的。如今面对人工开采天然气，该问题越来越引起科学家的关注。本章将重点从室内模型实验的角度，对该问题进行一些分析。

5.1 天然气水合物赋存区的海底斜坡特征

根据天然气水合物的生成所要求的温度和压力条件，具体到海洋地区水合物所能形成的海域，其水深一般要大于300m，下限水深可达2000m。在近赤道地区的海域，上限水深可能大于400m，而在极地附近海域，则可小于300m。在较大水深条件下，海底温度通常为0~2.5℃，水合物可以直接沉积于海床上；又因压力的增加，水合物又可形成于海床下深达650m甚至1100m的沉积层中。据这样的温压、水深条件和全球的勘探结果，海底水合物主要赋存于世界各大洋之陆缘和半岛的近海海底（见图2-5），如陆坡、岛坡、陆隆、海底高原，尤其是那些与油气藏、泥火山、泥（盐）底辟、冷泉活动、碳酸盐结壳、麻坑微地貌发育密切相关的地区。

这一地带在海洋环境分带中属于半深海，在海洋地貌上属于大陆坡的位置，见图5-1。这些位置，正是海底地形起伏大、坡度陡的部位，发育不同厚度、不同时代的较为松散的岩土层，容易形成海底滑坡、泥底辟等破坏现象（见图5-2）。根据前期研究，海底滑坡、泥底辟等的发生与天然气水合物有紧密关系，它们既往往在水合物的影响下发生，又对后续水合物的生成提供了有利条件，所以成为海洋天然气水合物勘探的标志之一。

5.1.1 海底滑坡(海底扇及滑塌体)

海底滑坡是识别水合物的一种重要地貌标志。通常认为，影响水合物稳定的条件发生改变后，如海平面升降、构造变动等，水合物处于欠稳定状态，从而造成气体大量、迅速地排放，导致发生大范围海底滑坡，形成海底扇及海底滑塌体。如美国东海岸、地中海西部撒丁岛与科西嘉岛西南侧海底、巴西东北部大陆边缘的亚马孙河口外（Maslin et al., 1998）、西非南部海隆处的表层滑坡和滑塌，以及美国大西洋大陆斜坡的滑塌、挪威大陆边缘的大型海底滑坡（Kayen et al., 1991）、日本海奥鹫岛附近海域的滑坡、南卡罗来纳大陆隆上Cape Fear滑坡等，都可能是在这种条件下形成的。

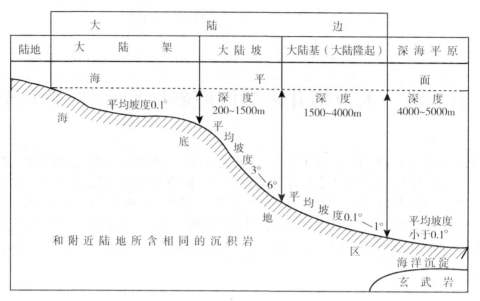

图 5-1　大陆架示意图

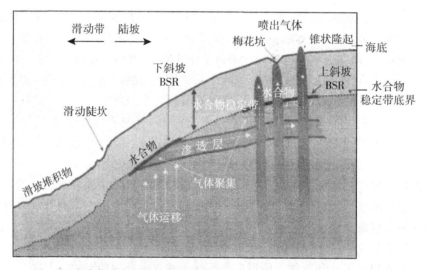

图 5-2　水合物分布与特殊微地貌形成关系示意图（Bouriak et al.，2000）

　　阿拉斯加北部 Beaufort 海陆坡是一个由水合物分解形成的大型海底滑坡的突出实例（图 3-11、图 3-12），其滑塌体规模与地震反射剖面上推测出的含水合物的沉积范围几乎相当。南卡罗来纳大陆隆上的 Cape Fear 滑坡规模巨大，滑坡面和滑塌沉积物向坡下延伸达 400km，高 120m，分析认为与海底盐隆和水合物的分解有关，滑坡区的西侧即位于卡罗来纳大陆隆-布莱克海台水合物分布区内。Paull 等（1996）研究认为单靠地震不可能造成如此大面积的多期滑塌，并进一步根据 14C 测年结果指出，Cape Fear 滑坡发生在末次冰期海平面低水位期，距今 18ka。冰期海平面低水位期间出现与水合物分解有关的大陆边缘滑坡应该很普遍（图 3-9）。因此，发生在晚更新世末次冰期的海底滑坡成为寻找水合物的一个重要线索。

在挪威西部大陆架也发现了与水合物有关的大型海底滑坡，主要由 3 个时期的滑坡构成。从陆坡区一直延伸到深海盆地，滑移距离达 800km。值得注意的是，在滑坡区附近发现了代表水合物的似海底反射层（BSR）。调查认为，由地震引发的水合物分解是造成上述大型海底滑坡的主要原因。

上述地貌形态的形成与水合物有直接联系，不仅是识别水合物的重要标志，同时也反映了含水合物海底地貌单元的复杂性。尤其是海底天然气水合物所分布的地区往往是地形起伏很大，坡度较陡的部位。这既是水合物赋存区前期容易发生滑坡、垮塌等现象的前提条件，也说明了在今后水合物开采过程中同样会引发斜坡破坏的原因。

5.1.2 泥底辟构造地貌

具塑性的近代巨厚沉积层及高压流体活动可以在海底形成大规模的泥火山底辟构造，而且与水合物分布有关。许多学者开展了这方面研究（Kvenvolden et al., 1983；Donald et al., 1990），在世界许多地区如布莱克洋脊泥底辟构造、巴拿马北部近海泥火山、里海泥火山或泥底辟、黑海北部克里米亚大陆边缘、挪威巴伦支海-斯瓦尔巴特边缘的 Hakon Mosby 泥火山等地均发现了水合物。研究认为沉积物的负荷和塑性特质及甲烷的形成与活动促进了泥火山的发育，而甲烷的聚集又导致了水合物的形成。泥火山的大小和形状对水合物赋存形态有较强的控制作用，泥火山与水合物赋存具有明显的相关性。

 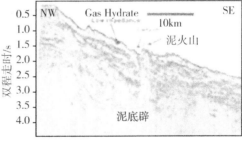

（a）东沙区泥底辟的地震剖面　　（b）声阻抗反演剖面显示水合物分布与泥底辟的关系

图 5-3　中国南海北坡东沙区泥底辟构造（Li et al., 2012）

5.1.3　水合物斜坡地形地貌实例

1. 水合物脊

水合物脊（Hydrate Ridge）又称为水合物海岭，位于美国俄勒冈州西海岸的近海中，属于东太平洋，距离纽波特（New Port）约 80km，见图 5-4；是卡斯卡迪亚古陆板块汇聚边缘，它以海底和海底以下蕴藏大量甲烷水合物著称，在这一地区，流体、气体喷发活跃，有巨大的硫氧化物细菌和蛤蚌组成的群落，大量的自生碳酸盐岩，而且，也发现了众多迄今为止甲烷氧化率最高的海洋环境。在水合物脊的顶部，流体流速超过临近区域的 6 个数量级以上。

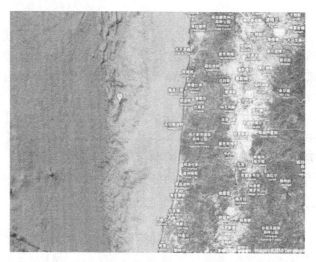

图 5-4　水合物脊卫星影像图

水合物海岭南北长 25km，东西宽 15km，由南北两峰组成（图 5-5），北峰最小水深 600m，南峰水深约 800m。从温压条件看，此处正好属于海洋水合物能够稳定赋存的海洋环境。

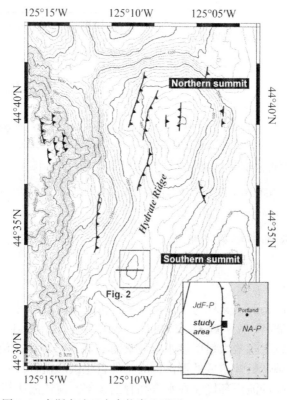

图 5-5　卡斯卡迪亚水合物脊地形图（Tréhu et al.，2003）

卡斯卡迪亚增生楔是胡安·德富卡板块向北美板块俯冲的产物，褶皱和逆冲断层广泛发育，整个盆地由半深海沉积物和深海浊流沉积物覆盖（McNeill et al.，2000；Johnson et al.，2003）。该区普遍存在 BSR，说明可能都存在水合物。该区域的水合物样品最早由 ODP 第 146 航次的 892 站位获取，位于水合物脊顶部的断层活动区，其地震剖面见图 5-6。

为了测定水合物在增生脊和相邻斜坡盆地内的分布，并获得水合物原位的物理特征参数，ODP 第 204 航次共布置了 9 个站位（图 5-7（a）），所有站位的岩性都较为相似，以浊流沉积为主，另外可见碎屑流沉积及火山灰层。多个站位都测试到水合物，有的水合物呈块状或浸染状分布（1244 站位），有的以层状和脉状充填的形式存在（1245 站位），有的水合物以块状（位于海底至海底之下 20m 处，岩芯中常见汤状或奶油状构造）和离散状（海底 20m 之下，岩性以粉砂质泥为主，可见砂及粉砂夹层）形式出现（1248 站位），有的水合物以块状形式存在于海底、近海底处且呈区域分布，可以探测到从海底喷出的气泡流（1249 站位）（Tréhu et al.，2003）。

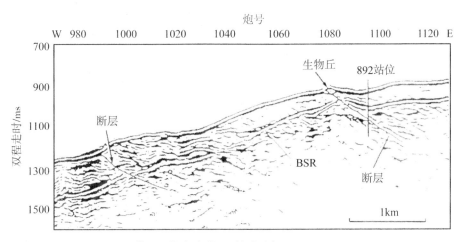

图 5-6　ODP 第 146 航次多道地震保幅剖面（Mackay et al.，1994）

根据勘探资料与地形可以看出，该海岭东西两侧岸坡较陡峭，坡度多为 10°～30°，尤其是西侧斜坡坡度更大。表层多处被浊流物、火山灰所覆盖。

2. 南海神狐海域

神狐海域位于我国南海北部西沙海槽和东沙群岛之间，构造上位于珠江口盆地珠二坳陷的白云凹陷（图 5-8）。南海是西太平洋最大的边缘海，面积 $3.5×10^6 km^2$，其中北部陆坡面积约 $1.264×10^6 km^2$，平均水深 1212m，最深超过 5000m。不少学者研究了南海北部天然气水合物的分布和成藏特征，认为这里构造活动强，沉积层厚度大，沉积速率高，深部热流异常活跃，具有一系列有利于水合物形成和赋存的地质构造和地球化学条件。经过多年的地质、地球物理、地球化学研究，南海北坡赋存有丰富的天然气水合物资源，初步探明天然气水合物资源量达 $1.0×10^{11}～1.5×10^{11} m^3$ 甲烷气体（标态下）。

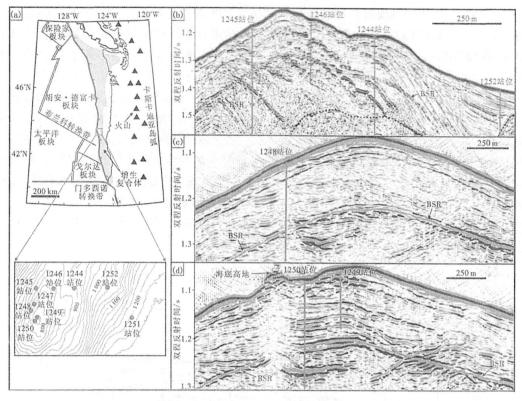

(a)各站位位置；(b)过 1245、1246、1244 和 1252 站位的地震剖面；
(c)过 1248 站位的地震剖面；(d)过 1250 和 1249 站位的地震剖面

图 5-7　ODP 第 204 航次各站位位置、过站位地震剖面及含水合物沉积物
岩芯红外扫描图像(Tréhu et al.，2003)

　　白云凹陷是珠江口盆地最大的富生烃凹陷，面积约 12000km²。近年来，以 LW3-1、LH16-2、LH29-1 和 LH34-2 等为代表的深水油气田相继发现，证实了白云凹陷有着巨大的油气资源潜力。

　　珠江口盆地是中新生代沉积盆地，新生界自下而上发育了神狐组、文昌组、恩平组、珠海组、珠江组、韩江组、粤海组、万山组等地层(图 5-9)(谢志远等，2017)。该盆地新生代沉积厚度超过 10km，其中古近系超过 6km，属裂陷期和裂后期地层厚度基本相当的盆地。新生代沉积环境经历了从陆到海的转变：古新世—始新世属河湖相沉积，渐新世—中中新世属滨岸—滨浅海环境，晚中新世—上新世盆地被海水广泛覆盖，珠二坳陷发育了典型的深水重力流沉积体系。其沉积充填总体上呈"下粗上细，由陆向海、由浅水向深水、由过补偿向欠补偿"的演变特征，形成了其独特的三层结构以及时空上配置良好的生储盖组合条件(彭大钧等，2006；庞雄等，2007)。

　　晚中新世以来，珠江口盆地完全进入海洋沉积模式，主要的沉积类型包括 3 类：迁移型水道、陆坡限制型海底峡谷群与沉积物失稳等。

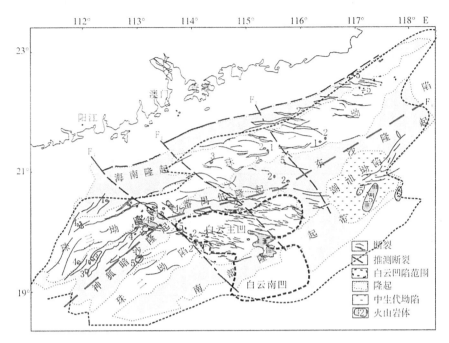

图 5-8 珠江口盆地白云凹陷位置(孙珍等, 2005)

1)迁移型水道

迁移型水道是珠江口盆地内最典型的沉积特征,浊流和底流的交互作用被认为是这一区域最重要的沉积作用,并且这一作用一直持续到现今(Zhu et al., 2010)。

2)陆坡限制型海底峡谷群

在珠江口盆地水深 500~1600m 的范围内,发育了 17 条海底峡谷,它们位于珠江口外海底峡谷的东北侧,宽 1~8km,长 30~50km,地形起伏最大处约为 450m,呈北北西—南南东向线状平行展布,构成了珠江口盆地陆坡限制型海底峡谷群(图 5-10)。

根据峡谷的形态和充填特征,将峡谷的演化划分为 3 个阶段:①中中新世阶段典型的加积式主控单向迁移峡谷发育。峡谷被限制在陆坡环境,并没有切入陆架边缘。②晚中新世阶段,巨大的典型等间距间隔单向迁移峡谷占据主导地位,它们切入陆架边缘。③上新世—第四纪阶段,大量的陆坡失稳和非典型单向迁移"饥饿型"峡谷发育。在这个阶段,峡谷被限制在陆坡环境,且陆架边缘并没有被峡谷切入(Li et al., 2013)。

地震剖面上,海底峡谷群的内部充填由两部分构成:一部分表现为强振幅连续性差的反射特征,为峡谷轴向的沉积物充填,垂向上发育多个侵蚀不整合界面,可划分为不同的侵蚀-充填旋回;另一部分表现为连续性较好的中等振幅反射结构,推测为峡谷两侧失稳的沉积物充填至峡谷的底部(图 5-11)。这种多期次的内部结构和多方向的沉积物来源,说明珠江口盆地海底峡谷群经历了复杂的演化历史。此外,峡谷内部的充填特征,尤其是侵蚀下切的结构、强振幅反射同相轴所对应的峡谷内部浊流沉积体、杂乱反射所对应的MTD 等,均能够指示峡谷内部的轴向沉积物充填。这也进一步说明,研究区的陆坡限制型海底峡谷群是该区域较为重要的沉积物输送路径,能够将陆架边缘的沉积物进一步搬运至下陆坡,甚至深海盆区域。

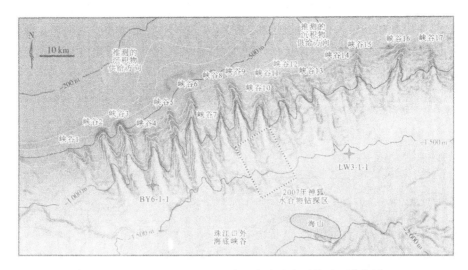

图 5-10 珠江口盆地陆坡限制型海底峡谷群的平面分布图

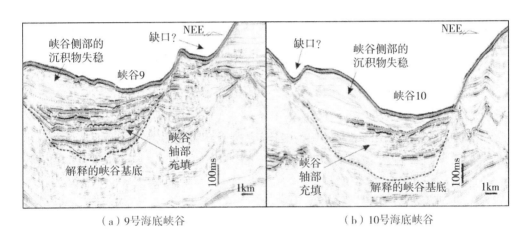

（a）9号海底峡谷 （b）10号海底峡谷

图 5-11 珠江口盆地陆坡限制型海底峡谷群地震剖面特征

3）沉积物失稳

晚中新世以来，珠江口盆地接受了大量的沉积物供给，同时受自北向南地形坡降和海底峡谷发育的影响，存在大量的沉积物失稳（苏明等，2015a）。基于地震资料的解释，He 等（2014）在研究区识别出与海底峡谷群相关的沉积物失稳，根据沉积物失稳的发育位置和地形坡度的变化，划分出不同的失稳类型，并提出溯源的滑塌可能是研究区峡谷群的成因机制。Wang 等（2014）通过描述珠江口白云凹陷自陆坡到深海盆的大型沉积物失稳特征，认为晚中新世构造活动和地形坡度变化可能是控制研究区沉积作用的主要因素。此外，在这一区域，还可以发现大量波状沉积特征，研究人员将其解释为沉积物波，并推测其形成可能与峡谷的浊流溢出相关（Qiao et al.，2015）。

天然气水合物的成藏和赋存部位，即水合物形成并聚集的空间还受限于构造地质地貌和岩石物理性质等因素。在南海北部陆坡，水合物多赋存于原为浅海海域的三角扇、浊积扇、滑坡和滑塌体的部位，主要为粗粒和空隙度高的岩层，如砂岩、浊积岩、含有孔虫岩层，因其孔隙度大，渗透性好，都是良好的水合物围岩。滑坡和滑塌体也可成为南海北坡水合物成藏的地质体。张丙坤等（2014）将海底滑坡划分为前水合物滑坡、同水合物滑坡和后水合物滑坡，并认为前水合物滑坡体既是流体运移的通道，又可为水合物成藏的围岩，有利于水合物的聚集成藏(图 5-12)。

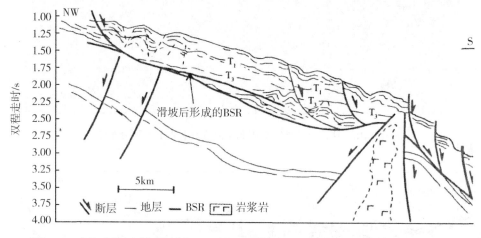

图 5-12　南海北坡西沙测线图中显示 BSR 与前水合物滑坡的关系(张丙坤等，2014)

图 5-13 与图 5-14 为南海北坡神狐区及附近的东沙区典型的 BSR 地震剖面，可以看到其海底斜坡地形的复杂，与海底滑坡的形成有直接关系。

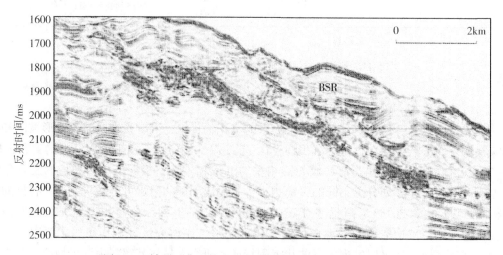

图 5-13　神狐区典型的含 BSR 地震剖面(于兴河等，2014)

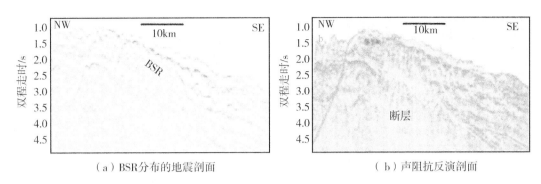

（a）BSR分布的地震剖面　　　　　　（b）声阻抗反演剖面

图 5-14　东沙区水合物赋存区的地震剖面(Li et al.，2012)

5.2　水合物分解对海底斜坡稳定性的影响机理

天然气水合物分解或开采过程中产生的高压气体对海底斜坡稳定性影响十分巨大，甚至会引发海底滑坡。大型的海底滑坡可以对海底的工程建设造成破坏，严重者会引起海啸，对生命财产安全产生很大的威胁。随着天然气水合物开发日渐受到重视，与之相关的海底地质灾害也应重点研究。

5.2.1　影响机理

天然气水合物不论在形成时期还是受到外界因素影响发生分解，都会使水合物的储层及其上覆层的强度产生很大变化。在水合物形成时期，要吸收大量的游离甲烷气体和沉积物中的水，形成冰状晶体储存在海底沉积物中，它能充当亚稳定性质的胶结物，使沉积物的强度增强。但是天然气水合物是十分脆弱的，需要严格的温度和压力条件才能保持稳定，所以温压条件一旦有轻微的变化，就会导致天然气水合物分解；一方面，水合物分解会使原先的胶结作用消失，水合物沉积物的强度会大幅度降低；另一方面，水合物分解会产生大量的甲烷气体，如果处在相对封闭的环境中，即上覆层是渗透性很低的土体，气体无法扩散出去，就会在水合物沉积物中产生超孔压，孔压增加导致有效应力降低，大大降低边坡土体的强度。这两个结果会严重影响海底边坡的稳定性。

因此，水合物储层的上覆层土体的性质对海底斜坡稳定性影响很大，如果上覆层土体是渗透性很低的黏土质沉积物，则水合物分解产生的甲烷气体就无法逸散，聚集在水合物沉积物中，产生超孔压，孔压增加会使有效应力降低，影响边坡的稳定性。有研究发现水合物层也是非常致密的沉积物，渗透性同样非常差，也会产生上面所说的现象，影响边坡的稳定性。

气体对海底斜坡稳定性的影响机制可以用图 5-15 来表示。

综上所述，将水合物分解作为边坡破坏的原因必须满足三个条件：一是水合物在边坡中不仅存在，且必须广泛分布；二是滑坡应该从天然气水合物储层内部开始；三是水合物区上覆层必须有低渗透沉积物，允许超孔隙水压力的积累。

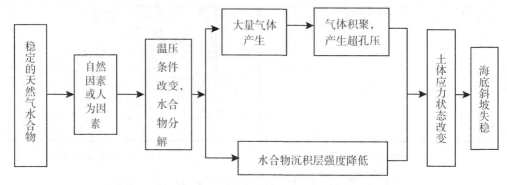

图 5-15　水合物分解气体产生的超孔压引发海底滑坡过程

5.2.2　影响因素分析

通过对气体诱发海底滑坡的机理研究可以知道，天然气水合物分解时，会产生大量的甲烷气体，当天然气水合物上覆盖层为低渗透或不渗透的地层时，产生的甲烷气体将无法及时排出，积聚在水合物的储层中，即会产生超孔隙压力。在不考虑地震、沉积物快速沉积等因素的情况下，作用在海底斜坡潜在滑动面上的力主要有海水的静压力、上覆沉积物的重力以及水合物分解引起的超孔隙压力，所以我们提出影响海底斜坡稳定性的因素主要有如下四个。

（1）水深。海水的静压力主要与水深有关，所以斜坡所处的位置不同，斜坡表面受到的海水静压力的大小也就不同，对海底沉积物下气体的增长有重要影响。所以，水深对于海底斜坡的稳定性有着至关重要的作用。

（2）水合物上覆层厚度。水合物上覆层的厚度决定了斜坡上土体沉积层的自重，斜坡土体自重影响到斜坡的稳定性，所以研究水合物上覆层厚度也就不可或缺。

（3）斜坡坡度。坡度属于影响斜坡稳定性的内在因素——地形地貌的范畴，决定了边坡的形态，对边坡的稳定性有直接影响，不管研究陆地斜坡还是海底斜坡，都需要重点研究斜坡坡度。

（4）水合物分解量。水合物分解量的多少决定了能产生多少甲烷气体，气体量不同所产生的超孔压的大小不同，所以水合物分解量对海底斜坡稳定性的影响也很明显。

5.3　水合物开采对海底斜坡稳定性影响的模拟实验

5.3.1　实验装置

室内进行滑坡模型实验主要需要模型箱、测量系统和控制滑坡发生的辅助系统，如降雨系统、地震波加载系统等。气体诱发海底滑坡模型实验也是如此，主要不同在于其辅助系统是气体压力控制系统。本节实验所用的模型实验装置主要包括模型箱、测量系统和气体压力控制装置三个部分，具体情况如图 5-16 所示。

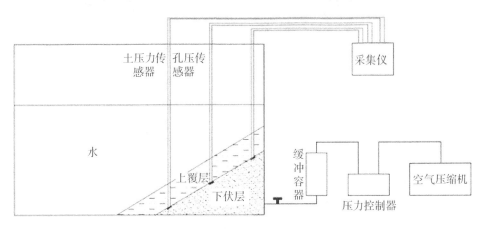

1. 模型箱；2. 气体压力控制器；3. 缓冲容器；4. 空气压缩机

图 5-16 模型实验装置组成及原理示意图

本节的目的是研究水合物分解生成的气体对上覆斜坡的破坏，考虑到实验中水合物生成的难度以及实验设备有限，不直接用合成的水合物进行实验，而是用不同压力的气体来代替水合物不同分解程度情况下水合物的分解，然后观测上覆坡体的变形破坏情况，进而分析其对斜坡的影响，这样可使实验简化且易于操作，也可以最大程度上满足研究目的。

为了更好地模拟水合物不同分解程度，要采用精密的气体压力控制器控制气体压力。为防止气体压力不足时模型箱中的水从进气口往外溢出导致气体压力控制器损坏，在两者之间增加一个带水位观测的缓冲容器，可以有效避免仪器损坏。模型箱内斜坡填筑示意图如图 5-16 所示，下伏层为砂土，作为气体流动空间，上覆层为渗透性很低的粉质黏土，以两个土层的交界面为滑动面，在滑动面处安装孔压、土压力传感器，测量斜坡破坏过程中压力的变化。

1. 模型箱

模型箱采用 10mm 厚透明 PVC 硬板焊接加固而成，设计尺寸为 120cm×40cm×90cm（长×宽×高）。模型箱一侧下部开有直径 12mm 的螺孔，用来连接进气管线。为便于制作滑坡模型以及定量观测整个实验过程，在模型箱一侧布置了测量网格，用蓝线标注，网格大小 5cm×5cm。模型箱如图 5-17 所示。

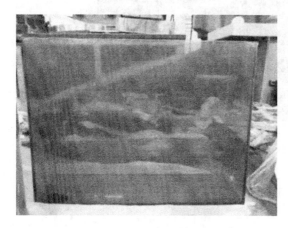

图 5-17　模型箱

2. 测量系统

采集数据所用到仪器主要有土压力传感器、孔压传感器、数据采集仪以及相机。通过计算，整个模型水深最深处的上覆压力为 5kPa 左右，最浅处上覆压力为 2.5kPa 左右，所以测量土压力选用的土压力盒，量程为 0~100kPa，可以满足实验的需要；适用于模型实验中测量土体、泥浆、砂等内部或周围的砂土体应力，是了解土压力变化的有效监测设备，该土压力传感器采用应变全桥电路，可准确消除温度变化对仪器的影响。

模型中最大的静水压力为 5kPa，所采用孔隙水压力传感器量程为 0~10kPa，足以满足实验需要。传感器具有体积小、分辨率高、精度高、正负压力均可测量、稳定性好以及抗干扰能力强的优点。

3. 气体压力控制系统

实验的关键在于选择一套能精确控制气体压力的装置。经过综合对比，采用空气压缩机、精密压力控制器和缓冲容器来组成气体压力控制系统。空气压缩机主要是用来提供气体来源；压力控制器用于控制进入模型箱中的气体压力大小；缓冲容器作用是给气体一个缓冲的空间，防止气体压力波动，使系统工作更平稳，还有防止气体压力不足、模型箱中水溢出损坏仪器。

空气压缩机输入功率为 1.1kW，容积流量为 0.064m³/min，最大输出气压为 0.7MPa，额定转速为 1380r/min。所用缓冲容器为一定制不锈钢容器，外部玻璃管可观察是否有水从模型箱中溢出，如图 5-18 所示。

气体压力控制器压力调控范围 0~100kPa，调控精度 0.1kPa。该压力控制器能精确控制气体压力，操作方便，如图 5-19 所示。

图 5-18　缓冲容器　　　　　　　图 5-19　气体压力控制器

5.3.2　实验材料

1. 实验土样

气体对海底斜坡稳定性的影响，一个关键因素是气体上覆层必须是低渗或不渗透层，这才有利于气体的聚集而形成较大的超孔压，所以在选择土样时要着重考虑这一点，否则难以达到好的实验效果。

不同类型的土渗透系数相差较大，表 5-1 列出了土的渗透系数经验值，一般认为渗透系数小于 10^{-8} m/s 的土体可视为不渗透层。

表 5-1　土的渗透系数经验值

土类	渗透系数/(m/s)	土类	渗透系数/(m/s)	土类	渗透系数/(m/s)
黏土	$<5\times10^{-9}$	粉砂	$10^{-6}\sim10^{-5}$	粗砂	$2\times10^{-4}\sim5\times10^{-4}$
粉质黏土	$5\times10^{-9}\sim10^{-8}$	细砂	$10^{-5}\sim5\times10^{-5}$	砾石	$5\times10^{-4}\sim10^{-3}$
粉土	$5\times10^{-8}\sim10^{-6}$	中砂	$5\times10^{-5}\sim2\times10^{-4}$	卵石	$10^{-3}\sim5\times10^{-3}$

深海沉积物通常为疏松软黏土或粉质黏土，沉积物内部水气的流通性极差，产生的气体容易积聚形成超压。因此采用粉质黏土进行相关实验，由黏土与粒径小于 0.1mm 的砂配置而成，配置比例为：70% 的黏土样 +30% 粒径小于 0.1mm 的砂样。

实验所用黏土样是经晒干、粉碎，并过 0.1mm 孔径筛子，去除里面掺杂的大颗粒物质，见图 5-20。实验所用粉细砂是采用砂土晒干后经震动筛分，取其中粒径小于 0.1mm 者为实验用砂，见图 5-21。

图 5-20　黏土试样　　　　　　　　图 5-21　砂土试样

2. 实验气体

实验过程中需要用到气体，如果采用生成水合物分解得到气体的方法，过程非常复杂且成本比较高，不适合实验中使用；甲烷气体易燃易爆，危及人身安全，不能用作实验气体。实验选用空气压缩机提供气体，可以使实验过程得到很大简化，空气压缩机最高可提供 0.7MPa 的气体压力，满足实验需要，可通过气体压力控制器精确控制气体压力大小。

3. 实验水样

因为我们进行的是气体对水下斜坡的破坏实验，空气在水中不易溶解，所以可忽略水中的溶解气对实验结果的影响，直接用自来水进行注水。

5.3.3　实验方案

1. 实验方案设计

模拟实验的主要目的是研究气体对海底斜坡稳定性影响的机理和斜坡破坏的发展过程，以及探讨不同上覆层厚度、斜坡坡度和水深三个影响因素对气体诱发海底斜坡失稳的影响规律，观测实验过程中斜坡土体内孔隙水压力和土压力的变化情况。为此设计 3 组对比实验，编号分别为 H1(不同上覆层厚度)、H2(不同坡度)、H3(不同水深，水深从填筑好的斜坡坡顶算起)。具体实验方案见表 5-2。

2. 气体压力加载方式

气体加载方式有两种，一种是固定压力持续加载，另一种是逐级加载。在实验中对这两种方式都进行过尝试，发现若采取固定压力持续加载的方式，压力过大，气体会直接冲出，压力太小就没有任何实验现象，都会导致实验失败。而采取逐级加压的方式可以从小压力逐级加压，实时监测斜坡土体中土压力的变化、超孔压的积累过程，适用于本实验。经过多次实验，最后得出最合适的初始压力、相邻两级压力的间隔以及每级压力的加载时间，具体情况如图 5-22 所示，从 2kPa 压力开始加载，间隔 0.5kPa，前五级压力都加载 5min，从 4.5kPa 开始每级加载 2.5min。

表 5-2 实 验 方 案

编号		上覆层厚度/cm	坡度/(°)	水深/cm	上覆土层性质	下伏层坡高/cm
H1	1	2	30	10	粉质黏土	30
	2	4	30	10	粉质黏土	30
	3	6	30	10	粉质黏土	30
	4	8	30	10	粉质黏土	30
H2	5	6	25	10	粉质黏土	30
	3	6	30	10	粉质黏土	30
	6	6	35	10	粉质黏土	30
	7	6	40	10	粉质黏土	30
H3	8	6	30	5	粉质黏土	30
	3	6	30	10	粉质黏土	30
	9	6	30	15	粉质黏土	30
	10	6	30	20	粉质黏土	30

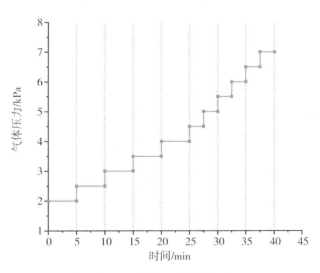

图 5-22 气体压力加载方式

3. 传感器布置

实验 H1、H2 的传感器埋设位置如图 5-23 所示，其中土压力传感器(土压传感器)有

3 个，孔隙水压力传感器(孔压传感器)有 3 个，共计 6 个传感器；实验 H3 的传感器埋设位置如图 5-24 所示，其中土压力传感器有 3 个，孔隙水压力传感器有 3 个，共计 6 个传感器。

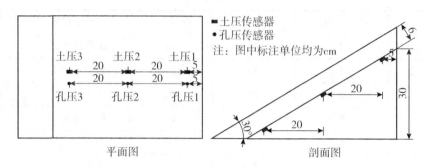

图 5-23　实验 H1、H2 传感器布置图

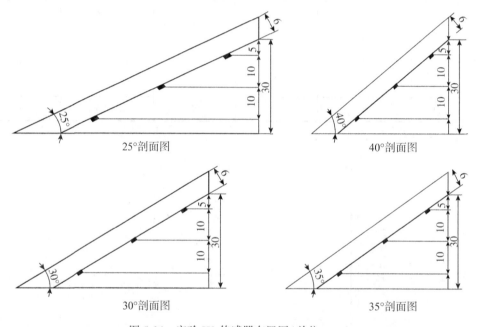

图 5-24　实验 H3 传感器布置图(单位：cm)

4. 实验过程

整个实验过程可以分为准备阶段、实验阶段以及处理阶段。实验准备阶段主要有实验土样制备、模型制作及饱和；实验阶段包括气体压力加载和实验数据采集；处理阶段有模型的拆卸及清洗、实验数据处理等。

(1)制备土样。采用 70%的黏土+30%粒径小于 0.1mm 的砂配制土样，混合均匀后装入盆中注水饱和。

（2）模型制作。实验模型分为上覆层和下伏层，上覆层为制备的混合土样，下伏层为粒径0.25~0.5mm的砂土，作为气体的流动和储存空间。

首先在模型箱外壁勾画出模型的各处尺寸，然后铺设下伏层的第一部分，压实后将从进气口导过来的盘管固定在斜坡面上，继续在上面铺设砂土，压实直至设定的尺寸，见图5-25。分两次铺设的目的是将进气的盘管埋在斜坡面上，盘管上有密集的小孔，这样可以在通气时让气体均匀地在斜坡面上溢出，避免气体在一个点集中喷出，影响实验结果。

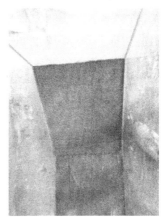

图5-25　模型下伏砂层铺设

接下来，用铁板将砂土周围的部分铲去，铲去部分宽2~3cm、深5cm；然后安装土压力和孔压传感器以及两根排气管道，排气管呈U形，固定在模型中，一端深入坡顶部位，一端从模型箱侧壁导出，如图5-26所示。接着将铲出的部分填入干燥的黏土，压实。把边界铲去并填入黏土的目的是防止气体从模型边界溢出，减小边界效应。安装排气管的目的是排出土体中原有的空气。因为在前期尝试的过程中发现模型做好后注水饱和时，随着水的浸入，会将砂土中本来存在的空气驱赶到坡顶位置聚集，随着压力增大直接就会溢出，从而破坏整个模型，所以正式实验时用管子先将原有的空气导出。

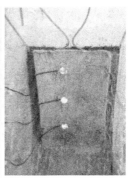

图5-26　安装排气管道、土压力、孔压传感器

最后铺设上覆层土样，每次铺 1~2cm 厚度，压实后再进行下一次铺设直至设定的厚度；然后注水至设定水深饱和 12h。

（3）进行实验。先关闭排气管道，依次将土压力传感器、孔压传感器连接好，检查数据是否正常；然后将空气压缩机、气体压力控制器、缓冲容器和模型箱依次连接好，关闭进气口阀门。把气体压力控制器压力值调到初始压力 2kPa，打开空气压缩机，等到缓冲容器内气体压力稳定时打开模型箱进气口，同时计时并开始采集数据，后面根据图 5-22 所示的气体压力加载方式及时调整气体压力大小，观察模型箱内斜坡的破坏发展过程，用相机记录实验现象，直至斜坡发生破坏。

（4）实验处理。关闭实验装置并拆卸，挖出模型箱内土样并分类存放，清洗模型箱。保存实验数据并用处理软件处理分析。

5.4　实验结果与数据分析

5.4.1　实验破坏模式分析

1. 实验现象与数据解释

上覆层厚 6cm、坡度 30° 以及水深 10cm 这一个实验条件，在三组对比实验中均有涉及，所以选择这组实验的结果来进行斜坡的破坏模式分析。斜坡破坏发展过程如图 5-27 所示，随着实验的进行，气体压力按照图 5-22 的规律进行调节，斜坡在一直保持稳定状态，整个模型箱内没有任何实验现象。当实验进行到 28min30s 时，斜坡表面突然出现一条横向裂缝，且裂缝周围土体有轻微隆起，如图 5-27(b) 所示，随后裂缝迅速扩展直至贯通，气体喷出。喷出的高压气流将裂缝边缘的土体冲走，导致水体变得浑浊，无法观察后续实验现象，停止通气后将模型箱内的水抽出，看到的现象如图 5-27 (d) 所示，裂缝延伸至模型箱的两壁，裂缝周围土体非常松软，呈现液化的现象，这是气流冲刷的结果。

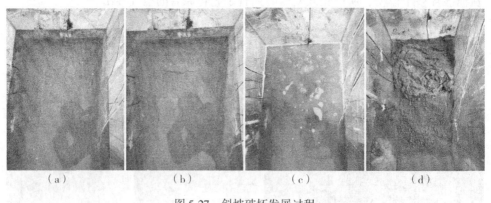

（a）　　　　　　（b）　　　　　　（c）　　　　　　（d）

图 5-27　斜坡破坏发展过程

斜坡破坏前，虽然模型箱内没有任何状况，但下覆层充当气体储层的砂土中孔隙水压力是持续增长的，从图5-28(a)、(b)、(c)孔压随通气时间的变化曲线可以看出，随着气

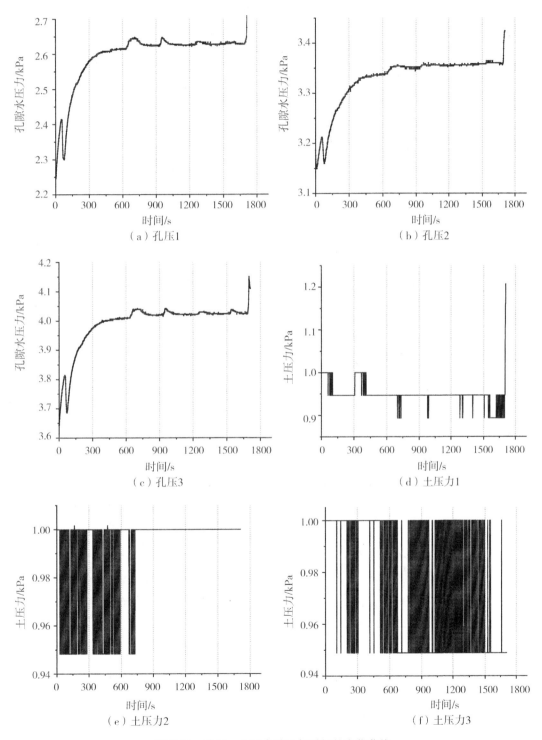

图 5-28　孔压、土压力随通气时间的变化曲线

体压力不断加大，由于上覆层渗透性较差，当气体上升到不渗透层时无法继续扩散，在下覆砂土层中聚集，导致斜坡内产生了超孔压并且随着气体压力加大而不断增长，根据有效应力原理，孔压增加导致有效应力降低。在 27min30s 后孔压开始快速上升，因为此时气体压力调到 5kPa，到达一个临界压力，能够轻松克服进气口土体骨架间的应力和静水压力，快速向模型内扩散。到达 28min30s 时上覆层开始抬升，坡体上产生裂缝，是因为超孔压不断增大导致有效应力不断减小，土体强度降低，由于坡顶受到的上覆沉积物自重和海水静压力小，易于破坏，所以最先被抬起，产生裂缝。黏性土形成连续裂缝后，后续的气体更容易沿着此路径上升，所以坡体其他部位没有被破坏。

处理土压力数据时考虑到传感器测得的土压力不是真实值，每次开始实验时都有一个初始值，如果直接用开始测得的数据作图很不美观，也不能看出什么变化趋势，所以对数据进行了处理，将每组数据的初始土压力都定为 1kPa，可以将三组数据放在一起进行比较。

土压力的变化曲线（图 5-28（d）、（e）、（f））显示，土压力 1 在坡体破坏前一直很稳定，在合理范围内上下波动，到坡体破坏时快速上升，土压力 2 和土压力 3 一直在合理范围内波动没有变化。土压力 2 和土压力 3 上覆压力大，坡体不易破坏，所以没有多大变化。土压力 1 在坡顶位置，上覆压力小，坡体在此处发生破坏，因为破坏处有轻微抬升，在上覆层与下伏层间产生一个孔隙，气体向此处汇集然后沿裂缝喷出，此时土压力 1 测得的压力为上覆土层、静水压力与气体压力的总和，较之前多了一个气体压力，所以呈现增大的现象，见图 5-29。

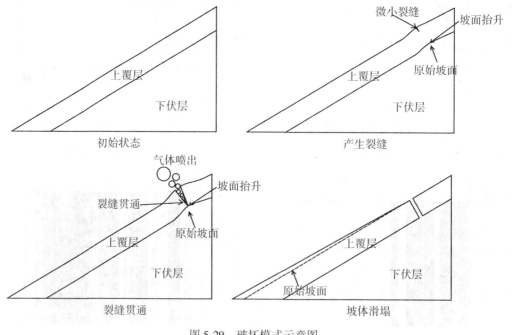

图 5-29　破坏模式示意图

2. 气体对海底斜坡稳定性影响的破坏模式

经过对斜坡破坏发展过程、孔隙水压力和土压力的分析，得出实验中斜坡主要的破坏模式。一方面，气体产生后会向上扩散、上升，当气体上升到不渗透层时，气体无法继续扩散，在不渗透层下聚集，导致产生超孔压，孔压增加引起有效应力降低，致使土体的强度降低，当孔压增长到坡体能承受的临界值时，坡体会在上覆压力小的部位发生破坏，坡体有抬升现象，然后产生裂缝，当黏性土中形成连续裂缝后，后续的气体会沿着此路径上升，所以坡体其他部位不会破坏。另一方面，气体沿裂缝喷出时会将裂缝周围土体冲得松散、破碎，裂缝周围土体变得软化，工程性质也发生变化，土体强度降低，也引起裂缝前后的土体失去连接。在这两种破坏方式的综合作用下，坡体失去稳定，发生滑动。

5.4.2 不同上覆层厚度实验结果及分析

1. 上覆层 2cm 实验条件下

1）斜坡破坏发展过程

在保持坡度 30°、水深 10cm 不变的情况下，上覆层厚度为 2cm 时，斜坡的破坏发展过程如图 5-30 所示。由图可以看出随着气体的通入，坡体在破坏前一直保持稳定状态。

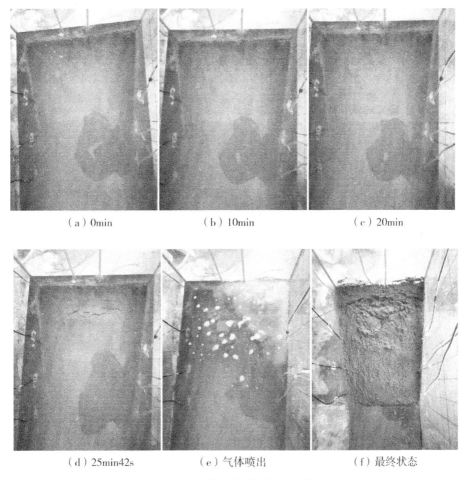

（a）0min   （b）10min   （c）20min

（d）25min42s   （e）气体喷出   （f）最终状态

图 5-30　斜坡的破坏发展过程

但是在实验进行到 25min42s 时，此时气体压力为 4.5kPa，坡顶处的坡体表面有轻微抬升，随后斜坡表面开始产生裂缝而且随着实验的进行不断扩大，如图 5-30(d) 所示，当上覆层黏性土中形成连续裂缝后，气体喷出，水体变得浑浊，实验结束，将模型箱中的水抽出，可以看到裂缝周边土体变得松软破碎，坡体轻微下滑。

2) 孔隙水压力变化特征

在模型中埋设了 3 个孔隙水压力传感器，孔压 1 位于坡顶，孔压 2 位于斜坡中部，孔压 3 位于坡脚，具体埋设位置见图 5-26，测得的孔隙水压力变化情况如图 5-31 所示。

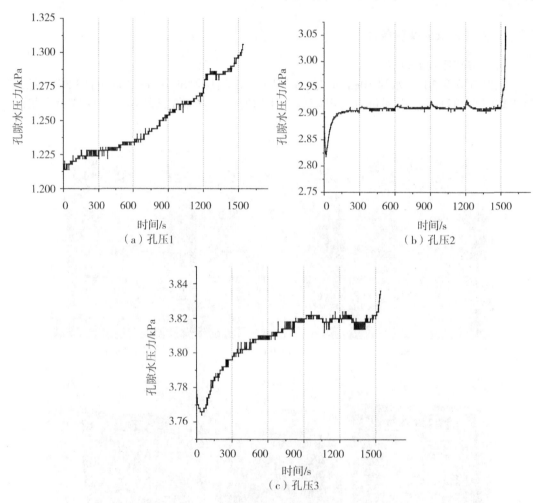

图 5-31　孔压随通气时间的变化曲线

从传感器测得的孔压变化曲线(图 5-31)中可以看到，在实验刚开始的前 30s 孔压轻微下降，这可能是由于土体中原有的空气未排净所致，在 30s 后趋于稳定。此后，随着气体压力加大，孔压不断增长，在压力调节到 4.5kPa 后孔压急剧增长，但增长的趋势有所差别，可能与砂土的密实度有关。孔压增长的原因是气体上升到不渗透层后无法继续扩散，在层下聚集，导致斜坡内产生了超孔压并且随着气体压力加大而不断增长，孔压增加导致土体的有效应力降低。最后孔压快速上升是因为气体压力调节到一个临界压力，气体能够快速向模型内扩散。到 25min42s 时上覆层开始抬升，坡体上产生裂缝，是因为超孔压增大到土体所能承受的临界值，土体强度不能维持坡体的稳定，由于坡顶受到的上覆压力小，易于破坏，所以最先发生破坏。经过计算，整个实验过程中孔压 1 增大了 0.09kPa，孔压 2 增大了 0.14kPa，孔压 3 增大了 0.06kPa。三个孔压的增量较接近，破坏点位于孔压 1 处，因为孔压 1 处上覆压力小，其他两处上覆压力大，所以坡顶处最先破坏。

2. 上覆层 4cm 实验条件下

1）斜坡破坏发展过程

在保持其他条件不变的情况下，上覆层厚度为 4cm 时，斜坡的破坏发展过程如图5-32所示。

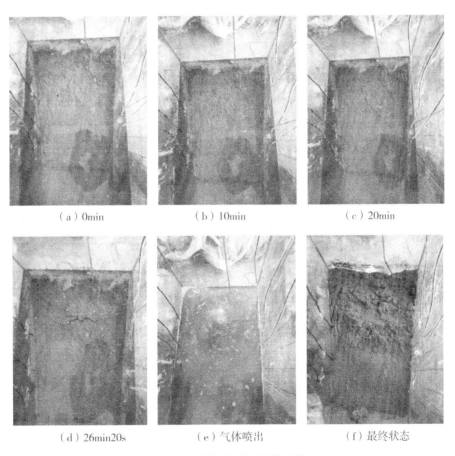

（a）0min　　（b）10min　　（c）20min

（d）26min20s　　（e）气体喷出　　（f）最终状态

图 5-32　斜坡的破坏发展过程

随着实验的进行，在前 26min20s，斜坡土体一直保持稳定状态，坡体表面没有任何实验现象，如图 5-32(a)～(c)所示。但是在气体压力达到 4.5kPa 后，气体通入的速度明显变快，26min20s 时，坡顶表面有轻微抬升并迅速开裂，开裂处不断扩大，在上覆层黏性土中形成连续裂缝后，气体喷出，水体变得浑浊，实验结束，将模型箱中的水抽出，可以看到裂缝周边土体变得松软、破碎，还有小块土体从坡体上滚落堆积在坡脚处，坡体轻微下滑。

2）孔隙水压力变化特征

孔压变化曲线如图 5-33 所示，可以看到在实验刚开始的前 100s 孔压都有一段下降的曲线，是因为排气措施没做好，仍有空气残留，在 100s 后趋于稳定。然后，随着气体不断在下覆砂土层中聚集，斜坡内产生的超孔压不断增长，导致土体的有效应力降低。从图 5-33 中可以看出，孔压在最后一段时间内有一个快速上升阶段，正好对应压力调节到

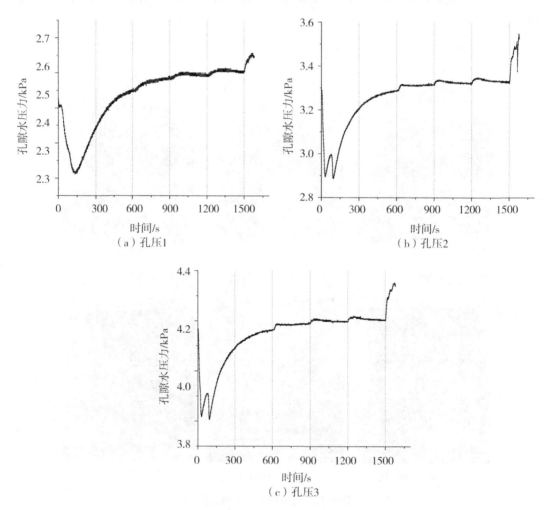

图 5-33　孔压随通气时间的变化曲线

4.5kPa 的时间点，到达一个临界压力，气体能够快速向模型内扩散。到 26min20s 时超孔压增大到土体所能承受的极限，土体强度不能维持坡体的稳定，上覆层开始抬升，坡体上产生裂缝，由于坡顶处水深最小，上覆压力较小，所以最先发生破坏。经过计算，孔压 1 增大了 0.14kPa，孔压 2 增大了 0.25kPa，孔压 3 增大了 0.18kPa。三个孔压的增量较接近，破坏点位于孔压 1 处，因为孔压 1 处上覆压力小，其他两处上覆压力大，所以坡顶处最先破坏。

3）土压力变化特征

土压力的变化曲线（图 5-34）显示，土压力 1、土压力 2 和土压力 3 在刚开始时有较大的波动，是由于下伏层气体分布不均，气体流动性较大，导致不同位置的土压力不稳定，在 500s 后停止。然后土压力 1 一直很稳定，在合理范围内上下波动，到坡体破坏时土压力 1 快速增加，土压力 2 和土压力 3 没有明显变化。因为坡体破坏时破坏处有轻微抬升，土压力 1 即位于此处，气体沿裂缝喷出时有一个作用在传感器上的压力，此时土压力 1 测

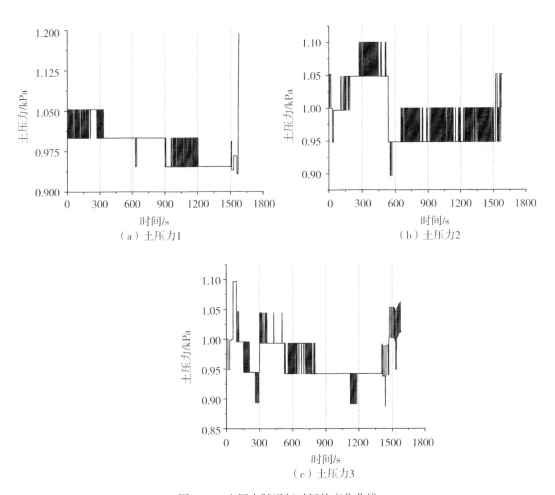

（a）土压力1

（b）土压力2

（c）土压力3

图 5-34　土压力随通气时间的变化曲线

得的压力较之前增加了一个气体压力，所以会变大。

3. 上覆层 6cm 实验条件下

1）斜坡破坏发展过程

当上覆层厚度为 6cm 时，斜坡的破坏发展过程如图 5-35 所示。从实验开始后的一段时间内，不断调节气体压力，从图 5-35（a）~（c）可以看到斜坡土体没有发生任何破坏，坡体表面无裂缝产生，也没有气体泄漏，一直维持稳定状态。当气体压力调到 5.0kPa 时，气体开始快速地进入模型内，在实验进行到 28min30s（1710s）时，坡体表面开始轻微抬升，然后产生裂缝，如图 5-35（d）所示。由于模型内有超高的孔隙压力，裂缝不断扩展，当上覆层黏性土中形成连续裂缝后，气体从此通道溢出，水体变得浑浊，实验结束，将模型箱中的水抽出，可以看到裂缝贯通，裂缝周围土体非常松软，呈现液化的现象，这是气流冲刷的结果。

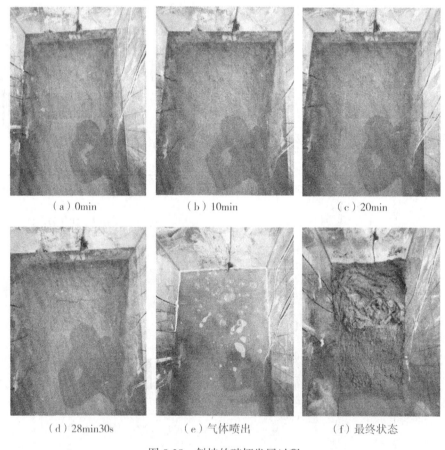

（a）0min　　　　　　（b）10min　　　　　　（c）20min

（d）28min30s　　　　（e）气体喷出　　　　　（f）最终状态

图 5-35　斜坡的破坏发展过程

2）孔隙水压力变化特征

从传感器测得的孔压变化曲线（图 5-36）中可以看到，在实验刚开始的前 80s 孔压有一段起伏的曲线，可能是土体中空气未排尽或下伏层密实度不同使气体在下伏层中流动所致，在 80s 后趋于稳定。随着实验进行，气体无法排出，在下伏层中聚集，导致孔隙水压力增加，并且随着气体压力加大而不断增加，孔压增加导致土体的有效应力降低。当气体压力增大到 5kPa 时，三个传感器的孔压快速上升，因为此压力的气体能够快速向模型内扩散，孔压增长变快。到 28min30s 时在坡顶位置发生破坏，经过计算，孔压 1 增大了 0.46kPa，孔压 2 增大了 0.26kPa，孔压 3 增大了 0.47kPa。孔压 1 处的孔压增量最大，但上覆静水压力小，稳定性最差，所以坡顶处最先破坏，破坏后气体沿破坏位置喷出，所以孔压不再增加，其余位置也就不会破坏。

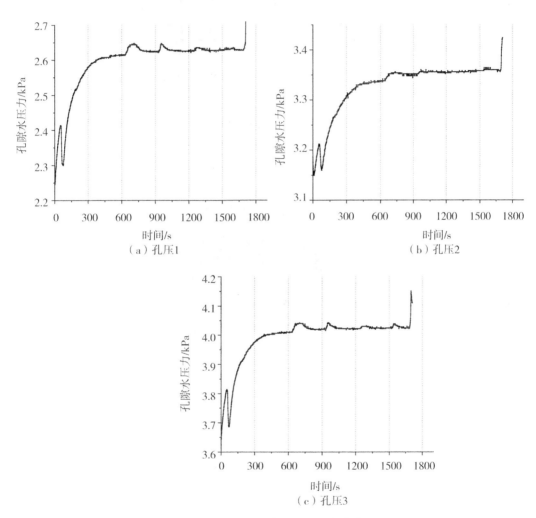

图 5-36 孔压随通气时间的变化曲线

3）土压力变化特征

从图 5-37 可以看出，土压力 1、土压力 2 和土压力 3 在坡体破坏前一直在合理范围内上下波动，维持稳定，到坡体破坏时土压力 1 快速增加，土压力 2 和土压力 3 没有明显变化。因为土压力 1 位于坡顶位置，上覆压力小，坡体在此处易发生破坏。因为破坏处有轻微抬升，在上覆层与下伏层间产生一个空隙，气体向此处汇集，然后沿裂缝喷出，此时土压力 1 测得的压力为上覆土层、静水压力与气体压力的总和，较之前多了一个气体压力，所以呈现明显增大的现象。

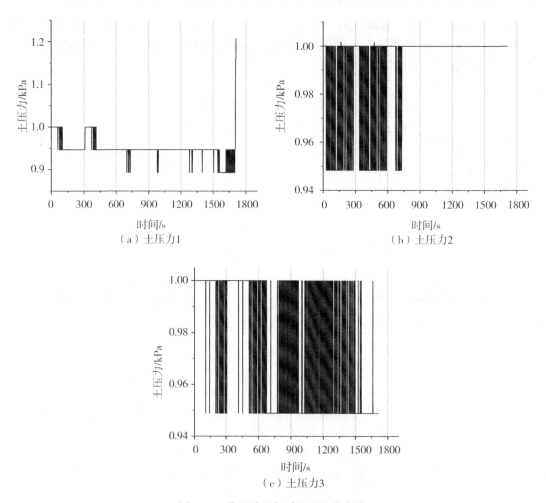

图 5-37　孔压随通气时间的变化曲线

4. 上覆层 8cm 实验条件下

1）斜坡破坏发展过程

在保持坡度 30°、水深 10cm 不变的情况下，上覆层厚度为 8cm 时，斜坡的破坏发展过程如图 5-38 所示。随着实验的进行，在前 30min13s，斜坡土体一直保持稳定状态，坡体表面没有任何实验现象，如图 5-38（a）~（d）所示。但是在实验进行到 33min13s 时，此时气体压力为 5.5kPa，从图 5-38（e）可以发现斜坡表面有轻微抬升，而后斜坡表面开始产生裂缝，裂缝不断扩展直至在上覆层黏性土中形成连续裂缝，最终气体喷出，水体变得浑浊。实验结束，将模型箱中的水抽出，可以看到有两条大的裂缝，裂缝以下的部分整体性较好，裂缝周围土体仅有轻微软化，破坏程度较轻。

（a）0min　　　　　　　　　（b）10min　　　　　　　　　（c）20min

（d）30min　　　　（e）33min13s　　　　（f）气体喷出　　　　（h）最终状态

图 5-38　斜坡的破坏发展过程

2）孔隙水压力变化特征

从传感器测得的孔压变化曲线（图 5-39）中可以看到，在实验刚开始的前 100s 孔压都有一段起伏的曲线，可能是土体中原有的空气未排净所致。随着气体压力加大，气体不断在下覆砂土层中聚集，导致斜坡内产生了超孔压；并且随着气体压力加大，孔压不断增加导致土体的有效应力降低。从图 5-39 中可以看出，孔压最后一段时间内有一个快速上升阶段，正好对应压力调节到 5.5kPa 的时间点，到达一个临界压力，气体能够快速向模型内扩散。到 33min13s 时上覆层开始抬升，坡体上产生裂缝，是因为超孔压增大到土体所能承受的极限，土体强度不能维持坡体的稳定，由于坡顶受到的上覆压力小，易于破坏，所以最先发生破坏。经过计算，孔压 1 增大了 0.88kPa，孔压 2 增大了 0.84kPa，孔压 3 增大了 0.06kPa，孔压 3 的数据存在问题，可能是人为因素导致误差，或仪器在实验过程中出现了问题。破坏点位于孔压 1 处，此处孔压的增量最大而且孔压 1 处上覆压力小，其他两处上覆压力大，所以坡顶处最先破坏。

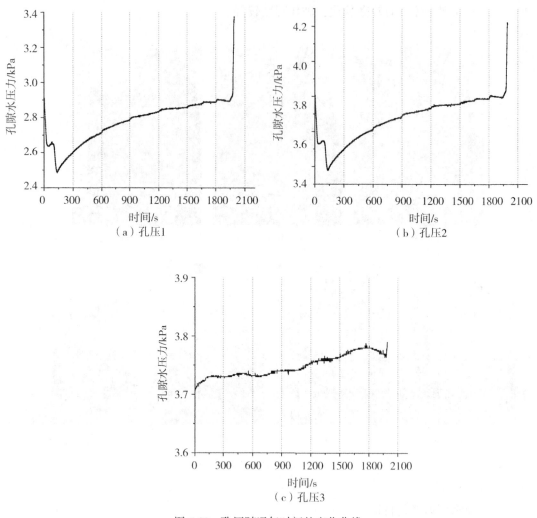

（a）孔压1　　　　　　　　　　（b）孔压2

（c）孔压3

图 5-39　孔压随通气时间的变化曲线

3）土压力变化特征

土压力的变化曲线如图 5-40 所示，可能是传感器灵敏度的原因，使三个传感器的数据一致在小范围内波动，可认为土压力是维持在稳定状态的。到坡体发生破坏时，位于坡顶的土压力 1 明显增大，而土压力 2、土压力 3 没有变化。因为坡顶位置静水压力小，坡体在此处发生破坏，土压力 1 位于坡顶，所以会出现明显变化。因为破坏处有坡体抬升，在上覆层与下伏层间产生一个空隙，气体向此处汇集，然后沿裂缝喷出，此时土压力 1 会承受气体的压力，所以呈现增大的现象。

5. 实验结果对比分析

本组实验的主要控制因素为上覆层厚度，共进行了上覆层厚度为 2cm、4cm、6cm、

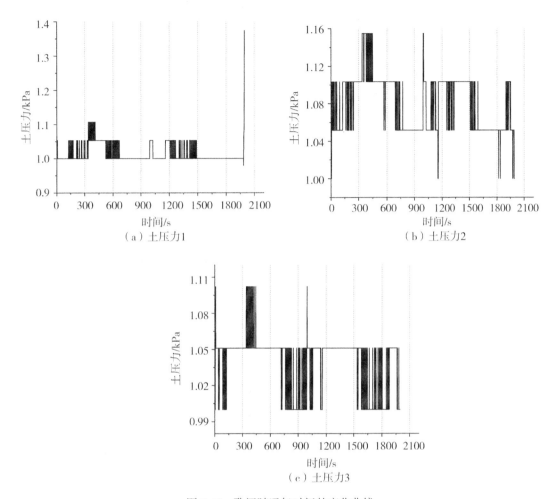

（a）土压力1　　　　（b）土压力2

（c）土压力3

图 5-40　孔压随通气时间的变化曲线

8cm 四个实验。通过实验，分别得到了破坏时间、破坏时气体压力以及超孔压的增大值与斜坡上覆层厚度的变化规律，通过比较这四个实验的相关数据，分析上覆层厚度对气体诱发斜坡失稳的影响规律。

如图 5-41、图 5-42 所示，当上覆层厚度为 2cm 时，实验进行到 25min42s 时，此时通气的压力是 4.5kPa，坡体发生破坏；当上覆层厚度为 4cm 时，斜坡破坏的时间是 26min20s，通气压力为 4.5kPa；上覆层厚度达到 6cm 时，通气时间到 28min30s 斜坡开始破坏，所通气体压力大小是 5.0kPa；最后是上覆层厚度 8cm，气体压力调节到 5.5kPa，实验进行到 33min13s 坡体才开始有裂缝产生达到破坏。从图 5-41、图 5-42 中可以看出，随着斜坡上覆层厚度增加，斜坡发生破坏的时间也随着增加，并且斜坡发生破坏需要通入的气体压力越大。上述现象说明上覆层厚度越厚，沉积物自身重力越大，即上覆压力越大，斜坡稳定性越高。

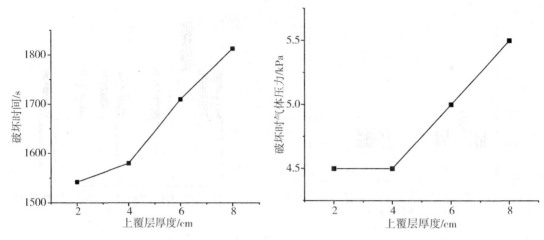

图 5-41　破坏时间随上覆层厚度的变化曲线　　图 5-42　破坏时气体压力随上覆层厚度的变化曲线

以上是从破坏时间以及气体压力的角度进行分析，在研究气体诱发海底斜坡失稳的机理时提到，斜坡发生破坏的主要原因是气体压力升高，在上覆层不渗透或低渗的条件下，气体在不渗透层下聚集会产生超孔压，导致有效应力减小，土体强度降低，最终斜坡失稳破坏，所以还可以用实验中超孔压的增大值来进行分析。如图 5-43 所示，由于实验中斜坡总是在坡顶部位发生破坏，所以选择破坏点附近的孔压 1 的增大值进行分析。从图 5-43 中可以看出，随着上覆层厚度的增加，所能积聚的超孔压越高，总体呈现递增的趋势，也可以说明上覆层厚度越厚，斜坡稳定性越高。

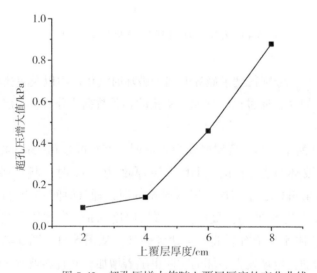

图 5-43　超孔压增大值随上覆层厚度的变化曲线

5.4.3 不同坡度实验结果及分析

1. 坡度 25°实验条件下

1）斜坡破坏发展过程

在保持上覆层厚 6cm、水深 10cm 不变的情况下，坡度为 25°时，斜坡的破坏发展过程如图 5-44 所示。可以看出随着气体的通入，斜坡土体在破坏前一直保持稳定状态。在实验进行到 29min46s 时，此时气体压力为 5.0kPa，坡顶处的坡体表面有轻微抬升，随后斜坡表面开始产生裂缝而且随着实验进行不断扩大，如图 5-44（d）所示，当上覆层黏性土中形成连续裂缝后，气体喷出，水体变得浑浊，实验结束，将模型箱中的水抽出，可以看到坡体表面有很多小裂缝，土体变得松散破碎，但没有明显的滑动迹象，破坏程度较轻。

（a）0min　　　　　（b）10min　　　　　（c）20min

（d）29min46s　　　　　（e）最终状态

图 5-44　斜坡的破坏发展过程

2）孔隙水压力变化特征

从传感器测得的孔压变化曲线（图 5-45）中可以看到，在实验刚开始的前 200s 孔压都有一段下降的曲线，可能是土体中原有的空气未排净，压力高于初始进气压力，所以实验开始时气体会有一逆流，导致模型内的孔压不稳定，在 200s 后趋于稳定。此后，随着气体压力的加大，孔压不断增长，在压力调节到 5.0kPa 后孔压增长速度变快。孔压增长的原因是气体上升到不渗透层后无法继续扩散，在层下聚集，导致斜坡内产生了超孔压并且随着气体压力加大而不断增长，孔压增加导致土体的有效应力降低。最后孔压快速上升是因为气体压力调节到一个临界压力，气体能够快速向模型内扩散。到 29min46s 时上覆层开始抬升，坡体上产生裂缝，是因为超孔压增大到土体所能承受的极限，土体强度不能维持坡体的稳定，由于坡顶受到的上覆压力小，易于破坏，所以最先发生破坏。经过计算，整个实验过程中孔压 1 增大了 0.05kPa，孔压 2 增大了 0.04kPa，孔压 3 增大了 0.07kPa。三个孔压的增量都较接近且接近于零，联想当时的实验过程中出现的问题，我们认为传感器出现了问题或者线路存在问题，还需进一步开展实验进行证明。

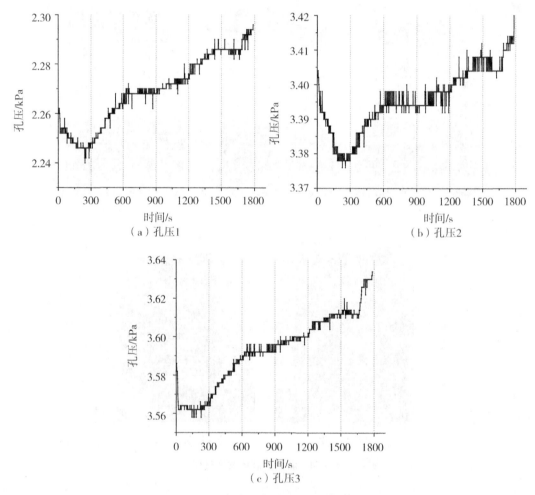

图 5-45　孔压随通气时间的变化曲线

3) 土压力变化特征

土压力的变化曲线(图 5-46)显示,土压力 1、土压力 2 和土压力 3 一直很稳定,在合理范围内波动,到坡体破坏时土压力 1 快速增加,土压力 2 和土压力 3 没有明显变化。因为坡体破坏时破坏处有轻微抬升,土压力 1 即位于此处,气体沿裂缝喷出时产生作用在传感器上的压力,此时土压力 1 测得的压力较之前增加一个气体压力,所以变大。

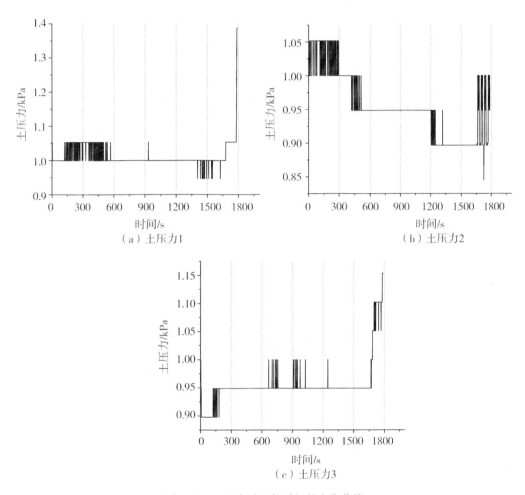

图 5-46 土压力随通气时间的变化曲线

2. 坡度 35°实验条件下

1) 斜坡破坏发展过程

在保持其他条件不变的情况下,斜坡坡度为 35°时,斜坡的破坏发展过程如图 5-47 所示。随着实验的进行,在前 30min22s,斜坡土体一直保持稳定状态,坡体表面没有任何实验现象,如图 5-47(a)~(d)所示。但是在实验进行到 30min22s 时,此时气体压力为

5.5kPa，从图 5-47(e)可以发现斜坡表面开始产生裂缝，随着实验的进行，裂缝快速扩大，当上覆层黏性土中形成连续裂缝后，气体喷出，水体变得浑浊。实验结束，将模型箱中的水抽出，可以看到斜坡上有两条大的裂缝在接近模型箱侧壁时汇聚到一起，裂缝贯通，斜坡上有一个被两条裂缝切割出的孤立块体，块体周围土体被气流冲走留下凹坑，坡体轻微下滑。

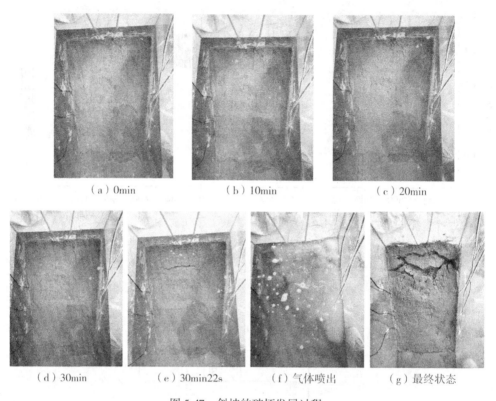

(a) 0min　　　　　　　(b) 10min　　　　　　　(c) 20min

(d) 30min　　　(e) 30min22s　　　(f) 气体喷出　　　(g) 最终状态

图 5-47　斜坡的破坏发展过程

2)孔隙水压力变化特征

从传感器测得的孔压变化曲线(图 5-48)中可以看到，在实验刚开始的前 60s 孔压都有一段下降的曲线，且下降值很高，可能是模型制作时排气管线未安装到位而导致有大量残余气体，且压力没有达到破坏斜坡的临界值，所以实验开始时气体会有一个逆流，导致模型内的孔压不稳定，在 60s 后趋于稳定。随着气体不断在下覆砂土层中聚集，斜坡内产生的超孔压不断增长，导致土体的有效应力降低。从图 5-48 中可以看出，孔压在最后一段时间内有一个快速上升阶段，正好对应压力调节到 5.5kPa 的时间点，到达一个临界压力，气体能够快速向模型内扩散。到 30min22s 时超孔压增大到土体所能承受的极限，土体强度不能维持坡体的稳定，上覆层开始抬升，坡体上产生裂缝，由于坡顶处水深最小，上覆压力较小，所以最先发生破坏。经过计算，孔压 1 增大了 0.18kPa，孔压 2 增大了

0.1kPa，孔压 3 增大了 0.08kPa，孔压 1 的增量最大。破坏点位于孔压 1 处，因为孔压 1 处上覆压力小，其他两处上覆压力大，而且孔压 1 增量最大，所以坡顶处最先破坏，坡体破坏后气体扩散，不会影响其他部位的稳定。

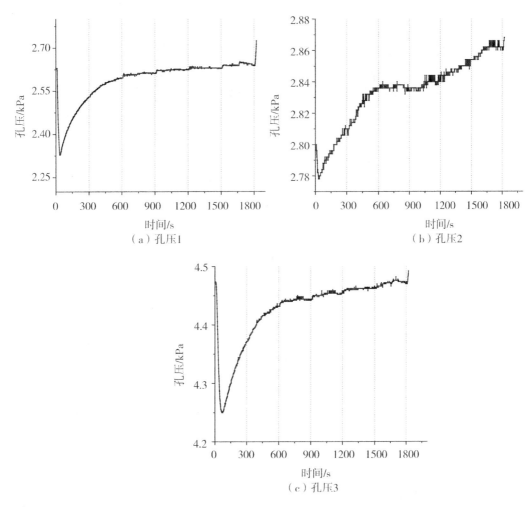

图 5-48　孔压随通气时间的变化曲线

3）土压力变化特征

从图 5-49 可以看出，土压力 1、土压力 2 和土压力 3 在整个实验过程中一直在合理范围内上下波动，维持稳定，没有发生明显的增加。从图 5-47 中可以看到，坡体表面有两条裂缝，气体可以从多个通道喷出，没有将坡体抬升起来，所以土压力 1 没有出现明显的变化。

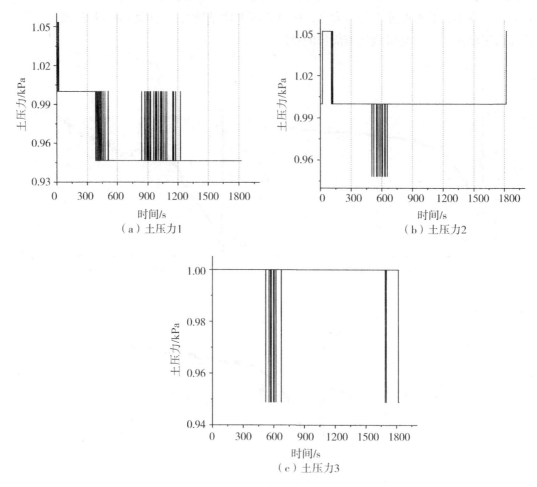

图 5-49　土压力随通气时间的变化曲线

3. 坡度 40°实验条件下

1) 斜坡破坏发展过程

当坡度为 40°时，斜坡的破坏发展过程如图 5-50 所示。从实验开始后的一段时间内，不断调节气体压力，从图 5-50(a)~(d)可以看到，斜坡土体没有发生任何破坏，坡体表面无裂缝产生，也没有气体泄漏，一直维持稳定状态。在实验进行到 30min34s 时，此时气体压力为 5.5kPa，斜坡表面轻微抬升，然后开始产生裂缝，如图 5-50(e)所示。裂缝不断扩展直至在上覆层黏性土中形成连续裂缝，气体沿着此路径喷出，水体变得浑浊，实验结束，将模型箱中的水抽出，可以看到裂缝贯通，裂缝周围土体被冲走留下凹坑，斜坡整体大幅度下滑。

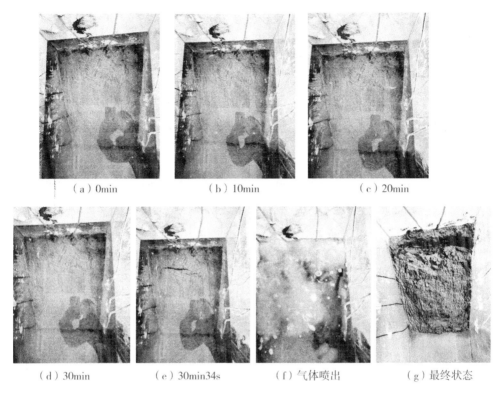

| （a）0min | （b）10min | （c）20min |

| （d）30min | （e）30min34s | （f）气体喷出 | （g）最终状态 |

图 5-50　斜坡的破坏发展过程

2）孔隙水压力变化特征

随着实验进行，气体无法排出，在下伏层中聚集，导致孔隙水压力增加，并且随着气体压力加大而不断增长（图 5-51），孔压增加导致土体的有效应力降低。当气体压力增大到 5.5kPa 时，三个传感器的孔压快速上升，因为此压力的气体能够快速向模型内扩散，孔压增长变快，超孔压增大使土体强度降低到不能维持坡体的稳定。到 30min34s 时在坡顶位置发生破坏，经过计算，孔压 1 增大了 0.13kPa，孔压 2 增大了 0.4kPa，孔压 3 增大了 0.34kPa。孔压 1 处的孔压增量小，但上覆静水压力相对其他位置更小，所以坡顶处依旧最先破坏，破坏后气体沿破坏位置喷出，孔压不再增加，其余位置也就不会破坏。

3）土压力变化特征

从图 5-52 可以看出，土压力 1、土压力 2 和土压力 3 在坡体破坏前一直在合理范围内上下波动，维持稳定，到坡体破坏时土压力 1 快速增加。土压力 1 增加的原因是土压力 1 处坡体发生破坏，在上覆层与下伏层间产生空隙，气体喷出时会施加压力在土压力传感器上，所以呈现明显增大的现象；土压力 2 和土压力 3 没有明显变化，因为坡体破坏后气体会快速扩散，不会再对斜坡稳定性有影响。

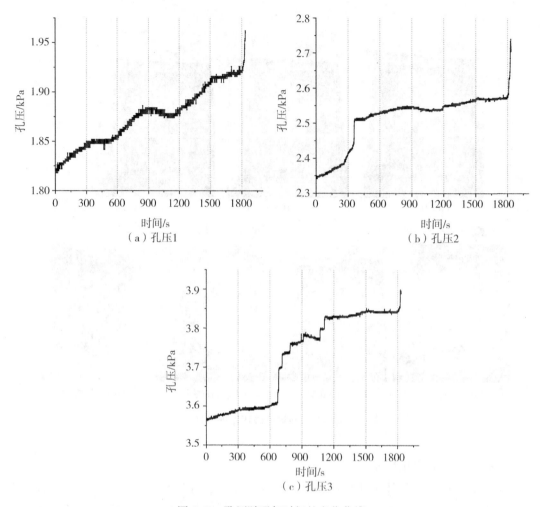

图 5-51　孔压随通气时间的变化曲线

4. 实验结果对比分析

本组实验以斜坡坡度为主要控制变量，分别进行了坡度 25°、30°、35° 以及 40° 的实验。通过实验，可以得出破坏时间、破坏时气体压力以及超孔压的增大值与斜坡坡度的变化规律。因此，可以通过比较这 4 个实验的相关数据，分析斜坡坡度对气体诱发海底斜坡失稳的影响规律。

破坏时间随坡度的变化曲线(图 5-53)显示，随着坡度的增加，破坏时间是先降后升的一个趋势，但是可以发现，最短的破坏时间为 1710s，最长的破坏时间是 1834s，相差约 2min，4 组实验的破坏时间相差很小。从破坏时气体压力的变化曲线(图 5-54)也可以看出这一点，压力相差仅为 0.5kPa。再看超孔压增大值的变化曲线(图 5-55)，开始时有一个陡增，经过分析是仪器中的问题导致的，然后曲线呈一直下降的趋势，没有表现出明显的规律。

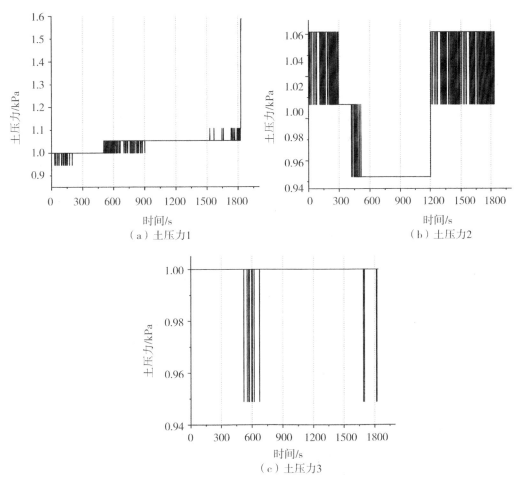

图 5-52　土压力随通气时间的变化曲线

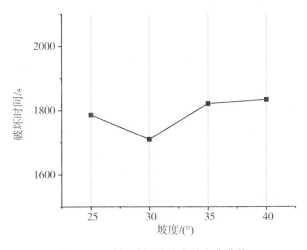

图 5-53　破坏时间随坡度的变化曲线

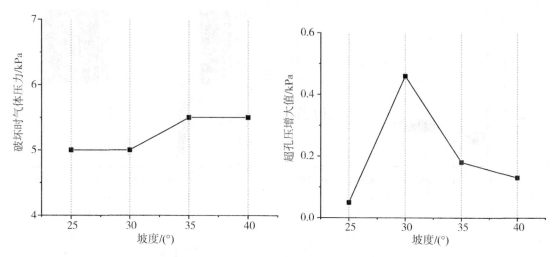

图 5-54 破坏时气体压力随坡度的变化曲线 　　图 5-55 超孔压增大值随坡度的变化曲线

　　如图 5-56 所示，从 4 个实验坡体破坏的程度来看，坡度从 25°、30°、35°到 40°，坡体破坏程度越来越严重，说明可能坡度越大，斜坡越不稳定。

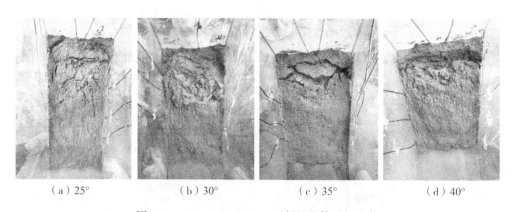

（a）25°　　　　（b）30°　　　　（c）35°　　　　（d）40°

图 5-56　25°、30°、35°、40°斜坡坡体破坏现象

　　综上所述，仅从相关的曲线来看不能从中判断出斜坡坡度对气体诱发海底斜坡失稳的影响规律；但从坡体破坏的程度来看，可能坡度越大，斜坡越不稳定，这也与预想的规律相符，但需进一步验证。结合上覆层厚度和水深的数据变化情况，我们推测在实验室进行坡度影响的实验时，由于模型本身体积小的问题，以及上覆层黏土没有固结，而且改变了坡度就等于改变了模型的体积大小，导致上覆层的压力变化；在这种情况下，坡度对斜坡稳定性的影响很低，主导因素的还是上覆层厚度和水深，要研究坡度对气体诱发海底斜坡失稳的影响规律，还需采取其他实验手段。

5.4.4 不同水深实验结果及分析

1. 水深 5cm 实验条件下

1）斜坡破坏发展过程

在保持上覆层厚 6cm、坡度 30°不变的情况下，水深为 5cm 时，斜坡的破坏发展过程如图 5-57 所示。由图中可以看出随着气体的通入，斜坡土体在破坏前一直保持稳定状态，坡体表面无裂缝产生，气体也没有从斜坡表面和侧壁冒出。但是在实验进行到 22min54s 时，此时气体压力为 4.0kPa，从图 5-57(d)发现坡体表面轻微抬升，然后坡体表面开始产生裂缝，并随着实验进行而不断扩大，当在上覆层黏性土中形成连续裂缝后，气体沿此路径喷出，将裂缝周边土体冲走，水体变得浑浊。实验结束，将模型箱中的水抽出，可以看到坡体的上半部分已经变得松软，产生这个变化的原因是坡体上覆水压力太小，坡体的破坏范围变大，斜坡整体明显下滑。

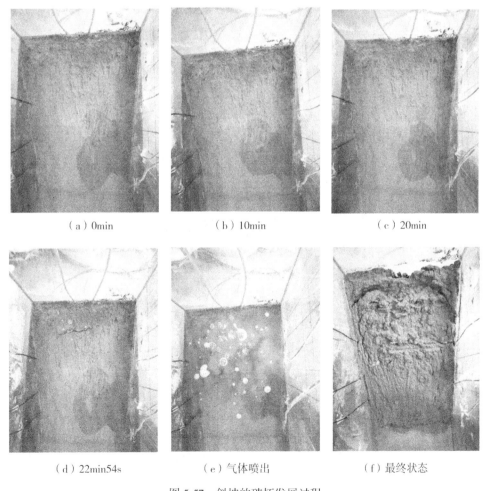

| （a）0min | （b）10min | （c）20min |

| （d）22min54s | （e）气体喷出 | （f）最终状态 |

图 5-57　斜坡的破坏发展过程

2) 孔隙水压力变化特征

从传感器测得的孔压变化曲线 (图 5-58) 中可以看到，在实验刚开始的前 60s 孔压都有一段下降的曲线，这是由于土体中原有的空气未排净，压力高于初始进气压力，所以实验开始时会从进气管道向外流出，导致模型内的孔压减小，在 60s 后趋于稳定。

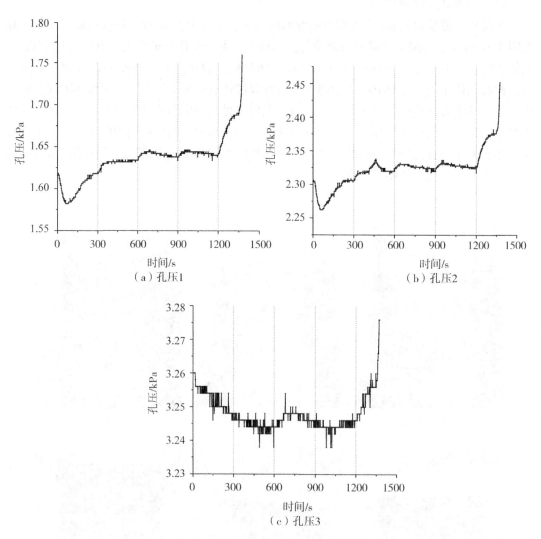

图 5-58　孔压随通气时间的变化曲线

此后，随着气体压力加大，气体不断在下覆砂土层中聚集，导致斜坡内产生了超孔压，并且随着气体压力加大而不断增长，孔压增加导致土体的有效应力降低。从图 5-58 中可以看出孔压 1 和孔压 2 在最后一段时间内有一个快速上升阶段，正好对应压力调节到 4.0kPa 的时间点，到达临界压力，气体能够快速向模型内扩散。孔压 3 未出现明显变化，可能是由于仪器的问题。到 22min54s 时上覆层开始抬升，坡体上产生裂缝，是因为超孔压增大到土体所能承受的极限，土体强度不能维持坡体的稳定，由于坡体上半部分受到的上覆压力小，易于破坏，所以发生破坏。经过计算，孔压 1 增大了 0.15kPa，孔压 2 增大了 0.15kPa，孔压 3 增大了 0.01kPa，孔压 3 的数据存在问题。孔压 1 和孔压 2 的增量相同，破坏点最先出现在孔压 1 处，然后扩展到孔压 2 处，因为孔压 1 处上覆压力小，其他两处上覆压力大，所以坡顶处最先破坏，由于坡体整体上覆压力较小，所以出现破坏向坡体中部扩展的现象。

3）土压力变化特征

土压力的变化曲线（图 5-59）显示，土压力 1、土压力 2 和土压力 3 在坡体破坏前一直很稳定，在合理范围内上下波动，到坡体破坏时土压力 1 快速增加，土压力 2 和土压力 3 没有明显变化。因为破坏处轻微抬升，在上覆层与下伏层间产生空隙，气体向此处汇集然后沿裂缝喷出，此时土压力 1 测得的压力为上覆土层、静水压力与气体压力的总和，较之前多了一个气体压力，所以呈现明显增大的现象。孔压 2 处虽然发生破坏但没有抬升，所以没有出现明显变化。

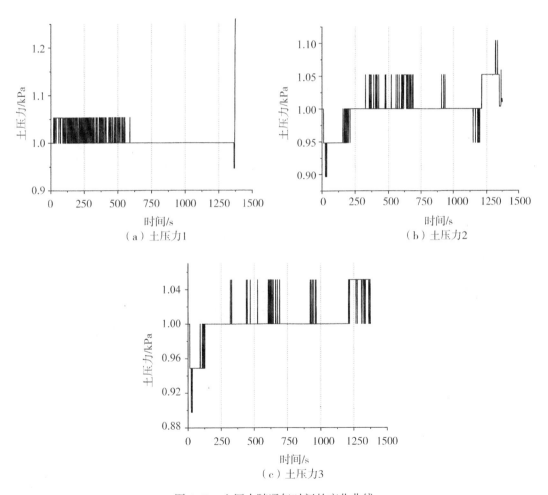

图 5-59 土压力随通气时间的变化曲线

133

2. 水深 15cm 实验条件下

1）斜坡破坏发展过程

在保持其他条件不变的情况下，水深为 15cm 时，斜坡的破坏发展过程如图 5-60 所示。随着实验的进行，在前 32min53s，斜坡土体一直保持稳定状态，坡体表面没有任何实验现象，如图 5-60（a）~（d）所示。但是在实验进行到 32min53s 时，此时气体压力为 6.0kPa，从图 5-60（e）可以发现坡体表面轻微抬升，然后在抬升位置开始产生裂缝，随着超孔压不断积聚，裂缝不断扩大，最终在上覆层黏性土中形成连续裂缝，导致气体沿此路径喷出，水体变得浑浊。实验结束，将模型箱中的水抽出，可以看到裂缝贯通，裂缝周围土体被冲散出现软化，并且斜坡整体有较大幅度下滑。

（a）0min　　　　　　（b）10min　　　　　　（c）20min

（d）30min　　　　（e）32min53s　　　　（f）气体喷出　　　　（g）最终状态

图 5-60　斜坡的破坏发展过程

2）孔隙水压力变化特征

测得的孔隙水压力变化情况如图 5-61 所示。从这三组曲线的变化情况可以看到，三组数据都存在问题，三个孔压传感器数值变化仅为 40Pa 左右，几乎没有变化，不符合实际情况，但三组曲线的变化趋势还是可以反映出实验开始后孔压是在持续增长的，在斜坡破坏前一段时间内孔压也有快速增长的趋势。在实验过程中我们也注意到数据没有变化，在实验结束后将传感器取出放在清水中测试，数据也不发生明显跳动，但放置一天将传感器内的水晾干后，数据又恢复正常，原因未明。在分析规律时不采取这组数据，可以通过破坏时间和破坏时气体压力来分析。

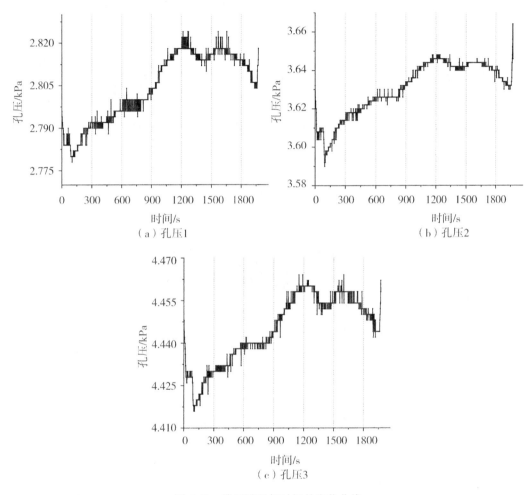

图 5-61　孔压随通气时间的变化曲线

3）土压力变化特征

土压力的变化曲线（见图 5-62）显示，土压力 1 在斜坡破坏前一直保持稳定，土压力 2 和土压力 3 在刚开始时有较大的波动，是由于下伏层气体分布不均，气体流动性较大，导致不同位置的土压力不稳定，在 700s 后停止，然后土压力在合理范围内上下波动。到坡体破坏时土压力 1 快速增加，土压力 2 和土压力 3 没有明显变化。因为坡体破坏时破坏处轻微抬升，土压力 1 即位于此处，气体沿裂缝喷出时产生作用在传感器上的压力，此时土压力 1 测得的压力较之前增加一个气体压力，所以会变大。

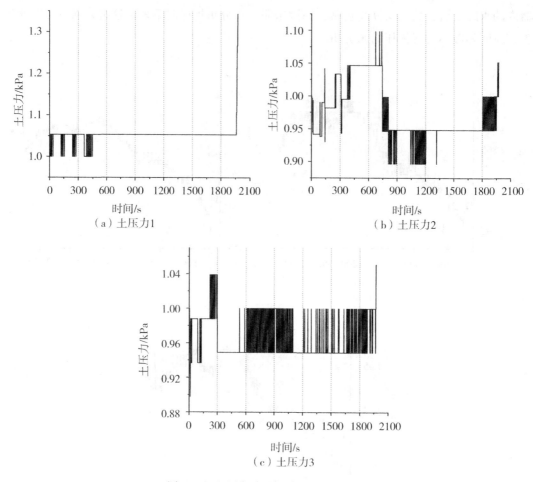

图 5-62　土压力随通气时间的变化曲线

3. 水深 20cm 实验条件下

1）斜坡破坏发展过程

在保持其他条件不变的情况下，当水深为 20cm 时，斜坡的破坏发展过程如图 5-63 所示。从实验开始后的一段时间内，不断调节气体压力，从图 5-63（a）～（d）可以看到，斜坡土体没有发生任何破坏，坡体表面无裂缝产生，也没有气体泄漏，一直维持稳定状态。当气体压力调到 6.0kPa 时，模型内的孔压开始急剧增加，在实验进行到 34min18s 时，坡体表面轻微抬升，然后抬升位置开始产生裂缝，如图 5-63（e）所示。由于孔隙压力太高致使裂缝不断扩展，最后使得上覆层黏性土中形成连续裂缝，气体喷出，水体变得浑浊。实验结束，将模型箱中的水抽出，可以看到裂缝贯通，裂缝周围土体被冲散并且斜坡整体大幅度下滑。

（a）0min　　　　　　（b）10min　　　　　　（c）20min

（d）30min　　　（e）34min18s　　　（f）气体喷出　　　（g）最终状态

图 5-63　斜坡的破坏发展过程

2）孔隙水压力变化特征

从传感器测得的孔压变化曲线（图 5-64）中可以看到，随着气体压力的加大，孔压不断增长，在压力调节到 6.0kPa 后孔压急剧增长。孔压增长的原因是气体上升到不渗透层后无法继续扩散，在层下聚集，导致斜坡内产生了超孔压并且随着气体压力加大而不断增长，孔压增加导致土体的有效应力降低。最后孔压快速上升是因为气体压力调节到临界压力，气体能够快速向模型内扩散。到 30min18s 时上覆层开始抬升，坡体上产生裂缝，是因为超孔压增大到土体所能承受的极限，土体强度不能维持坡体的稳定，由于坡顶受到的上覆压力小，易于破坏，所以最先发生破坏。经过计算，整个实验过程中孔压 1 增大了 0.5kPa，孔压 2 增大了 0.7kPa，孔压 3 增大了 0.57kPa。孔压 1 处的孔压增量小，但上覆静水压力相对其他位置更小，所以坡顶处依旧最先破坏，破坏后气体沿破坏位置喷出，孔压不再增加，其余位置也就不会破坏。

3）土压力变化特征

土压力的变化曲线（图 5-65）显示，土压力 1、土压力 2 和土压力 3 在坡体破坏前一直很稳定，在合理范围内上下波动，到坡体破坏时土压力 1 快速增加，土压力 2 和土压力 3 没有明显变化。因为土压力 2 和土压力 3 处覆压力大，坡体不易破坏，所以没有变化。土压力 1 位于坡顶位置，上覆压力小，坡体在此处发生破坏，因为破坏处轻微抬升，在上覆

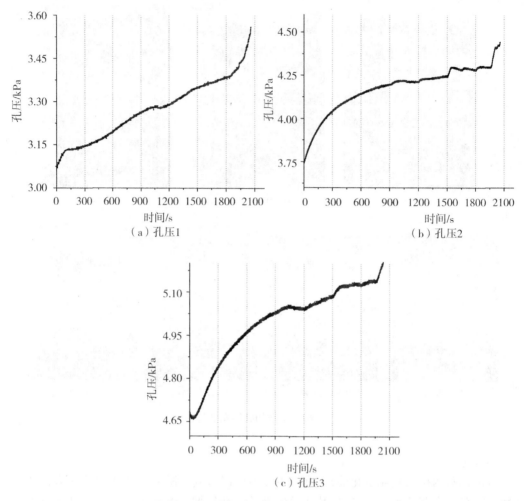

图 5-64　孔压随通气时间的变化曲线

层与下伏层间产生空隙，气体向此处汇集然后沿裂缝喷出。此时土压力 1 测得的压力为上覆土层、静水压力与气体压力的总和，较之前多了一个气体压力，所以呈现明显增大的现象。

4. 实验结果对比分析

为了研究水深对气体诱发海底斜坡失稳的影响规律，我们设计了水深 5cm、10cm、15cm、20cm 四组实验。通过观察实验现象以及分析实验数据，分别得到了破坏时间、破坏时气体压力以及超孔压的增大值与水深的变化规律，因此，可以通过比较这 4 个实验的相关数据，分析水深对气体影响海底斜坡稳定性的影响规律。

如图 5-66、图 5-67 所示，当水深为 5cm 时，实验进行到 22min54s 时，此时通气的压力是 4kPa，斜坡发生破坏；当水深为 10cm 时，斜坡破坏的时间是 28min30s，通气压力为

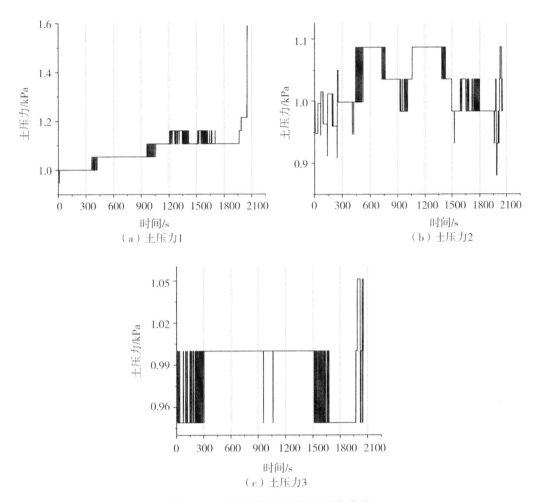

（a）土压力1

（b）土压力2

（c）土压力3

图 5-65 土压力随通气时间的变化曲线

5kPa；水深达到 15cm 时，通气时间到 32min53s 斜坡开始破坏，所通气体压力大小是 6kPa；把水深加大到 20cm，气体压力调节到 6kPa，实验进行到 34min18s 斜坡才开始产生裂缝，达到破坏。从图 5-66、图 5-67 中可以看出，随着水深的增加，斜坡发生破坏的时间也随着增加，并且斜坡发生破坏需要通入的气体压力越大，说明水深越深，斜坡稳定性越高，因为水深增加即加大了上覆静水压力，对斜坡的稳定性有利。值得注意的是，从变化曲线上升的斜率可以看出，随着水深的增加，虽然对斜坡稳定性更有益，但影响程度是逐渐减弱的，说明当水深达到一定程度后，它就不再是影响斜坡稳定性的主要因素。

另一方面，可以从实验中超孔压的增大值进行分析，如图 5-68 所示，选择破坏点附近的孔压 1 的增大值进行分析。在前文分析实验数据时已经提到水深 15cm 时的孔压存在问题，所以在这里没有采用。从图 5-68 中可以看出随着水深的增加，所能积聚的超孔压越高，总体呈现递增的趋势，也可以说明水深越深，斜坡稳定性越高，且影响程度是逐渐减弱的。

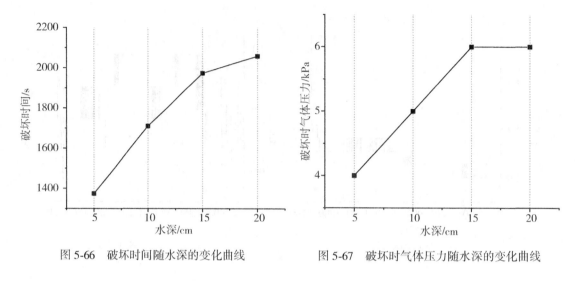

图 5-66　破坏时间随水深的变化曲线　　　　图 5-67　破坏时气体压力随水深的变化曲线

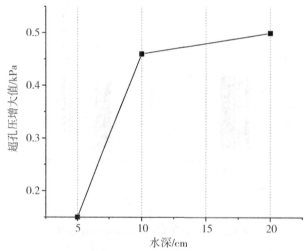

图 5-68　超孔压增大值随水深的变化曲线

5.5　气体对海底斜坡影响的稳定性分析

5.5.1　水合物分解气体产生的超孔隙压力的计算

天然气水合物必须在一定的温压条件下才能维持稳定，这种条件非常敏感，一旦温压条件发生轻微的变化，就会导致水合物不稳定，进而发生分解，产生大量的甲烷气体和水，在上覆层不渗透或低渗的情况下，会产生超高的孔隙压力，使得沉积物的稳定性降低，可能引发海底滑坡。水合物分解过程中伴随着孔压不断增长和温度不断降低，当水合物层温度和压力满足温压平衡条件时，水合物会重新达到稳定状态，分解随之终止。

为了分析水合物分解产生的超孔压对地层应力的影响，先做如下假设：孔隙度小的沉积物渗透率低，对地层压力的变化响应比较明显，地层下面产生的超孔压很难传递到外界环境，所以假设上覆层为不渗透层，在这种情况下，沉积物中的有效应力的变化就近似等于孔隙压力的变化。基于此，研究水合物分解引起沉积物中孔隙压力变化的计算模型。

标准状态下每分解 $1m^3$ 水合物可以产生 $164.6m^3$ 的甲烷气体和 $0.87m^3$ 的水，令 V_V 为水合物储层中孔隙体积；V_{H0} 为储层中水合物的体积；V_{H1} 为分解的水合物的体积；S_H 为水合物的饱和度；η 是水合物分解程度。

$$S_H = \frac{V_{H0}}{V_V} \tag{5-1}$$

$$\eta = \frac{V_{H1}}{V_{H0}} \tag{5-2}$$

假定水合物分解前，储层中无气体；甲烷气体在水中溶解度很低，不考虑分解后甲烷气体的溶解。所以标准状况下水合物分解产生的甲烷气体的体积是：

$$V_{STP} = 164.6 V_{H1} \tag{5-3}$$

由理想气体状态方程可知 $n = \frac{PV}{RT}$，虽然水合物分解前后温压改变，但产生甲烷气体的物质的量是恒定的，由此可建立如下等式：

$$\frac{P_{STP} V_{STP}}{R T_{STP}} = \frac{P_1 V_1}{R T_1} \tag{5-4}$$

式中：$P_{STP} = 1.013 \times 10^2 kPa$；$T_{STP} = 298.15K$；$P_1$ 为水合物分解后重新达到稳定时的平衡压力；T_1 为水合物分解后重新达到稳定时的平衡温度；V_1 为水合物分解后重新达到稳定时的气体体积。所以，重新稳定后的甲烷气体体积为

$$V_1 = \frac{P_{STP} V_{STP}}{T_{STP}} \cdot \frac{T_1}{P_1} \tag{5-5}$$

所以，水合物分解引起的体积增长量为

$$\Delta V = V_1 + 0.87 V_{H1} - V_{H1} = \frac{P_{STP} V_{STP}}{T_{STP}} \cdot \frac{T_1}{P_1} - 0.13 V_{H1}$$
$$= \left(\frac{1.013 \times 10^5 \times 164.6}{298.15} \cdot \frac{T_1}{P_1} - 0.13 \right) V_{H1} \tag{5-6}$$

水合物分解致使上覆层土体发生膨胀是由于超孔压的增长，导致作用在土体骨架上的有效应力减小，可用土体的压缩回弹指标建立土体膨胀的体积变化与有效应力变化的关系。

土体的压缩模量 E_S 时土体在有侧限条件下竖向有效应力 σ_z 与竖向总应变 ε_z 的比值：

$$E_S = \frac{\Delta \sigma_z}{\Delta \varepsilon_z} = \frac{\Delta \sigma_z}{\frac{\Delta V}{V}} \tag{5-7}$$

式中：$\Delta \sigma_z$ 是水合物分解导致的有效应力变化值；ΔV 为水合物分解引起的体积增长量。

令压缩模量 $E_S = E\left(1 - \dfrac{2u^2}{1-u}\right)$ ，E 为土体的弹性模量，u 是土体的泊松比。

综合式(5-5)、式(5-6)可得：

$$\Delta\sigma_z = \frac{\Delta V}{V}E_S = \left(\frac{1.013 \times 10^5 \times 164.6}{298.15} \cdot \frac{T_1}{P_1} - 0.13\right)\frac{V_{H1}}{V} \cdot E\left(1 - \frac{2u^2}{1-u}\right) \tag{5-8}$$

令水合物储层的孔隙度为 n ，由式(5-1)、式(5-2)可得 $V_{H1} = \eta V_{H0} = \eta S_H V_V$ ，$V = \dfrac{V_V}{n}$ ，代入式(5-8)可得：

$$\Delta\sigma_z = \frac{\Delta V}{V}E_S = \left(\frac{1.013 \times 10^5 \times 164.6}{298.15} \cdot \frac{T_1}{P_1} - 0.13\right)\eta S_H n E\left(1 - \frac{2u^2}{1-u}\right) \tag{5-9}$$

由前文可知，假设上覆层为不渗透层，沉积物中的有效应力的变化就近似等于孔隙压力的变化。因此，根据太沙基有效应力原理，水合物分解产生的超孔压就等于有效应力的变化：$\Delta u = -\Delta\sigma_z$ 。

5.5.2　考虑超孔隙压力的海底斜坡稳定性计算

由于海底的斜坡一般在水平方向的尺寸远远大于在垂直方向的尺寸，所以在分析水合物分解引起海底斜坡失稳的问题时，可以采用极限平衡法中的无限斜坡方程进行分析。假设透气层和上覆层沉积物的接触界面为滑动面，上覆层沉积物为不渗透层，海底斜坡为均质斜坡，如图 5-69 所示，可以通过计算该滑动面上的稳定性系数来评价水合物分解条件下斜坡的稳定性。

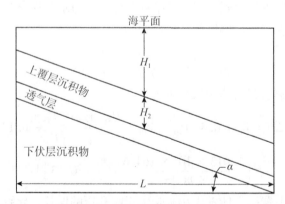

H_1. 水深；H_2. 上覆层沉积物垂直厚度；α. 坡度；L. 斜坡水平长度

图 5-69　含水合物海底斜坡示意图

在水合物分解气体不能逸散从而产生超孔压的情况下，斜坡可能沿透气层和上覆层沉积物的接触界面产生滑动，此时，作用在滑动面上的总压力 F 为

$$F = \int_0^L (\gamma_w H_1 + \gamma H_2)\,\mathrm{d}l = (\gamma_w H_1 + \gamma H_2)L \tag{5-10}$$

式中：γ_w 为海水的重度；γ 是上覆层沉积物的饱和重度。

总压力 F 在滑动面法向的分量总压力 F_N 为

$$F_N = (\gamma_w H_1 + \gamma H_2) L\cos\alpha \qquad (5\text{-}11)$$

F_N 除以滑动面的面积得到滑动面上的正应力 σ_N 为

$$\sigma_N = \frac{F_N}{A} = \frac{(\gamma_w H_1 + \gamma H_2) L\cos\alpha}{\dfrac{L}{\cos\alpha}} = (\gamma_w H_1 + \gamma H_2)\cos^2\alpha \qquad (5\text{-}12)$$

根据有效应力原理,水合物分解前作用在滑动面上任意面的有效应力 σ' 为

$$\sigma' = (\gamma_w H_1 + \gamma H_2 - \mu)\cos^2\alpha \qquad (5\text{-}13)$$

水合物分解导致孔隙压力增大,此时作用在滑动面上任意面的有效应力为

$$\sigma' = [\gamma_w H_1 + \gamma H_2 - (\mu + \Delta\mu)]\cos^2\alpha \qquad (5\text{-}14)$$

根据莫尔 - 库伦准则,滑动面上的抗剪强度为

$$\tau_f = c + \sigma'\tan\varphi = c + [\gamma_w H_1 + \gamma H_2 - (\mu + \Delta\mu)]\cos^2\alpha\tan\varphi \qquad (5\text{-}15)$$

F 作用在滑动面切向上的分量 F_S 为

$$F_S = (\gamma_w H_1 + \gamma H_2) L\sin\alpha \qquad (5\text{-}16)$$

F_S 除以滑动面面积,可以得到滑动面上的切应力 σ_S 为

$$\sigma_S = \frac{F_S}{A} = \frac{(\gamma_w H_1 + \gamma H_2) L\sin\alpha}{\dfrac{L}{\cos\alpha}} = (\gamma_w H_1 + \gamma H_2)\sin\alpha\cos\alpha \qquad (5\text{-}17)$$

所以作用在滑动面上任意面的有效切应力 σ_S' 为

$$\sigma_s = [\gamma_w H_1 + \gamma H_2 - \mu]\sin\alpha\cos\alpha \qquad (5\text{-}18)$$

将式(5-15)、式(5-17)代入稳定性系数表达式得:

$$F_S = \frac{\tau_f}{\sigma_S} = \frac{c + [\gamma_w H_1 + \gamma H_2 - (\mu + \Delta\mu)]\cos^2\alpha\tan\varphi}{(\gamma_w H_1 + \gamma H_2 - \mu)\sin\alpha\cos\alpha} \qquad (5\text{-}19)$$

式中: $\mu = (H_1 + H_2)\gamma_w$,代入得:

$$\begin{cases} F_S = \dfrac{c + [(\gamma - \gamma_w) H_2 - \Delta\mu]\cos^2\alpha\tan\varphi}{(\gamma - \gamma_w) H_2\sin\alpha\cos\alpha} \\[3mm] \Delta\mu = -\left(\dfrac{1.013 \times 10^5 \times 164.6}{298.15} \cdot \dfrac{T_1}{P_1} - 0.13 \right)\eta S_H nE\left(1 - \dfrac{2 u^2}{1 - u} \right) \end{cases} \qquad (5\text{-}20)$$

式中: F_S 为斜坡沿滑动面滑动的稳定性系数; $\Delta\mu$ 为水合物分解导致的超孔压值; c 为上覆层内聚力; φ 为上覆层内摩擦角; γ 为上覆层饱和重度; γ_w 为海水重度; H_1 是水深; H_2 是上覆层沉积物垂直厚度; α 是坡度; P_1 为水合物分解后重新达到稳定时的平衡压力; T_1 为水合物分解后重新达到稳定时的平衡温度; η 是水合物分解程度; S_H 为水合物的饱和度; n 为水合物储层的孔隙度; E 为水合物储层的弹性模量; u 是水合物储层的泊松比。

水合物沉积物和上覆层沉积物的基本力学参数主要参考南海水合物力学特性试验中的数据,具体参数见表 5-3,表中泊松比、容重参考了经验取值。

表 5-3　土层具体物理力学参数

土层类别			内聚力/kPa	摩擦角/(°)	容重/(kN/m³)	弹性模量/MPa	泊松比
上覆层			240	6	19.6	270	0.3
水合物层	饱和度/%	分解程度/%	孔隙度	—	—	—	470	0.34
	15	30	0.4					

选用 Kamath 等(1987)给出的天然气水合物稳定平衡时温压关系，关系式如下：

$$\ln P = 38.98 - \frac{8533.8}{T + 273.15} \tag{5-21}$$

式中：P 指海底压力，kPa；T 为温度，℃。

如果给定水深，可以通过式(5-21)确定水合物稳定时的温度和压力。

将土体参数代入式(5-20)，用 Excel 表格进行计算，具体计算的工况见表 5-4，得出不同水深、不同上覆层厚度、不同坡度情况下斜坡的稳定性系数。

表 5-4　计 算 方 案

编　　号		水深/m	上覆层厚度/m	坡度/(°)
水深变化	1	200	80	5
	2	400	80	5
	3	600	80	5
	4	800	80	5
	5	1000	80	5
	6	1200	80	5
上覆层厚度变化	7	600	40	5
	8	600	60	5
	9	600	80	5
	10	600	100	5
	11	600	120	5
	12	600	140	5
坡度变化	13	600	80	1
	14	600	80	2
	15	600	80	3
	16	600	80	4
	17	600	80	5

图 5-70 表示了水合物分解条件下，对应于相同坡度 5°、相同上覆层厚度 80m 的情况下，水深变化对海底斜坡稳定性的影响。从图中可以看出随着水深逐步增加，海底斜坡的稳定性系数越大，说明斜坡更加趋于稳定，但水深越深，变化曲线趋于平缓，说明水深的增加虽然对海底斜坡稳定性有利，但影响程度逐渐减弱，当达到一定深度后，就对海底斜坡稳定性没有多大影响。由于海水静压力的存在，水深越深，海底斜坡上覆压力越大，所以水深的增加可以增强海底斜坡的稳定性。把上述结果与模型实验结果进行对比，发现二者所得出的结果一致，综合说明水深越深，海底斜坡更加稳定，但对海底斜坡稳定性的影响程度逐渐减弱。

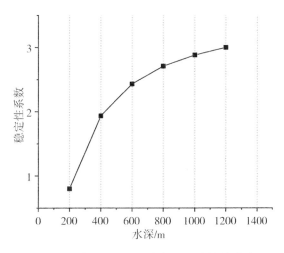

图 5-70　水深变化对海底斜坡稳定性的影响

图 5-71 表示了水合物分解条件下，对应于相同坡度 5°、相同水深 600m 的情况下，上覆层厚度变化对海底斜坡稳定性的影响。

从图 5-71 中可以看出随着上覆层厚度增加，海底斜坡的稳定性系数越大，说明海底斜坡越稳定，而且上覆层厚度越大，其促进海底斜坡稳定的作用越明显。因为沉积物在自身重力的作用下，具有压实作用，且增加了滑动面上的上覆压力，所以沉积物层厚度的增加可以使海底斜坡更加稳定。把上述结果与模型实验结果进行对比，发现两者也具有同样的结论，表明上覆层厚度越厚，海底斜坡更加稳定。

图 5-72 表示了水合物分解条件下，对应于相同上覆层厚度 80m、相同水深 600m 情况下，坡度变化对海底斜坡稳定性的影响。从图中可以看出海底斜坡坡度越大，稳定性系数越低，表明坡度越大不利于海底斜坡保持稳定，说明较大的坡角是海底滑坡产生的一个重要诱因。因为模型实验没有得出坡度对海底斜坡稳定性的影响规律，所以此计算结果还需进一步验证。

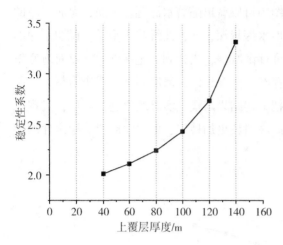

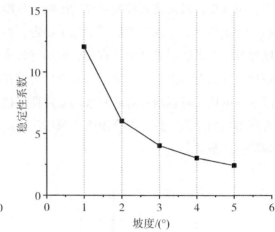

图 5-71　上覆层厚度变化对海底斜坡稳定性的影响　　图 5-72　坡度变化对海底斜坡稳定性的影响

第6章　水合物分解对沉积物地质环境
参量变化的影响

关于水合物分解过程中沉积物地质环境参量(例如,温度、压力、电阻率)演变规律的研究,能更直观地分析水合物分解过程中的反应机理、反应特征以及周围沉积物发生变形破坏的阶段性过程,对探索海底天然气水合物安全高效的开采模式具有重要意义,能有效避免开采不当对人类生活和地球环境造成的不良影响,以便人类在利用水合物资源维持社会运转、实现经济可持续性发展的同时,能与大自然和谐共存。本章将利用一维实验模拟仪器,采取注热法使水合物分解,研究其对沉积物地质环境参量场变化的影响。

6.1　含水合物沉积物地质环境场理论分析

6.1.1　水合物分解时沉积物电阻率研究

电阻率是一种表示物质导电能力的物理量,单位 $\Omega \cdot m$。在温度一定的情况下,电阻率的计算公式为

$$\rho = \frac{RS}{L} \tag{6-1}$$

式中: R 为电阻值; L 为长度; S 为横截面积。

现今,海底水合物的探测方法主要有电阻率探测、超声波探测、时域反射探测以及温压探测等。当水合物在海底土体中生成时,一部分导电性较好的孔隙水被导电性较差的水合物替换,导致电阻率异常增大。在进行开采作业时,孔隙中固态水合物的分解以及气液两相的渗流而造成流体运移通道的变化也将直接影响沉积物的电阻特性。

蕴含可燃冰矿藏的海底土体,其电阻率不仅受水合物含量影响,还与水合物的分布形式、密集度、饱和度、空间上岩土体骨架的变化、温度等多种因素有关。作为一个简单直观的物理量,电阻率数据能对这些复杂且难以确定的影响因素进行综合性反馈。成核、微晶、结晶、聚集是水合物的生成阶段,由于所需分辨率较高,前两个阶段只能依靠唯一有效的电阻率探测技术进行研究。因此,通过对含水合物沉积物电阻率数据的监测,不仅可以用来定性地探测海底沉积层中水合物的分布情况以及定量地分析水合物的储量大小,还可尝试在微观角度对水合物生成与分解的中间变化过程进行推演分析。

基于本章的实验背景,电子可有如下几种运移路径:

第一类,路径由固体组成:即电子在水合物与水合物之间、土颗粒与土颗粒之间运移。

第二类，路径由固体和气体组成：即电子在水合物与空气之间、土颗粒与空气之间运移。

第三类，路径由固体和液体组成：即电子在水合物与自由水之间、水合物与液态四氢呋喃之间、土颗粒与自由水之间、土颗粒与液态四氢呋喃之间运移。

通常情况下，电子都会优先选择电阻较小即导电性较好的运移通道移动，如图 6-1 所示。

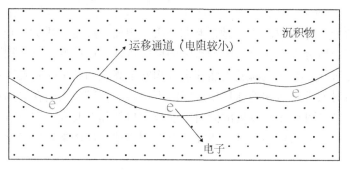

图 6-1　电子运移示意图

作为一个表示物质电性能的物理量，介电常数与电阻率成负相关。水的介电常数在 81.5 左右，根据杜炳锐等（2019）的研究，当四氢呋喃水合物饱和度在 5%~50% 之间变化时，四氢呋喃水合物沉积物的介电常数在 2.2~2.8 之间变化，且随着水合物饱和度的增加而减小。

故推测含水合物沉积物电阻率的增大主要有两个原因：一是电阻较大的四氢呋喃水合物替代了电阻较小的孔隙水，直接降低了沉积物的导电性能；二是四氢呋喃水合物生成后的分布模式会打破土体原有的孔隙构造，使运移通道更加复杂，阻碍电子运移，间接降低了沉积物的导电性能。

6.1.2　水合物分解时沉积物温度研究

水合物沉积物在受热分解时主要受热传导、渗流、弹性波传播这三个物理效应影响，而这三个物理效应的特征时间从大到小相差多个数量级（张旭辉等，2010），因此在反映实际过程的前提下可简化研究，即将水合物受热分解过程看作依次进行的三个阶段：第一阶段，热量由热源向水合物沉积物传导；第二阶段，水合物分解产生气液两相在沉积物中渗流；第三阶段，水合物分解后应力应变在沉积物中传递。

关于水合物热分解而发生相变的研究，Ullerich 等（1987）通过一种热通量已知的电阻加热器使水合物分解，认为当温压条件不满足时水合物瞬时分解，将其过程看作一个移动边界的消融问题。Ahmadi（2004）将水合物分解考虑为一个动力学过程，建立了一个运用降压开采水合物来研究水合物从生产到分解过程的一维模型，在考虑水合物分解释放的热量以及气体和水合物区域之间对流传热的情况下建立了数学模型，采用有限差分法求解控制方程组，对水合物和天然气区域的温度和压力分布以及天然气产量的时间演化进行了评价。

基于本章的实验背景，假设热源的加热温度 T_0 大于水的沸点 T_w（100℃），加热过程中的相变界面(图 6-2)如下。

第一阶段：在加热一定时间后，离热源最近区域的温度首先达到水合物相平衡温度 T_h（4.4℃）(Sloan et al.，1991)，此时固态的四氢呋喃水合物分解为液态的四氢呋喃和水，与温度还未达到水合物相平衡温度的区域之间形成界面(1)。

第二阶段：随着加热时间的增长，热量持续向上传递，区域温度达到四氢呋喃沸点 T_f（66℃），此时液态四氢呋喃汽化形成四氢呋喃蒸气，与温度还未达到四氢呋喃沸点的区域之间形成界面(2)。

第三阶段：随着加热时间的进一步增长，区域温度达到水的沸点 T_w（100℃），此时液态水汽化形成水蒸气，与温度还未达到水沸点的区域之间形成界面(3)。

由图 6-2 可知，在受热分解过程中水合物沉积物中会出现 4 个分解区域 A、B、C、D 和 3 个相变界面(1)、(2)、(3)。其中，A 区域由四氢呋喃蒸气、水蒸气、岩土体骨架构成；B 区域由四氢呋喃蒸气、水、岩土体骨架构成；C 区域由液态四氢呋喃、水、岩土体骨架构成；D 区域由水合物、岩土体骨架构成。相变界面(1)位于水合物未分解区域与水合物分解区域之间，相变界面(2)位于水合物分解区域与四氢呋喃汽化区域之间，相变界面(3)位于四氢呋喃汽化区域与液态水汽化区域之间。随着加热时间的增长，三个相变界面向远离热源的方向推移。

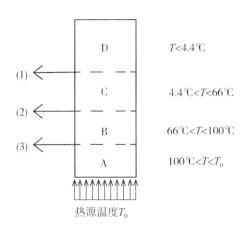

图 6-2　水合物沉积物温度分布图

6.1.3　水合物分解时沉积物孔压研究

标准状态下甲烷水合物能分解产生相当于原体积一百多倍的甲烷气体，如此庞大体积的气体会造成孔隙体积膨胀以及超孔隙压力剧烈增大，导致沉积物的有效应力急剧减小，引发海底滑坡等一系列地质灾害，故关于水合物分解时孔压变化的研究对安全开采具有显著意义。

张炜等(2015)结合通用气体定律推导出原位温压条件下的体积变化公式，借助土体压缩及回弹的相关系数，将体积变化与有效应力建立联系，利用经验公式将难以确定的土体参数用常规参数进行换算，并假定超孔隙压力迅速形成且不发生消散，推导出水合物分解产生的超孔压模型。

　　基于本章的实验背景，按照张炜等(2015)研究甲烷水合物分解产生超孔压理论模型的思路，对四氢呋喃水合物分解时产生的孔压进行理论推导。

　　图 6-3 为四氢呋喃水合物沉积物未分解时、分解途中、分解完全后的三相组成图。由图可知，水合物受热分解时其体积逐渐减少，水和气体体积逐渐增多并填充至沉积物孔隙，且不能迅速消散。

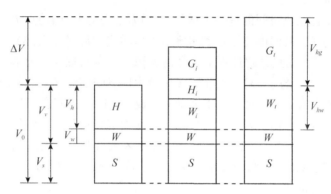

图 6-3　水合物沉积物分解时的三相组成图

　　图 6-3 中各符号含义如下：S 为土颗粒体积分数；W 为孔隙水体积分数；H 为分解前水合物体积分数；H_i 为分解途中水合物体积分数；W_i 为分解途中产出水的体积分数；G_i 为分解途中产出气体的体积分数；W_t 为分解完全后产出的自由水体积分数；G_t 为分解完全后产出的气体体积分数；V_0 为分解前水合物沉积物体积，m^3；V_h 为分解前水合物体积，m^3；V_w 为分解前孔隙水体积，m^3；V_s 为土颗粒体积，m^3；V_v 为沉积物孔隙体积，m^3；V_{hw} 为分解完全后产出水的体积，m^3；V_{hg} 为分解完全后产出气体的体积，m^3；ΔV 为完全分解后水合物沉积物的体积变化，m^3。

　　设定 $V_0 = 1\ m^3$，则孔隙率为

$$n = \frac{V_v}{V_0} = V_v \tag{6-2}$$

孔隙水饱和度为

$$S_r = \frac{V_w}{V_v} = \frac{V_v - V_h}{V_v} = \frac{n - V_h}{n} \tag{6-3}$$

同时可推出水合物体积为

$$V_h = n - n S_r = n(1 - S_r) \tag{6-4}$$

　　假设固液两相都不可被压缩，完全分解后产出气体为 αV_h，产出水的体积为 βV_h，则体积变化为

$$\Delta V = V_{hg} + V_{hw} - V_h - \Delta V_{hg}$$

$$= V_{hg} + \beta V_h - V_h - \Delta V_{hg}$$

$$= V_{hg} - (1 - \beta) V_h - \Delta V_{hg}$$

$$= V_{hg} - n(1 - \beta)(1 - S_r) - \Delta V_{hg} \tag{6-5}$$

式中：ΔV_g 是在气体压强增大的情况下气体体积的压缩量，表达式为

$$\Delta V_{hg} = V_{hg(i+1)} - V_{hg(i)} \tag{6-6}$$

式中：$V_{hg(i+1)}$ 为某一分解阶段完成，产气导致压强增大后的气体体积，m^3；$V_{hg(i)}$ 为某一分解阶段前压强未变化时的气体体积，m^3。

由波义尔定律可知，在定温定压情况下：

$$P_{i+1} V_{hg(i+1)} = P_i V_{hg(i)} \tag{6-7}$$

式中：P_i 为某一分解阶段前压力未变化时的压强；P_{i+1} 为某一分解阶段完成，产气压力增大后的压强。

将式(6-7)代入式(6-6)，得：

$$\Delta V_{hg} = V_{hg(i)} \left(\frac{P_i}{P_{i+1}} - 1 \right) \tag{6-8}$$

再将式(6-8)代入式(6-5)，得：

$$\Delta V = V_{hg} - n(1 - \beta)(1 - S_r) - V_{hg(i)} \left(\frac{P_i}{P_{i+1}} - 1 \right) \tag{6-9}$$

由理想气体状态方程可知：

$$\frac{R T_n}{P_n V_{hgn}} = \frac{R T_s}{P_s V_{hg}} \tag{6-10}$$

式中：R 为气体常量，$J/(mol \cdot K)$；T_n 为常温，K；P_n 为常压，Pa；V_{hgn} 为常温常压下产出气体体积，m^3；T_s 为水合物相平衡温度，K；P_s 为水合物相平衡压力，Pa。

常温 $T_n = 298.15K$，常压 $P_n = 1.013 \times 10^5 Pa$，$V_{hgn} = \alpha V_h$，将这些已知条件代入式(6-10)，得：

$$\frac{298.15}{1.013 \times 10^5 \times \alpha V_h} = \frac{T_s}{P_s V_{hg}} \tag{6-11}$$

将式(6-11)代入式(6-9)，得实际温压条件下四氢呋喃水合物分解后沉积物的体积变化为

$$\Delta V = \frac{1.013 \times 10^5 \times \alpha V_h \times T_s}{298.15 \times P_s} - n(1 - \beta)(1 - S_r) - V_{hg(i)} \left(\frac{P_i}{P_{i+1}} - 1 \right) \tag{6-12}$$

四氢呋喃水合物分解产气的过程中，体积膨胀，超孔压增大，有效应力减小，其压缩模量为

$$E_s = \frac{\Delta \sigma'}{\Delta \varepsilon} = \frac{\Delta \sigma'}{\Delta V / V_0} \tag{6-13}$$

根据有侧限压缩试验推出：

$$\frac{\Delta h_1}{h_0} = \frac{e_0 - e_1}{1 + e_0} \tag{6-14}$$

式中：Δh_1 为土样高度的变化量，m；h_0 为土样原始高度，m。

参照有侧限压缩试验的卸荷回弹，四氢呋喃水合物分解产生的体积变化为

$$\frac{\Delta V}{V_0} = \frac{\Delta e}{1 + e_0} \tag{6-15}$$

式中：Δe 为水合物分解后孔隙比变化量；e_0 为水合物分解前土体孔隙比。

压缩系数为

$$a_v = \frac{\Delta e}{\Delta \sigma'} \tag{6-16}$$

膨胀指数为

$$C_s = \frac{\Delta e}{\Delta \lg \sigma'} = \frac{\Delta e}{\lg(\sigma' + \Delta \sigma') - \lg \sigma'} = \frac{\Delta e}{0.43 \ln\left(1 + \dfrac{\Delta \sigma'}{\sigma'}\right)} \tag{6-17}$$

将式(6-15) ~ 式(6-17) 代入式(6-13)，得：

$$E_s = \frac{\Delta \sigma' \cdot (1 + e_0)}{\Delta \sigma' \cdot a_v} = \frac{\Delta \sigma' \cdot (1 + e_0)}{0.43\, C_s \ln\left(1 + \dfrac{\Delta \sigma'}{\sigma'}\right)} \tag{6-18}$$

根据有效应力原理，孔隙水压力的增大值等于有效应力的减小值：

$$\Delta u = -\Delta \sigma' = E_s \cdot \Delta V = \frac{\Delta \sigma'(1 + e_0)}{0.43\, C_s \ln\left(1 + \dfrac{\Delta \sigma'}{\sigma'}\right)}$$

$$\left[\frac{1.013 \times 10^5 \times \alpha\, V_h \times T_s}{298.15 \times P_s} - n(1 - \beta)(1 - S_r) - V_{hg(i)}\left(\frac{P_i}{P_{i+1}} - 1\right)\right] \tag{6-19}$$

式中：P_s 为土体中的水和气的压力。

6.2　水合物生成时地质环境条件的变化

6.2.1　实验材料

1. 水合物选取

国内外学者以室内实验为基础研究天然气水合物的各项性质时，通常选取甲烷、二氧化碳、四氢呋喃这三种物质来合成水合物。水合物的生成反应式可表示为

$$M + n\,H_2O \underset{}{\overset{P,\ T}{\rightleftharpoons}} M \cdot nH_2O + Q \tag{6-20}$$

式中：M 为与水分子相结合的客体分子；n 为水分子数；$M \cdot nH_2O$ 为水合物分子；Q 为反应过程中释放的热量。

甲烷化学式为 CH_4，常温常压下为无色无味气体，易燃易爆，在水中溶解度很低。在实验室合成甲烷水合物需控制高压低温的环境条件，且生成量一般较少而不易控制，难以保证样品制备得均匀。

二氧化碳化学式为 CO_2，常温常压下为无色无味气体。虽然在实验室合成二氧化碳水合物的温压条件没有合成甲烷水合物那么严苛，但在温度为0℃时仍需要1.24MPa的压力（刘妮等，2007）。

四氢呋喃化学式可写作 $(CH_2)_4O$，常温常压下为无色易挥发液体，有类似乙醚气味，常用作有机溶剂，密度为 $0.89g/cm^3$，沸点为66℃。四氢呋喃可与任意体积水混溶并在一定条件下生成与甲烷水合物各项物性指标相近的Ⅱ型水合物（Pinder，1965），见表6-1。

表6-1 热物性参数对比表

水合物	密度 /(kg/m^3)	比热容 /$(kJ/(kg \cdot K))$	分解热 /(kJ/kg)	导热系数 /$(W/(m \cdot K))$
THF 水合物	997	2.123	270	0.45~0.54
CH_4 水合物	913	1.6~2.7	$-1050T+3527000$	0.4~0.6

相较于采用甲烷、二氧化碳制备水合物，以四氢呋喃为材料有如下优点：

(1)四氢呋喃常温下为无色易挥发液体，能与水以任意比例互溶。

(2)四氢呋喃无需搅拌就能与水均匀混合，因此只要溶液渗透到的地方都能生成水合物晶核，提高了水合物分布的均匀性。

(3)四氢呋喃水合物在一个标准大气压下的相平衡温度为4.4℃，实验室制备时仅需控制温度在0℃附近即可生成，能够有效提高实验的可操作性，节省经费开支的同时又保证实验的安全性。

(4)四氢呋喃水合物的热力学性质如比热容、热传导系数与甲烷水合物十分相似，能为室内模拟实验提供有意义的数据。

综合考虑上述因素以及实验室现有条件，本次实验选取与甲烷水合物性质极其相近的四氢呋喃水合物代其模拟制备水合物沉积物进行模型实验研究，采用纯度为分析纯的四氢呋喃试剂。

2. 土体骨架选取

根据已有研究，对南海北部神狐海域水合物分布区的钻孔 SH2B、SH3B、SH7B 沉积物样品类型进行归纳分析，水合物沉积物土体骨架有三种类型土颗粒，分别是粒径范围在 0~0.004mm 的黏土，含量为15%~30%；粒径范围在 0.004~0.063mm 的粉砂，含量大于70%；粒径范围在 0.063~2mm 的砂，含量小于10%（陈芳等，2011；于兴河等，2014）。

但由于海洋中的甲烷水合物是在高压低温的环境中经过成百上千年沉积形成的，而此次室内实验则是在常压低温的条件下利用四氢呋喃生成水合物进行模拟。若按照实际粒径配比制备土样则孔隙率太小，难以生成水合物。参考已有文献中生成四氢呋喃水合物沉积物环境的颗粒级配（张辉等，2016；张旭辉等，2011），按照土力学中的粒组划分方案，本次实验采用粒径范围在 0.075~0.5mm 的砂粒作为土体骨架，即粒径范围 0.075~0.25mm 的细砂与粒径范围为 0.25~0.5mm 的中砂组成。依据沉积物中两种颗粒体积比的变化将实验所需土体骨架划分为四种：土样一，70%细砂+30%中砂；土样二，60%细砂+40%中砂；土样三，50%细砂+50%中砂；土样四，40%细砂+60%中砂。

6.2.2　实验装置

整套实验装置由透明圆柱形有机玻璃容器、温度监测系统、孔压监测系统、电阻率监测系统、数据采集仪系统、热源及温度控制系统，低温制冷系统组成。实验装置示意图见图6-4。

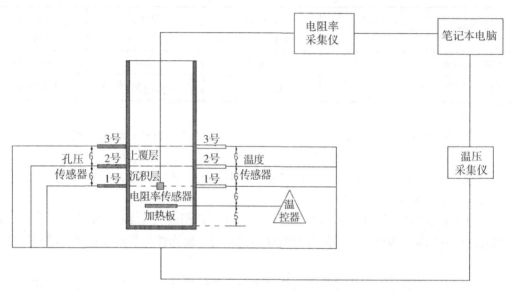

图 6-4　实验装置示意图

由图 6-4 可知，在有机玻璃筒两侧沿纵向各布置三个孔压传感器、三个温度传感器，自下而上编号为 1 号、2 号、3 号，间距皆为 6cm，最底部的温度及孔压传感器距有机玻璃底板 11cm，温压数据由温压采集仪连接电脑进行采集；电阻率传感器与最底部的温度及孔压传感器布置在同一层位并置于有机玻璃筒中心，电阻率数据由电阻率采集仪连接电脑进行采集；由于有机玻璃的耐热温度不高，在 80～90℃ 就可能产生形变，故将加热板放置在距有机玻璃底板 5cm 处并置于有机玻璃筒中心，加热温度由加热板底部的温度探头连接温控器进行控制。

有机玻璃容器为内径 20cm、壁厚 1cm、高 50cm 的圆柱筒，上方开口、下方封底，见图 6-5。

低温制冷系统为型号 BC/BD-207DTE 的美菱牌冰柜，内胆尺寸 844mm×385mm×683mm，制冷范围 -32～+10℃，电脑精确控温。

热源为边长 10cm、厚 4mm 的正方形防水硅胶加热板，输出功率 45W。温度控制系统由控温范围 -20～+200℃ 的智能数显温控器和紧贴加热板的温度传感器组成，当传感器感应温度低于设定加热温度时，加热板开启加热状态，当传感器感应温度低于设定加热温度时，加热板停止加热。加热板和温控器见图 6-6。

 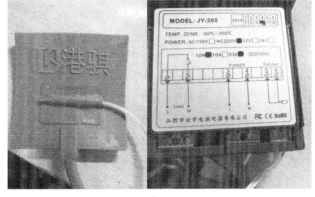

图 6-5   有机玻璃筒   图 6-6   加热板及温控器

温度监测系统由布设在有机玻璃筒侧边的三个 Pt100 铂电阻温度传感器组成，采用德国贺利氏 M222 系列芯片，测量精度 0.15℃，适用温度-50 ~ +250℃，实验时端头插入土体约 5cm。

孔压监测系统由布设在有机玻璃筒侧边的三个 DMKY 高精度电阻应变式微型孔隙水压力传感器组成，直径 15.8mm、高度 21mm，具有分辨率高、防水性能好的特点，实验时端头插入土体约 5cm。

电阻率监测系统由广州磐索公司研发的直径 16mm、长 40mm 的圆柱形电阻率模块(4 芯线缆)组成，见图 6-7(a)。

电阻率数据采集系统由采集卡和笔记本电脑组成，见图 6-7(b)。

温压数据采集系统由 DMYB-2001 型 8 通道动静态电阻应变仪和笔记本电脑组成，采样频率 15Hz。

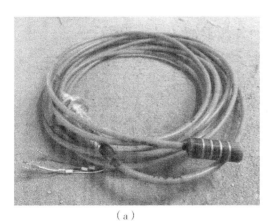 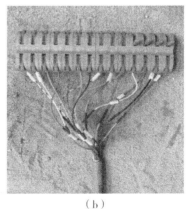

（a）   （b）

图 6-7   电阻率传感器及采集系统

6.2.3　实验方案与步骤

1. 实验方案

四氢呋喃水合物化学式为 $8C_4H_8O \cdot 136H_2O$，是四氢呋喃与水按照物质的量之比 $1:17$ 结合生成。现取体积为 V_{H_2O} 的水和体积为 V_{THF} 的四氢呋喃混合成一定浓度的四氢呋喃溶液，水的密度为 $\rho_{H_2O} = 1.0\text{g/cm}^3$，水的摩尔质量为 $M_{H_2O} = 18\text{g/mol}$，四氢呋喃的密度为 $\rho_{THF} = 0.8892\text{g/cm}^3$，四氢呋喃的摩尔质量为 $M_{THF} = 72\text{g/mol}$。

设水合物饱和度为 S，认为反应过程中四氢呋喃全部生成了四氢呋喃水合物，剩余部分水，且反应后生成的四氢呋喃水合物体积与反应前的四氢呋喃水溶液体积相比无明显变化。

参加反应的四氢呋喃的物质的量为

$$n_{THF} = \frac{m_{THF}}{M_{THF}} = \frac{\rho_{THF} \cdot V_{THF}}{M_{THF}} \tag{6-21}$$

参加反应的水的物质的量为

$$n_{H_2O反} = 17\,n_{THF} = \frac{17\,\rho_{THF} \cdot V_{THF}}{M_{THF}} \tag{6-22}$$

剩余水的体积为

$$
\begin{aligned}
V_{H_2O剩} &= V_{H_2O} - V_{H_2O反} \\
&= V_{H_2O} - \frac{n_{H_2O反} \cdot M_{H_2O}}{\rho_{H_2O}} \\
&= V_{H_2O} - \frac{17\,\rho_{THF} \cdot V_{THF} \cdot M_{H_2O}}{M_{THF} \cdot \rho_{H_2O}}
\end{aligned}
\tag{6-23}
$$

剩余水的饱和度为

$$\frac{V_{H_2O剩}}{V_{H_2O} + V_{THF}} = 1 - S \tag{6-24}$$

可得

$$\frac{V_{H_2O}}{V_{THF}} = \frac{4.7791 - S}{S} \tag{6-25}$$

由式(6-25)可推出混合溶液中不同水合物饱和度对应的水与四氢呋喃体积比，见表 6-2。

表 6-2　不同水合物饱和度对应的体积比

水合物饱和度	100%	80%	60%	40%
V_{H_2O}/V_{THF}	3.7791	4.9739	6.9652	10.9478

根据表6-2中水与四氢呋喃的体积比来配置用于生成不同水合物饱和度的四氢呋喃水溶液。

为研究在水合物分解过程中沉积物地质环境参量的变化规律以及沉积层配比、水合物饱和度、分解温度这三个因素对地质环境参量的影响规律，通过控制变量法将实验方案细分，细分的实验方案见表6-3。

1）沉积层配比

控制水合物饱和度、分解温度、沉积层厚度、上覆土层厚度、上覆土层性质不变，改变沉积层配比，分别设定为土样一、土样二、土样三、土样四，记录不同沉积层配比实验组在水合物分解过程中沉积物的温度、压力、电阻率变化。

2）水合物饱和度

控制分解温度、沉积层厚度、沉积层性质、上覆土层厚度、上覆土层性质不变，改变水合物饱和度，分别设定为40%、60%、80%、100%，记录不同水合物饱和度实验组在水合物分解过程中沉积物的温度、压力、电阻率变化。

3）分解温度

控制水合物饱和度、沉积层厚度、沉积层性质、上覆土层厚度、上覆土层性质不变，改变水合物分解时的加热温度，分别设定为60℃、80℃、95℃、110℃，记录不同分解温度实验组在水合物分解过程中沉积物的温度、压力、电阻率变化。

表6-3 实验方案

变量 实验组	分解温度	水合物饱和度	上覆土层厚度	沉积层厚度	上覆土层性质	沉积层性质
①	110℃	100%	6cm	17cm	黏土	土样一
②	110℃	100%	6cm	17cm	黏土	土样二
③	110℃	100%	6cm	17cm	黏土	土样三
④	110℃	100%	6cm	17cm	黏土	土样四
⑤	110℃	40%	6cm	17cm	黏土	土样三
⑥	110℃	60%	6cm	17cm	黏土	土样三
⑦	110℃	80%	6cm	17cm	黏土	土样三
⑧	60℃	100%	6cm	17cm	黏土	土样三
⑨	80℃	100%	6cm	17cm	黏土	土样三
⑩	95℃	100%	6cm	17cm	黏土	土样三

2. 实验步骤

常压下温度对四氢呋喃水合物的形成十分重要。温度越低，四氢呋喃水合物越容易形成，但是当温度降低到-7℃以下后形成的水合物逐渐减少，而形成的冰结晶逐渐增多。这是因为水的导热系数远大于四氢呋喃水合物的导热系数，因此本实验控制生成温度为-7℃，既能以最快时间合成四氢呋喃水合物，又能避免生成冰结晶。具体实验步骤如下。

1）仪器安装及调试

实验前用装有特制三尖钻头的手电钻在有机玻璃筒侧边进行打孔，根据各传感器连接线的尺寸分别确定孔径，打孔过程中要将容器放置在铺有垫层的平整地面上，双手将容器固定使其不发生较大移动，以防钻孔时打歪导致有机玻璃炸裂。

钻孔完毕后将温度及压力传感器、加热板、温控器等仪器的连接线从小孔穿过，并在打孔处涂抹玻璃胶进行密封以保证实验过程中的密闭环境。由于电阻率传感器连接线的尺寸较大，打孔存在有机玻璃筒炸裂的风险，因此将其从筒顶直接埋入土体。待传感器和加热板安装完成后，再将数据采集系统调试到位，确保实验过程中可正常工作。

2）沉积层制备

实验方案中共有四种配比不同的土样，利用砂石筛将规定粒径范围的中砂和细砂筛选出。水合物沉积层厚度为17cm，因此先向有机玻璃容器中填入5cm的土层，如图6-8所示用小锤砸实后在表面用铁丝划毛，目的是加强与下一层土体之间的黏结，尽量保证沉积层的一体性。再按照上述方法依次向筒中填土，共计填入四次。

 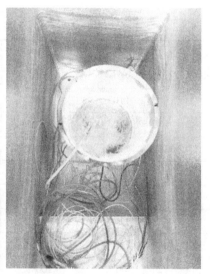

图6-8　土层压实　　　　　　图6-9　含水合物沉积层生成

3）水合物生成

按照所需生成的不同饱和度，用烧杯和量筒配置一定浓度的四氢呋喃水溶液，此步骤应穿戴好防护装备以防止吸入或接触到四氢呋喃；再用胶头滴管将四氢呋喃水溶液滴入砂土层至溶液刚好浸没沉积层顶部，滴入过程中应缓慢匀速，不要产生冒泡等现象，保证四氢呋喃溶液均匀地饱和沉积层；设定冰柜温度为-7℃，将模型筒放入冰柜冷冻48h形成水合物沉积层，见图6-9。

4）上覆土层制备

提前将一定量黏土用水浸没48h使其饱和，待四氢呋喃水合物沉积层制备完成后，再将6cm厚的饱和黏土填入沉积层上部来模拟上覆土层。为减小外界环境对已生成水合物的影响，此步骤在冰柜中进行。

5）水合物分解

待水合物模拟地层制备好后，将实验设备搬至通风情况良好的室外环境，同时将传感器和加热板连接线接到对应的采集仪、温控仪及电源上。开启加热板对水合物沉积层进行加热分解，利用温控器控制到所需分解温度。加热分解时，通过数据采集仪实时记录加热过程中各传感器数据，并对实验过程中的关键现象进行拍照摄像。

6）容器清洗

分解实验完成后，先用铁勺将容器内大部分的混合物挖出，此步骤一定要避免对传感器的碰撞，一是防止其在穿线处发生松动而产生移位，二是防止打孔处的锋利边缘划伤线路保护套而导致其内部进水烧坏电子元件。再用水管深入筒内进行冲洗将剩余土体清理干净。此步骤会有大量赋存在土体内的四氢呋喃气体向外逸出，需戴好面罩及手套，谨防四氢呋喃对呼吸系统和皮肤造成伤害。

6.2.4 水合物生成过程及对环境参量的影响

水合物在形成过程中会改变沉积物的孔隙连通性及其空间分布，进而影响沉积物的电阻率值，因此通过沉积物的电阻率变化研究四氢呋喃水合物在生成过程中具体的反应阶段，并尝试从微观角度分析水合物生成对沉积物电阻率的影响机理。

1. 水合物生成过程

为研究不同反应时间下四氢呋喃水合物的生成状态，配置一定量浓度为19%的四氢呋喃水溶液，置于温度为 −7℃ 的冰柜中，分别等待10min、30min、60min、80min、100min、120min、140min、200min，观察容器中的物质自四氢呋喃水溶液向四氢呋喃水合物结晶体变化的全过程，记录实验现象并拍摄实验照片，如图6-10所示。

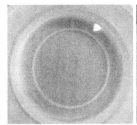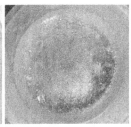

（a）反应30min　　　　（b）反应60min　　　　（c）反应100min　　　　（d）反应200min

图6-10　不同时间段的水合物

由实验可以观察到：反应10min后，溶液底部开始有部分气泡状的微型结晶体；反应30min后，水溶液底部的微型结晶体开始变多；反应60min后，沿容器边缘出现块状结晶体，溶液中部出现薄薄一层的片状结晶体；反应 80min 后，容器边缘的块状结晶体持续生长并逐渐向中部延伸；反应 100min 后，溶液内部有更多的结晶体生成，中部基本已经覆盖完全，但还有部分可流动液体；反应 120min 后，结晶体进一步增多，可流动液体减少；反应 140min 后，容器内的四氢呋喃水合物已大部分生成完毕，边缘和中部的水合物基本结成一体，外观由前期疏松分散逐渐致密凝结，可流动液体较少；反应 200min 后，水合物晶体生成完毕，基本无可流动液体。

2. 生成时电阻率分析

选取实验组③即水合物饱和度为 100% 的情况，研究水合物生成过程中沉积物电阻率的变化规律，其电阻率曲线见图 6-11。由此可以将电阻率随时间的变化分为五个阶段。

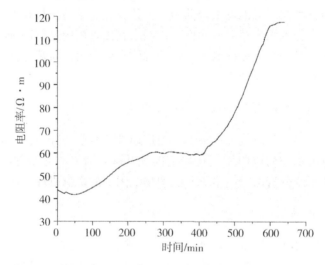

图 6-11　实验组③生成水合物时电阻率曲线

第一阶段：随着时间的增加，电阻率逐渐减小。时间自 0min 至 50min，电阻率自 43.8Ω·m 减小至 41.72Ω·m，平均减小速率为 2.50Ω·m/h。

第二阶段：随着时间的增加，电阻率逐渐增大。时间自 50min 至 300min，电阻率自 41.72Ω·m 增长至 59.98Ω·m，平均增长速率为 4.38Ω·m/h。

第三阶段：随着时间的增加，电阻率在约 1Ω·m 的波动幅度下保持平稳。时间自 300min 至 410min，电阻率在 59.26~60.58Ω·m 范围，稳定在 60Ω·m 左右。

第四阶段：随着时间的增加，电阻率快速增大。时间自 410min 至 595min，电阻率自 60Ω·m 增长至 115Ω·m，平均增长速率为 17.84Ω·m/h。

第五阶段：随着时间的增加，电阻率保持平稳。时间自 595min 至 640min，电阻率自 115Ω·m 缓慢增长至 117.72Ω·m，基本稳定不变。

实验过程中，当沉积物电阻率徘徊在 117.72Ω·m 附近一段时间后，电阻率传感器的采集显示 bug 值并一直无变化，即进入无法采集状态。推测是当水合物生成到一定程度后，受传感器本身尺寸以及测量原理的限制，导致传感器模块与沉积物之间存在接触不良的问题，由于此前电阻率变化已趋于平稳，故推测水合物沉积物基本达到完全生成的状态，可认为传感器无法采集有效数据前的电阻率数值即为电阻率的最终稳定值。

根据电阻率变化的五个阶段，对沉积物中四氢呋喃水合物的生成阶段进行合理分析。

第一阶段，水合物成核。随着沉积物温度的降低，逐渐接近常压下四氢呋喃水合物的生成温度，沉积物孔隙中的纯水和四氢呋喃开始反应，原本天然水中的各种离子如 Ca^{2+}、Na^+、Cl^-、SO_4^{2-}、HCO_3^- 等被排除在外并未参与反应，造成孔隙水溶液中的离子溶度增大，矿化度升高，同时四氢呋喃水合物在成核过程中会释放一定热量，使孔隙水溶液中离子的迁移速度加快。而此时四氢呋喃水合物的生成量还较小，在上述两个因素的共同作用下致使沉积物电阻率减小。

第二阶段，水合物结晶。随着反应时间的增加，四氢呋喃水合物开始形成晶体，孔隙中的液态水被导电性较差的水合物晶体所替换。此时，由于离子溶度增大造成电阻率减小的影响效应小于水合物晶体形成造成电阻率增大的影响效应，后者占据主导地位，沉积物电阻率逐渐增大。

第三阶段，水合物初步生长。当反应进行到一定程度，孔隙中的液态水持续被反应，离子溶度增大造成电阻率减小的影响效应与水合物晶体形成造成电阻率增大的影响效应逐渐平衡，沉积物电阻率在一定范围内趋于稳定。

第四阶段，水合物大量生长。随着反应时间的进一步增加，四氢呋喃水合物晶体逐渐增多，大量水合物晶体生成并占据、堵塞了孔隙空间，严重削弱了孔隙通道的连通性，增大了孔隙空间分布的复杂性，阻碍了离子的迁移运动，沉积物电阻率快速上升。

第五阶段，水合物完全形成。反应进行了约11h，孔隙溶液中的四氢呋喃和纯水基本消耗完毕，原本分散于各孔隙内的四氢呋喃水合物已相互联结生长，趋于致密化整体，沉积物电阻率的增长速率逐渐减小，电阻率达到最大值 $117.72\Omega \cdot m$，并保持稳定。

选取实验组③、⑤、⑥、⑦即水合物饱和度为40%、60%、80%、100%的情况，研究不同水合物饱和度对沉积物电阻率的影响规律，见图6-12。

由图6-12可知，在水合物还未形成时，随着饱和土体溶液中四氢呋喃与水的配比变化，初始电阻率也会发生变化，按100%饱和度、80%饱和度、60%饱和度、40%饱和度所配比溶液来饱和的沉积物初始电阻率依次下降，分别为 $43.8\Omega \cdot m$、$38.01\Omega \cdot m$、$36.61\Omega \cdot m$、$34.86\Omega \cdot m$。原因是天然水中本就含有各种离子且水的介电常数较大，电阻较小。故随着所需配置溶液对应的水合物饱和度的减小，溶液中离子浓度增大，导电性能变好。

在水合物生成过程中，不同水合物饱和度的沉积物电阻率变化趋势大致相同，可按实验组③中生产水合物时电阻率变化的五个阶段来划分：即都是先有短时间的下降，后开始明显上升，接着进入上升速率减缓的缓慢上升阶段，再进入快速上升阶段，最后达到稳定的最大值；除100%饱和度实验组外，另外三组饱和度组在实验最后也均出现了 bug 值，处理方法与100%饱和度实验组相同，即认为 bug 值前的电阻率值为最终稳定值。其中，40%饱和度实验组除了在生成初期电阻率有短暂的下降阶段，还在340min处开始有一次较大幅度的下降，在340min至400min时下降速率较快，电阻率自 $45.32\Omega \cdot m$ 下降至 $37.71\Omega \cdot m$，在400min至559min时下降速率减缓，电阻率自 $37.71\Omega \cdot m$ 下降至 $35.71\Omega \cdot m$。

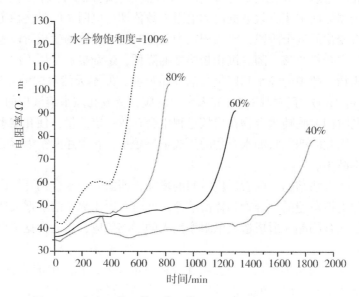

图 6-12　实验组③、⑤、⑥、⑦生成水合物时电阻率曲线

　　随着水合物饱和度的减小,电阻率在缓慢上升阶段的持续时间增加,上升速率减小,电阻率达到稳定的时间变久,分别为 635min、839min、1315min、1900min,电阻率最后的稳定值越来越小,分别为 117.72Ω·m、102.85Ω·m、91.40Ω·m、78.73Ω·m。

6.3　水合物分解时地质环境条件变化的实验现象及结果分析

6.3.1　水合物分解过程

　　考虑到四氢呋喃水合物分解过程中会释放四氢呋喃气体,与空气中的氧气发生反应形成易燃易爆的过氧化物,当其浓度达到一定范围后存在潜在危险。因此在模拟含水合物沉积物制备完毕后,正式实验开始前,先将实验设备主体即圆柱形有机玻璃筒自冰柜中搬离至通风条件良好的室外场地,保证实验过程中安全、可靠。当有机玻璃筒搬至室外后,由于室外温度与有机玻璃筒温度相差较大,热空气会在有机玻璃筒外侧遇冷液化形成一层水膜,为不影响观察分解过程中的实验现象,实验过程中需注意随时用抹布将筒外侧擦拭干净,便于更清晰地观察筒内现象。

　　将各传感器接线连接完毕后,开启加热板,水合物分解实验开始。开始加热后,加热板温度高于附近的沉积层温度,因此热量由温度较高处的加热板向温度较低处的沉积层传递。当沉积层吸收热量,温度上升至 4.4℃时,达到四氢呋喃水合物的相平衡温度,此时固态四氢呋喃水合物分解形成液态四氢呋喃和水。在重力和压力的作用下,液态的四氢呋喃和水通过沉积层中原先由固态水合物所占据的孔隙通道来运移流动,流动性好、温度高的液体能更好地传递热量,此时的沉积层体系内存在单相渗流。随着热量的进一步传导,当距加热板最近的沉积层温度上升至66℃时，达到四氢呋喃的沸点，此时液态四氢呋喃汽化形成四氢呋喃气体，密度较小的气体沿着孔隙通道向沉积层上部运移，此时的沉积层体系内存在两相渗流。气液两相的渗流会产生超孔压，使沉积物孔隙中的压力升高，与此同时，沉积物孔隙的复杂性降低、连通性增大，且电阻率较大的固态水合物分解成电阻率较小的液态四氢呋喃和水，导致沉积物电阻率降低。

当温度较高的四氢呋喃气体在向上渗流遇到温度较低的固态水合物层时，部分会发生液化，即四氢呋喃气体遇冷再次形成四氢呋喃液体。但由于加热板在持续不断地提供热量，故四氢呋喃的汽化速度大于四氢呋喃的液化速度，底部有源源不断的四氢呋喃气体向上运移，传导热量，液化后的四氢呋喃待受热至温度大于其沸点66℃时又会再次汽化，整个沉积层系统中的气液两相处于一种动态平衡状态。随着分解的进行，由于上部沉积层土体被固态水合物所固结、冰冻，没有可供气体运移的孔隙通道，渗透性低，因此大量的四氢呋喃气体在分解界面与上部未分解沉积层之间聚集，压强不断增大，当积聚的气压增大到一定程度后，气体产生的破坏应力大于土体之间的黏聚力和摩擦力，土体发生分层现象，如图6-13所示分层发生后，原先聚集的四氢呋喃气体迅速占据扩大后的分层空间，气体体积膨胀，进而压强迅速减小。分层主要有两处，一处为沉积层内部，另一处为上覆土层与沉积层之间的分界面。分析此现象，沉积层内部的分层可能是因为前期分层砸实土体时的连接面成为分解过程中沉积层的软弱面，上覆土层与沉积层之间的分层可能是填充上覆土层时与沉积层两者连接不紧密，形成了薄弱面。

图6-13 分层现象

水合物分解逸出的四氢呋喃气体在土体中会选择优势通道渗流，同时在渗流过程中会扩大通道尺寸，降低通道的复杂程度以求得更小的渗流阻力。当一定量的四氢呋喃气体聚集在上覆土层与沉积层之间的分层区域时，若气压达到一定值，上覆土层难以维持赋存在分层区域的气体状态，气体向上渗流冲破土体，导致上覆土层中出现气体渗流通道以及孔洞、裂缝、隆起等变形破坏现象，如图6-14、图6-15所示。

在图 6-14(a)中，以正视角度可见上覆土层中出现多个密集且细小的孔隙通道。在图 6-14(b)中，以正视角度可见上覆土层中出现一条尺寸较大且自下而上贯通的孔隙通道。在图 6-15(a)中，以俯视角度可见上覆土层出现两处气体渗流后留下的孔道，分别分布在中下部以及下部靠近容器壁边缘处，同时可见一条自左下方向右上方发展的狭长裂缝，分布在土体的右上部。在图 6-15(b)中，以俯视角度可见上覆土层出现多条交叉的 X 形裂缝并伴有土体略微顶起，分布在土体的中部，同时可见一条自右下方向左上方发展的裂缝，分布在土体的左上部。

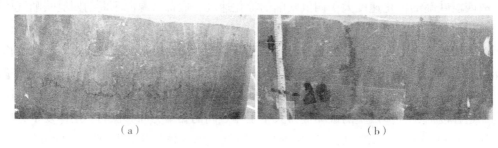

(a)　　　　　　　　　　　　　　(b)

图 6-14　渗流通道

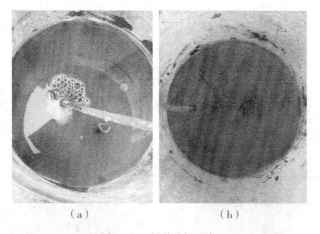

(a)　　　　　　　(b)

图 6-15　变形破坏现象

6.3.2　沉积层配比对地质环境参量的影响

1. 温度

实验组①、②、③、④(分别对应土样一、土样二、土样三、土样四，本小节下同)中的纵向 1 号、2 号、3 号温度随时间变化曲线如图 6-16 所示。

根据实验组①、②、③、④中距离加热板最近约 6cm 的 1 号温度传感器(沉积层下部)所测数据，其温度随时间变化过程可大致分为三个阶段，具体各阶段持续时间及温度变化范围、变化速率见表 6-4。

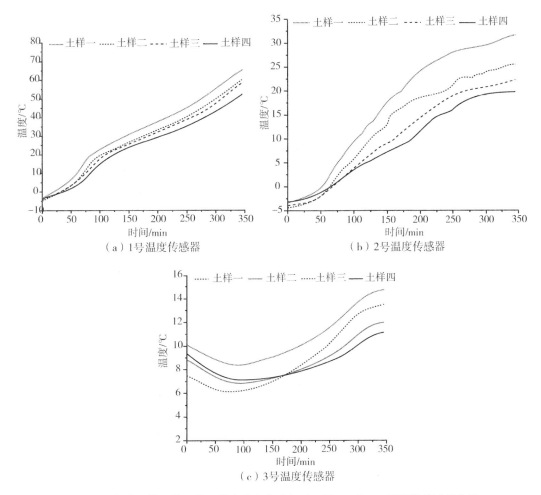

图 6-16 实验组①、②、③、④中水合物分解时 1 号、2 号、3 号温度传感器曲线

第一阶段：随时间的增加，温度逐渐上升且曲线斜率逐渐增大。加热前期，1 号温度传感器下方的土体处于冰冻状态，直到其温度达到四氢呋喃水合物的相平衡温度 4.4℃，水合物开始分解，热量一部分提供给水合物分解，一部分通过水、液态四氢呋喃、土体骨架向上部低温区传导，温度上升速率较慢；加热一段时间后，1 号温度传感器下方土体中的水合物基本分解，热量大部分通过水、液态四氢呋喃、土体骨架向上部低温区传导，温度上升速率增大。

第二阶段：随时间的增加，温度以一定增长速率稳步上升。此时 1 号温度传感器上部的水合物开始逐渐吸热分解，热量向上传递，导致温度上升速率减缓。

第三阶段：随时间的增加，温度以较快的增长速率上升。此时，沉积层中的四氢呋喃水合物绝大部分已分解完毕，热量几乎均用来通过水、液态四氢呋喃、土体骨架向上传导，导致温度上升速率增大。

表 6-4　实验组①、②、③、④中水合物分解时温度传感器温度

沉积层配比	阶段	1号温度传感器			2号温度传感器			3号温度传感器		
		持续时间/min	温度变化范围/℃	温度变化速率/(℃/h)	持续时间/min	温度变化范围/℃	温度变化速率/(℃/h)	持续时间/min	温度变化范围/℃	温度变化速率/(℃/h)
土样一	一	0~91	-3.52~21.56	16.72	0~50	-3.31~-0.32	3.59	0~80	7.50~6.10	-1.05
	二	91~269	21.56~48.44	9.06	50~248	-0.32~28.00	8.58	80~293	6.10~12.47	1.79
	三	269~345	48.44~65.34	13.34	248~345	28.00~31.56	2.2	293~345	12.47~13.51	1.2
土样二	一	0~102	-4.81~19.94	14.56	0~53	-4.44~-1.63	3.18	0~90	10.12~8.35	-1.18
	二	102~272	19.94~43.81	8.42	53~257	-1.63~22.52	7.1	90~306	8.35~14.02	1.58
	三	272~345	43.81~60.06	13.36	257~345	22.52~25.44	1.99	306~345	14.02~14.74	1.11
土样三	一	0~114	-4.24~20.75	13.15	0~57	-4.01~-1.27	2.88	0~100	8.85~6.81	-1.22
	二	114~274	20.75~42.09	8	57~265	-1.27~19.86	6.1	100~316	6.81~11.57	1.32
	三	274~345	42.09~58.58	13.66	265~345	19.86~23.28	2.57	316~345	11.57~12.00	0.89
土样四	一	0~127	-3.78~20.95	11.68	0~60	-3.17~-0.42	2.75	0~108	9.38~7.09	-1.27
	二	127~276	20.95~38.77	7.18	60~274	-0.42~18.37	5.27	108~322	7.09~10.82	1.05
	三	276~345	38.77~52.13	11.62	274~345	18.37~19.79	1.2	322~345	10.82~11.15	0.86

根据实验组①、②、③、④中距离加热板约 12cm 的 2 号温度传感器(沉积层上部)所测数据,其温度随时间变化过程可大致分为三个阶段,具体各阶段持续时间及温度变化范围、变化速率见表 6-4。

第一阶段:随时间的增加,温度开始缓慢上升且曲线斜率逐渐增大。此时由于 2 号温度传感器处距离加热板较远,传递到该高度区域的热量不足,导致该层位水合物还未开始分解仍维持固态形式,该处沉积物温度在底部热源和筒外环境温度的共同影响下略有上升。

第二阶段:随时间的增加,温度快速上升。此时沉积层下部靠近加热板附近的水合物分解完成,释放出大量携带能量的四氢呋喃气体和液态水,在向上渗流的同时引导热量朝上部还未开始分解的水合物沉积层传递,温度上升速率加快。

第三阶段:随时间的增加,温度上升速率变缓并逐渐趋于稳定。此时沉积物体系内的热量在水合物、土颗粒、四氢呋喃和水之间的传递趋于一种动态平衡状态,温度上升速率减缓。

根据实验组①、②、③、④中距离加热板最远约 18cm 的 3 号温度传感器(上覆土层)所测数据,其温度随时间变化过程可大致分为三个阶段,具体各阶段持续时间及温度变化范围、变化速率见表 6-4。

第一阶段:随时间的增加,温度逐渐下降至极小值点且曲线速率逐渐减小。由于离加

热板距离较远，此时紧邻上覆土层的下部沉积层仍处于冰冻状态，上覆土层温度主要由紧邻沉积层温度与筒外环境温度所决定。由于上覆土层温度高于下部沉积层且固态水合物的分解需要吸热消耗能量，根据热力学第一定律，热量由高温处向低温处传导即由上覆土层向下部沉积层传导，故在一段时间内 3 号温度传感器处的温度逐渐下降。

第二阶段：随时间的增加，温度逐渐上升且曲线速率逐渐变大。此时上覆土层下部的水合物沉积物已逐步分解成液态的四氢呋喃和水，加热板处的热量通过土颗粒以及携带热能的气体、水、四氢呋喃在土体孔隙中的渗流运动向上部低温区域传导，上覆土层温度逐渐升高。

第三阶段：随时间的增加，温度缓慢上升且逐渐趋于稳定。此时紧邻上覆土层的下部沉积层体系内的温度变化较小，趋于一种动态平衡状态，上覆土层温度在环境温度和紧邻水合物沉积层温度的双重影响下逐渐趋于稳定。

根据布设在三个不同高度的温度传感器实测数据综合分析：总体上来看，实验组①、②、③、④中 1 号、2 号温度传感器处的温度随时间变化曲线的斜率远大于 3 号温度传感器，原因是 1 号、2 号温度传感器位于沉积层且距加热板较近，受水合物分解影响较大。在加热前期，1 号、2 号传感器处的温度变化不大，这是由于晶体受热熔解是其组成粒子由规则排列向不规则排列的过程，前期吸收的能量用来打破其原始稳定结构，虽然发生熔解，但温度不会发生变化。在加热过程中，曲线斜率不断变化体现了水合物在分解过程中不断吸收热量，与此同时，固态水合物分解产生温度较高的气液相在渗流过程中不断传递热量，进而导致传感器附近的沉积物温度上升速率不断变化的特点。由已有数据可知，与沉积层相比，上覆土层处的温度变化受水合物分解的影响较小且变化幅度不大，故现仅分析埋设于沉积层的 1 号、2 号温度传感器在水合物分解过程中所探测到的最高温度随沉积层配比的变化趋势，如图 6-17 所示。

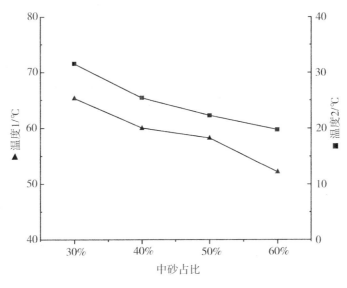

图 6-17 实验组①、②、③、④中 1 号、2 号温度传感器最高温度变化曲线

由图 6-17 可知，随着沉积层配比中的中砂占比增加，1 号温度传感器与 2 号温度传感器最高温度逐渐下降，与其成负相关。随着较粗颗粒占比的增大，自土样一开始：1 号温度传感器的最高温度较上一土样实验组分别下降了 5.28℃、1.80℃、6.13℃；2 号温度传感器处的最高温度较上一土样实验组分别下降了 6.12℃、3.16℃、2.49℃。这是因为水合物分解需要吸收热量，随着水合物含量的增大，分解所需消耗的热量就越大，故在单位加热时间内沉积物达到的最高温度就会下降。

2. 压力

实验组①、②、③、④中的纵向 1 号、2 号、3 号孔压随时间变化曲线如图 6-18 所示。

根据实验组①、②、③、④中距离加热板约 6cm 的 1 号孔压传感器(沉积层下部)所测数据，其孔压随时间变化过程可大致分为三个阶段。

第一阶段：随时间的增加，孔压开始缓慢上升且曲线斜率逐渐增大。加热前期，1 号孔压传感器处的水合物还处于冰冻状态，孔压无明显变化，此时有个别实验组(土样四)初始孔压为负，可能原因是低温冷冻时有一部分水合物紧贴在传感器四周生成，导致孔压采集模块端部被堵塞而无法与流体接触，数据失真。但由于 1 号孔压传感器距离热源最近，故在加热一段时间后该处的水合物便开始分解形成液态四氢呋喃和水，聚集于孔隙中造成孔压增大。在水合物分解前期，加热板释放的热量一部分用来供冰冻水合物分解，一部分用来向 1 号孔压传感器处的沉积物传导，故孔压上升速率较小；在水合物分解后期，加热板附近的水合物大部分分解，大部分热量都通过液态四氢呋喃和水向上方低温区域传导，故孔压上升速率变大。此时温度达到水合物相平衡点，但还未达到四氢呋喃沸点，孔压的增大主要由水合物分解产生的液态四氢呋喃和水造成，整体上升速率较小。随着较粗颗粒占比的增加，土样一至土样四在此阶段的持续时间依次增加，分别为 45min、50min、52min、69min。

第二阶段：随时间的增加，孔压迅速上升。此时距离加热板较近的沉积层温度已达到四氢呋喃沸点，开始有大量四氢呋喃气体生成，向上渗流并聚集在 1 号孔压传感器处，造成孔压以较大速率迅速上升。由于此时 1 号孔压传感器上部水合物还处于冰冻状态，导致气体不能继续向上渗流运动，故在此处保持着一段时间的最大孔压值。随着较粗颗粒占比的增加，土样一至土样四在此阶段形成的最大孔压依次增大，分别为 202.12kPa、243.24kPa、285.04kPa、311.12kPa。

第三阶段：随时间的增加，孔压迅速下降且曲线斜率逐渐减小，在一定范围的波动后基本保持稳定。此时 1 号孔压传感器上方的水合物层开始分解，分解界面向上部沉积层移动，上部沉积层能提供一部分孔道供聚集在 1 号孔压传感器处的气体向上逸散，故孔压开始迅速下降。当孔压迅速减小到一定值后下降速率开始减缓，此时气体已逸散到上部沉积层的冰冻区域。孔压在减小的同时又有一定程度的波动变化，可能是靠近筒壁土体中的水合物开始分解产气，因为加热板面积小于圆柱形有机玻璃筒截面面积，故靠近筒壁处的土体所接受到的热量较少，在长时间加热后温度才能达到四氢呋喃沸点。最终下方产气速率与上方气体逸出速率达到一定的平衡状态，孔压达到稳定。随着较粗颗粒占比的增加，土

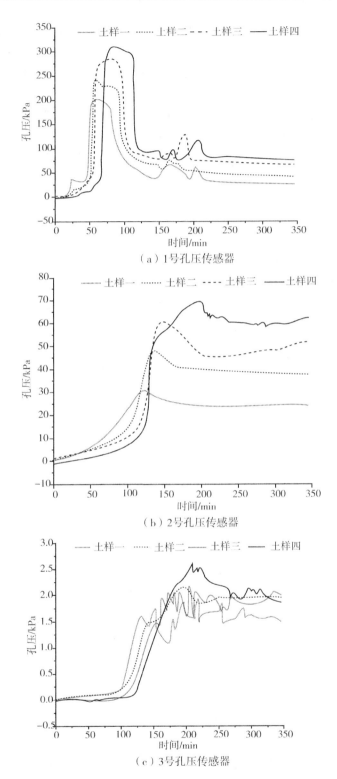

图 6-18 实验组①、②、③、④中水合物分解时 1 号、2 号、3 号孔压传感器曲线

样一至土样四在此阶段的稳定孔压依次增大，分别为 25.38kPa、40.89kPa、66.30kPa、75.74kPa。

根据实验组①、②、③、④中距离加热板约 12cm 的 2 号孔压传感器(沉积层上部)所测数据，其孔压随时间变化过程可大致分为三个阶段。

第一阶段：随时间的增加，孔压以较小速率缓慢上升且曲线斜率逐渐增大。此阶段前期 2 号孔压传感器下方还有一定厚度的冰冻水合物层并未分解，孔压变化较慢。待加热一段时间后，热量向 2 号孔压传感器处传导，使其附近沉积物温度达到水合物的相平衡点温度，水合物开始分解并产生液态四氢呋喃和水，导致孔压增大，上升速率较小。随着较粗颗粒占比的增加，土样一至土样四在此阶段的持续时间依次增大，分别为 90min、107min、120min、124min。

第二阶段：随时间的增加，孔压以较大速率迅速上升。此时分解界面上移，2 号孔压传感器附近的沉积物已由冰冻状态转变为土颗粒、液态四氢呋喃、水的混合介质状态，之前聚集于 1 号传感器的大量四氢呋喃气体沿孔隙通道向上渗流并聚集在 2 号孔压传感器处，导致孔压迅速增大，上升速率较大。随着较粗颗粒占比的增加，土样一至土样四在此阶段的最大孔压依次增大，分别为 30.91kPa、48.12kPa、60.97kPa、69.51kPa。

第三阶段：随时间的增加，孔压先有一定幅度下降随后基本保持稳定。此时 2 号孔压传感器上方的水合物层开始分解，能提供一部分孔道供聚集的气体向上逸散，孔压逐渐减小到一定值后，下方产气速率与上方气体逸出速率达到一定的平衡状态。随着较粗颗粒占比的增加，土样一至土样四在此阶段的稳定孔压依次增大，分别为 24.02kPa、37.71kPa、51.86kPa、62.46kPa。

根据实验组①、②、③、④中距离加热板最远约 18cm 的 3 号孔压传感器(上覆土层)所测数据，其孔压随时间变化过程可大致分为三个阶段。

第一阶段：随时间的增加，孔压变化较小。由于 3 号孔压传感器位于上覆土层，距离加热板最远，前期上覆土层下方的水合物沉积层还有一部分处于冰冻状态，导致没有孔隙通道供水合物分解释放的气体向上渗流，只存在热量交换。故此阶段孔压变化较小，并且此时的孔压变化相对于传感器量程来说过小，所测值的精确度不高。随着较粗颗粒占比的增加，土样一、土样二、土样三、土样四在此阶段的持续时间依次增大，分别为 100min、112min、117min、123min。

第二阶段：随时间的增加，孔压迅速上升。待加热一段时间后，气体经沉积层土体渗流至上覆土层与沉积层间的分层区域并逐渐累积，当分层区域积聚的气体达到一定气压强度，足够对上覆土层产生破坏时，气体逸散并向上渗流至 3 号孔压传感器处附近，故此时孔压发生明显变化。

第三阶段：随着时间的增加，孔压在一定范围内波动性变化。当分层区域一定体积的积聚气体逸散完毕后，随着沉积层中的热量自加热板持续向周围传导，四氢呋喃的汽化界面(66℃)在沉积层中向四周扩散，水合物持续分解导致不断有新的四氢呋喃气体生成，气体渗流至上覆土层导致孔压波动性变化，孔压变大即气体在孔隙内积累，孔压减小即气体从孔隙中逸散。

根据布设在三个不同高度的孔压传感器实测数据综合分析：总体来看，实验组①、

②、③、④中 1 号、2 号孔压传感器处的孔压变化范围远大于 3 号孔压传感器，原因是 1号、2 号孔压传感器位于沉积层且距加热板较近，受水合物分解影响较大。在加热过程中，水合物分解先产生液态四氢呋喃和水后产生四氢呋喃气体，导致孔压不断变化，体现了水合物受热分解过程中气液两相在沉积层土体中渗流的特点。1 号、2 号孔压传感器在水合物分解过程中所探测到的最高孔压随沉积层配比的变化趋势，如图 6-19 所示。

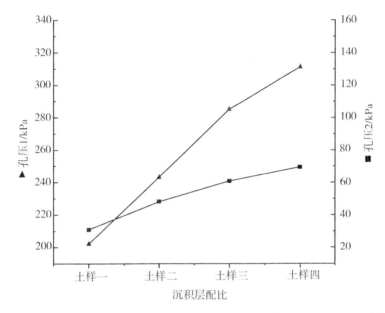

图 6-19　实验组①、②、③、④中 1 号、2 号孔压传感器最大孔压变化曲线

由图 6-19 可知，随着沉积层配比中的中砂占比增加，1 号孔压传感器与 2 号孔压传感器最高孔压逐渐上升，与其成正相关。随着较粗颗粒的占比增大，自土样一开始：1 号孔压传感器最高孔压较上一土样实验组分别上升了 41.12kPa、41.80kPa、26.08kPa，上升幅度较大；2 号孔压传感器处最高孔压较上一土样实验组分别上升了 17.21kPa、12.85kPa、8.54kPa，明显小于 1 号孔压传感器。这是因为较粗颗粒占比越大，沉积物中的水合物含量就越多，受热分解时就能产生更多的四氢呋喃气体，待气体向上渗流至上方未分解区域时，由于水合物含量增多，沉积物由水合物冰冻层转化为孔隙通道贯通的土体所需时间也越久，故能积聚更多气体，在传感器处形成更大的孔压强度。

3. 电阻率

实验组①、②、③、④中的电阻率传感器所测电阻率随时间变化曲线如图 6-20 所示。

由图 6-20 可知，与 6.2 节分析结果对应，在加热初期电阻率传感器与周围的水合物沉积物接触不良，处于无法采集数据的状态，但推测此时传感器埋设处的电阻率无太大变化，随着持续加热，传感器模块与水合物沉积物重新紧密接触得以获得有效的电阻率数据。初始有效电阻率大小顺序为：土样一<土样二<土样三<土样四，分别为 104.65Ω·m、

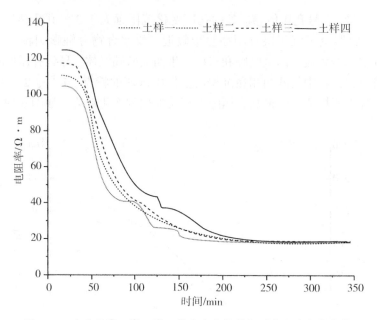

图 6-20　实验组①、②、③、④中水合物分解时电阻率变化曲线

110.89Ω · m、117.72Ω · m、124.79Ω · m。这是因为随着沉积物中较粗颗粒占比提高，导致土体中四氢呋喃水合物的含量增多以及大尺寸孔隙通道的数目增多，当饱和的有四氢呋喃的沉积物置于低温环境中时，能形成更多电阻较大的块状四氢呋喃水合物，阻塞孔隙通道，降低其连通性，进而导致沉积物土体的导电能力下降，电阻率增大。

电阻率随时间变化过程可大致分为三个阶段。

第一阶段：随时间的增加，电阻率缓慢下降。此时加热板处的热量还未传递到电阻率传感器处，导致其附近的水合物沉积层仍处于冰冻状态，还未开始分解，故电阻率无太大变化。随着粗颗粒占比的增加，土样一至土样四在此阶段的持续时间依次增大，分别为 33min、34min、35min、39min。

第二阶段：随时间的增加，电阻率迅速下降且曲线斜率逐渐减小。此时电阻率传感器附近的水合物开始分解，在分解初期，占据孔隙通道的固态水合物分解为电阻率较小的液态四氢呋喃和水，导致沉积物导电性增强，电阻率下降；在分解一段时间后，随着四氢呋喃气体的产生，气液两相在土体中的渗流运动进一步提升了土体孔隙通道的连通性，电阻率下降速率加快。

第三阶段：随时间的增加，电阻率趋于稳定值。此时沉积物中的土颗粒、水、四氢呋喃气体、四氢呋喃液体已形成一种稳定状态，导电介质与孔隙通道结构已无太大变化，电阻率趋于稳定。

土样一、土样二、土样三、土样四分解完成后沉积物电阻率大小分别为 18.25Ω · m、18.33Ω · m、18.88Ω · m、18.37Ω · m，与分解前相比分别降低了 86.40Ω · m、92.56Ω · m、98.84Ω · m、106.42Ω · m。

在电阻率变化的第二阶段，随着土样中的中砂比例增加，电阻率的下降速率越来越快,越晚达到稳定值,土样一、土样二、土样三、土样四实验组中电阻率平均下降速率分别为33.14Ω·m/h、34.48Ω·m/h、36.60Ω·m/h、38.10Ω·m/h,电阻率达到稳定值时间分别为190min、195min、197min、205min。这是因为沉积层中较粗颗粒占比越大,形成的水合物总量越多,达到某一温度所需吸收的热量就越大,水合物沉积物分解到同一介质组成所需时间就越久。

6.3.3 水合物饱和度对地质环境参量的影响

1. 温度

40%饱和度、60%饱和度、80%饱和度与100%饱和度实验组(对应实验组③、⑤、⑥、⑦,本小节下同)中的1号、2号、3号温度传感器所测温度随时间变化曲线见图6-21。

根据实验组③、⑤、⑥、⑦中距离加热板最近约6cm的1号温度传感器(沉积层下部)所测数据,其温度随时间变化过程可分为三个阶段,具体各阶段持续时间及温度变化范围、变化速率见表6-5。

第一阶段:随时间的增加,温度逐渐上升且曲线斜率逐渐增大。

第二阶段:随时间的增加,温度以一定增长速率稳步上升。

第三阶段:随时间的增加,温度以较快的增长速率上升。

表6-5　实验组③、⑤、⑥、⑦中水合物分解时温度传感器温度

水合物饱和度/%	阶段	1号温度传感器			2号温度传感器			3号温度传感器		
		持续时间/min	温度变化范围/℃	温度变化速率/(℃/h)	持续时间/min	温度变化范围/℃	温度变化速率/(℃/h)	持续时间/min	温度变化范围/℃	温度变化速率/(℃/h)
40	一	0~146	-5.12~12.20	7.12	0~104	-4.89~-2.66	1.29	0~115	7.22~3.59	-1.89
	二	146~298	12.20~27.51	6.04	104~290	-2.66~8.18	3.5	115~335	3.59~6.90	0.9
	三	298~345	27.51~33.02	7.03	290~345	8.18~8.83	0.71	335~345	6.90~6.96	0.36
60	一	0~132	-4.68~14.88	8.89	0~88	-3.81~-1.52	1.56	0~110	6.27~3.24	-1.65
	二	132~289	14.88~31.74	6.44	88~280	-1.52~12.82	4.48	110~327	3.24~6.90	1.01
	三	289~345	31.74~40.34	9.21	280~345	12.82~13.92	1.02	327~345	6.90~7.11	0.7
80	一	0~123	-5.24~16.91	10.8	0~72	-5.06~-2.73	1.94	0~106	10.16~7.62	-1.44
	二	123~281	16.91~35.84	7.19	72~272	-2.73~14.83	5.27	106~321	7.62~11.75	1.15
	三	281~345	35.84~47.10	10.56	272~345	14.83~16.56	1.42	321~345	11.75~12.06	0.78
100	一	0~114	-4.24~20.75	13.15	0~57	-4.01~-1.27	2.88	0~100	8.85~6.81	-1.22
	二	114~274	20.75~42.09	8	57~265	-1.27~19.86	6.1	100~316	6.81~11.57	1.32
	三	274~345	42.09~58.26	13.66	265~345	19.86~23.28	2.57	316~345	11.57~12.00	0.89

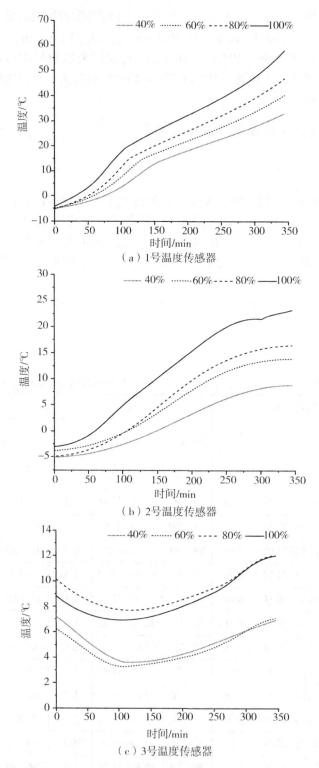

（a）1号温度传感器

（b）2号温度传感器

（c）3号温度传感器

图 6-21　实验组③、⑤、⑥、⑦中水合物分解时 1 号、2 号、3 号温度传感器曲线

根据实验组③、⑤、⑥、⑦中距离加热板约 12cm 的 2 号温度传感器(沉积层上部)所测数据,其温度随时间变化过程可分为三个阶段,具体各阶段持续时间及温度变化范围、变化速率见表 6-5。

第一阶段:随时间的增加,温度开始缓慢上升且曲线斜率逐渐增大。

第二阶段:随时间的增加,温度快速上升。

第三阶段:随时间的增加,温度上升速率变缓并逐渐趋于稳定。

根据实验组③、⑤、⑥、⑦中距离加热板最远约 18cm 的 3 号温度传感器(上覆土层)所测数据,其温度随时间变化过程可分为三个阶段,具体各阶段持续时间及温度变化范围、变化速率见表 6-5。

第一阶段:随时间的增加,温度逐渐下降至极小值点且曲线斜率逐渐减小。

第二阶段:随时间的增加,温度逐渐上升且曲线斜率逐渐增大。

第三阶段:随时间的增加,温度缓慢上升且逐渐趋于稳定。

根据布设在三个不同高度的温度传感器实测数据综合分析:总体来看,随着水合物饱和度的增加,1 号温度传感器第一阶段的持续时间越来越短,温度下降的越来越少,第二、三阶段的温度上升速率越来越大;2 号温度传感器第二阶段的温度上升速率越来越大;3 号温度传感器第一阶段的温度下降速率越来越小,第二阶段的温度上升速率越来越大。分析埋设于沉积层的 1 号、2 号温度传感器在水合物分解过程中所探测到的最高温度随水合物饱和度的变化趋势,如图 6-22 所示。

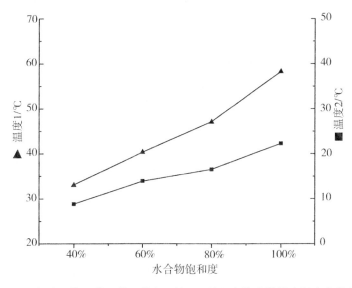

图 6-22　实验组③、⑤、⑥、⑦中 1 号、2 号温度传感器最高温度变化曲线

由图 6-22 可知,随着沉积层中水合物饱和度的增加,1 号温度传感器与 2 号温度传感器最高温度逐渐上升,与其成正相关。随着水合物饱和度的增大,自 40%饱和度开始:1 号温度传感器处的最高温度较上一饱和度实验组分别上升了 7.32℃、6.76℃、11.16℃;

2 号温度传感器处的降幅小于 1 号温度传感器，最高温度较上一饱和度实验组分别上升了 5.09℃、2.64℃、6.72℃。这是因为冰的溶解过程以及水合物的分解过程均需要吸收热量，冰的溶解热标准值为 335kJ/kg。由表 6-1 可知，四氢呋喃水合物的分解热为 270kJ/kg，故冰的占比越小，分解所需要吸收的热量就越少，单位加热时间内的沉积物能达到的温度也越高。

2. 压力

40%饱和度、60%饱和度、80%饱和度、100%饱和度实验组中的孔压传感器所测孔压随时间变化曲线见图 6-23。

根据实验组③、⑤、⑥、⑦中距离加热板约 6cm 的 1 号孔压传感器(沉积层下部)所测数据，其孔压随时间变化过程可分为三个阶段。

第一阶段：随时间的增加，孔压开始缓慢上升且曲线斜率逐渐增大。随着饱和度的增大，40%饱和度、60%饱和度、80%饱和度、100%饱和度实验组在此阶段的持续时间依次减小，分别为 81min、69min、59min、52min。

第二阶段：随时间的增加，孔压迅速上升。随着饱和度的增大，40%饱和度、60%饱和度、80%饱和度、100%饱和度实验组在此阶段形成的最大孔压依次增大，分别为 89.62kPa、168.94kPa、213.90kPa、285.04kPa。

第三阶段：随时间的增加，孔压迅速下降且曲线斜率逐渐减小，在一定范围的波动后基本保持稳定。随着饱和度的增大，40%饱和度、60%饱和度、80%饱和度、100%饱和度实验组在此阶段的稳定孔压依次增大，分别为 11.16kPa、22.42kPa、46.50Pa、66.30kPa。

根据实验组③、⑤、⑥、⑦中距离加热板约 12cm 的 2 号孔压传感器(沉积层上部)所测数据，其孔压随时间变化过程大致可分为三个阶段。

第一阶段：随时间的增加，孔压以较小速率缓慢上升且曲线斜率逐渐增大。随着饱和度的增大，40%饱和度、60%饱和度、80%饱和度、100%饱和度实验组在此阶段的持续时间依次减小，分别为 157min、149min、132min、120min。

第二阶段：随时间的增加，孔压以较大速率迅速上升。随着饱和度的增大，40%饱和度、60%饱和度、80%饱和度、100%饱和度实验组在此阶段的最大孔压依次增大，分别为 18.49kPa、28.10kPa、41.66kPa、60.97kPa。

第三阶段：随时间的增加，孔压先有一定幅度下降，随后略有上升并基本保持稳定。随着饱和度的增大，40%饱和度、60%饱和度、80%饱和度、100%饱和度实验组在此阶段的稳定孔压依次增大，分别为 17.14kPa、27.16kPa、34.35kPa、51.86kPa。

根据实验组③、⑤、⑥、⑦中距离加热板最远约 18cm 的 3 号孔压传感器(上覆土层)所测数据，其孔压随时间变化过程可分为三个阶段。

第一阶段：随时间的增加，孔压变化较小。随着饱和度的增大，40%饱和度、60%饱和度、80%饱和度、100%饱和度实验组在此阶段的持续时间依次减小，分别为 144min、125min、128min、117min。

第二阶段：随时间的增加，孔压迅速上升。总体来看，随着饱和度的增大，40%饱

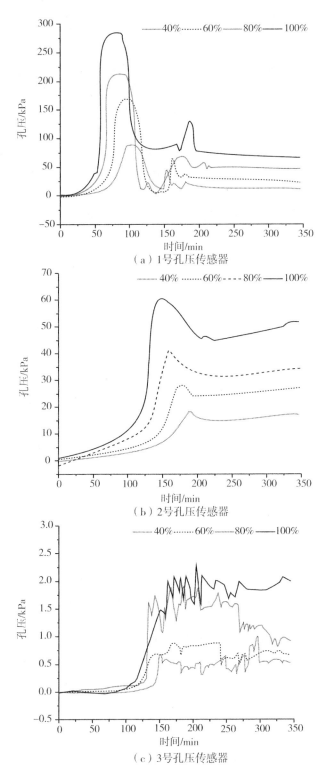

图 6-23 实验组③、⑤、⑥、⑦中水合物分解时 1 号、2 号、3 号孔压传感器曲线

和度、60%饱和度、80%饱和度、100%饱和度实验组在此阶段的孔压上升幅度依次增大。

第三阶段：随着时间的增加，孔压在一定范围内波动性变化。

根据布设在三个不同高度的孔压传感器实测数据综合分析：总体来看，随着沉积物中水合物饱和度的增大，1号孔压传感器在第一阶段孔压开始明显增长的时间点越来越早，第二阶段能达到的最大孔压明显增大，第三阶段分解一段时间后的稳定孔压也越来越大；2号孔压传感器在第一阶段孔压出现增长的时间点越来越早，第二阶段孔压上升速率越来越大，第三阶段的稳定孔压越来越大；3号孔压传感器在第一阶段孔压开始增长的时间点越来越早，在第二阶段孔压的上升幅度越来越大。分析埋设于沉积层的1号、2号孔压传感器在水合物分解过程中所探测到的最高孔压随水合物饱和度的变化趋势，如图6-24所示。

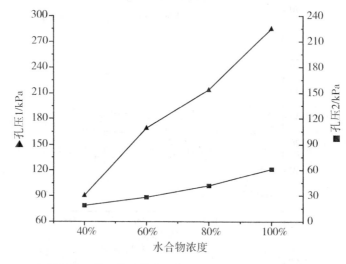

图 6-24　实验组③、⑤、⑥、⑦中 1 号、2 号孔压传感器最大孔压变化曲线

由图6-24可知，随着沉积层中水合物饱和度的增加，1号孔压传感器与2号孔压传感器最高孔压逐渐上升，与其成正相关，且1号孔压传感器处的最大孔压变化幅度明显大于2号孔压传感器。随着水合物饱和度的增大，自40%饱和度开始：1号孔压传感器的最高孔压较上一饱和度实验组分别上升了79.32kPa、44.96kPa、71.14kPa，2号孔压传感器的最高孔压较上一饱和度实验组分别上升了9.61kPa、13.56kPa、19.31kPa。这是因为水合物饱和度越大，冰的占比就越小，更多的热量被用以水合物分解，导致其分解速率加快且分解产生的四氢呋喃气体变多，最终积聚的最大孔压也越大。

3. 电阻率

40%饱和度、60%饱和度、80%饱和度、100%饱和度实验组中的电阻率传感器所测电阻率随时间变化曲线如图6-25所示。

由图6-25可知，与6.2.4节所述相同，在初期电阻率传感器无法有效采集数据，

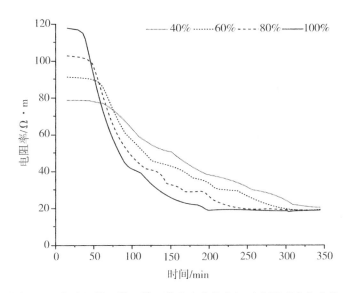

图 6-25 实验组③、⑤、⑥、⑦中水合物分解时电阻率变化曲线

随着持续加热，传感器模块与水合物沉积物重新紧密接触获得数据。初始有效电阻率大小顺序为：含水合物饱和度 40% 土样 < 含水合物饱和度 60% 土样 < 含水合物饱和度 80% 土样 < 含水合物饱和度 100% 土样，分别为 78.73Ω·m、91.40Ω·m、102.85Ω·m、117.72Ω·m。这是因为配制溶液的水中本就含有各种离子和杂质，导电性好于水合物，因此四氢呋喃水合物的占比越多，沉积物的电阻率也越大。其电阻率随时间变化过程可分为三个阶段。

第一阶段：随时间的增加，电阻率缓慢下降。随着水合物饱和度的增大，40% 饱和度实验组至 100% 饱和度实验组在此阶段的持续时间依次减小，分别为 61min、56min、46min、35min。

第二阶段：随时间的增加，电阻率迅速下降且曲线斜率逐渐减小。

第三阶段：随时间的增加，电阻率趋于稳定值。

40% 饱和度、60% 饱和度、80% 饱和度、100% 饱和度实验组分解完成后沉积物电阻率大小分别为 20.41Ω·m、19.44Ω·m、19.77Ω·m、18.88Ω·m，与分解前相比分别降低了 58.32Ω·m、71.96Ω·m、83.08Ω·m、98.84Ω·m。

由以上分析可以看出，在电阻率变化的第二阶段，随着水合物饱和度增大，电阻率的下降速率越来越大，同时也越早达到稳定值，40% 饱和度、60% 饱和度、80% 饱和度、100% 饱和度实验组中电阻率平均下降速率分别为 12.97Ω·m/h、18.74Ω·m/h、23.95Ω·m/h、36.60Ω·m/h，电阻率达到稳定值时间分别为 330min、285min、255min、197min。这是因为水合物饱和度越大，水合物沉积层中冰的含量占比就越小，而单位质量的冰分解所需热量大于四氢呋喃水合物，故达到相同温度时所需吸收的热量就越少，水合物沉积物分解到同一介质组成所需时间也越短。

6.3.4　分解温度对地质环境参量的影响

1. 温度

60℃、80℃、95℃、110℃分解温度实验组(对应实验组③、⑧、⑨、⑩，本小节下同)中的 1 号、2 号、3 号温度传感器所测温度随时间变化曲线如图 6-26 所示。

根据实验组③、⑧、⑨、⑩中距离加热板最近约 6cm 的 1 号温度传感器(沉积层下部)所测数据，其温度随时间变化过程可分为三个阶段，具体各阶段持续时间及温度变化范围、变化速率见表 6-6。

第一阶段：随时间的增加，温度逐渐上升且曲线斜率逐渐增大。

第二阶段：随时间的增加，温度以一定的增长速率稳步上升。

第三阶段：随时间的增加，温度以较快的增长速率上升。

表 6-6　实验组③、⑧、⑨、⑩中水合物分解时 1 号、2 号、3 号温度传感器温度

分解温度/℃	阶段	1 号温度传感器			2 号温度传感器			3 号温度传感器		
		持续时间/min	温度变化范围/℃	温度变化速率/(℃/h)	持续时间/min	温度变化范围/℃	温度变化速率/(℃/h)	持续时间/min	温度变化范围/℃	温度变化速率/(℃/h)
60	一	0~181	−3.14~11.28	4.78	0~100	−3.13~−0.53	1.56	0~136	7.73~4.46	−1.44
	二	181~315	11.28~18.47	3.22	100~317	−0.53~5.57	1.69	136~338	4.46~6.02	0.46
	三	315~345	18.47~20.59	4.24	317~345	5.57~5.89	0.69	338~345	6.02~6.04	0.17
80	一	0~146	−3.62~16.43	8.24	0~77	−3.24~−0.60	2.06	0~117	9.19~6.56	−1.35
	二	146~290	16.43~30.61	5.91	77~287	−0.60~11.97	3.59	117~329	6.56~9.99	0.97
	三	290~345	30.61~38.48	8.59	287~345	11.97~12.82	0.88	329~345	9.99~10.13	0.53
95	一	0~129	−4.72~17.18	10.19	0~66	−3.89~−1.10	2.54	0~109	10.29~7.95	−1.29
	二	129~285	17.18~35.60	7.08	66~275	−1.10~16.11	4.94	109~325	7.95~12.14	1.16
	三	285~345	35.60~47.11	11.51	275~345	16.11~17.87	1.51	325~345	12.14~12.37	0.69
110	一	0~114	−4.24~20.75	13.15	0~57	−4.01~−1.27	2.88	0~100	8.85~6.81	−1.22
	二	114~274	20.75~42.09	8	57~265	−1.27~19.86	6.1	100~316	6.81~11.57	1.32
	三	274~345	42.09~58.26	13.66	265~345	19.86~23.28	2.57	316~345	11.57~12.00	0.89

根据实验组③、⑧、⑨、⑩中距离加热板约 12cm 的 2 号温度传感器(沉积层上部)所测数据，其温度随时间变化过程可分为三个阶段，具体各阶段持续时间及温度变化范围、变化速率见表 6-6。

第一阶段：随时间的增加，温度开始缓慢上升且曲线斜率逐渐增大。

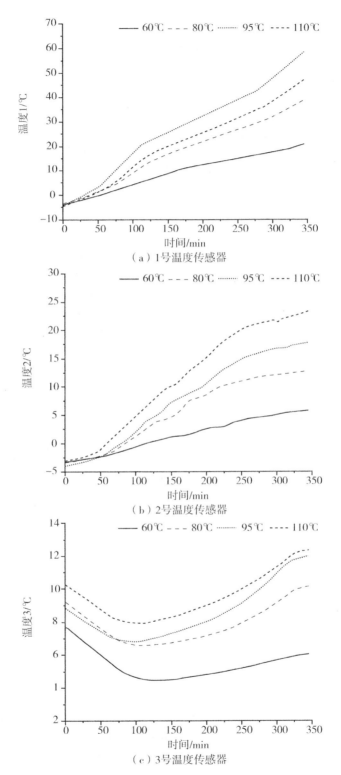

图 6-26 实验组③、⑧、⑨、⑩中水合物分解时 1 号、2 号、3 号温度传感器曲线

第二阶段：随时间的增加，温度快速上升。

第三阶段：随时间的增加，温度上升速率变缓并逐渐趋于稳定。

根据实验组③、⑧、⑨、⑩中距离加热板最远约18cm的3号温度传感器(上覆土层)所测数据，其温度随时间变化过程可分为三个阶段，具体各阶段持续时间及温度变化范围、变化速率见表6-6。

第一阶段：随时间的增加，温度逐渐下降至极小值点且曲线斜率逐渐减小。

第二阶段：随时间的增加，温度逐渐上升且曲线斜率逐渐增大。

第三阶段：随时间的增加，温度缓慢上升且逐渐趋于稳定。

根据布设在三个不同高度的温度传感器实测数据综合分析：总体来看，实验组③、⑧、⑨、⑩中1号、2号温度传感器处的温度随时间变化曲线的斜率远大于3号温度传感器。随着分解温度的增加，1号温度传感器在各阶段的温度上升速率越来越大；2号温度传感器第二阶段的温度上升速率越来越大；3号温度传感器第一阶段的持续时间越来越短且温度下降速率越来越小，第二阶段温度上升速率越来越大。分析埋设于沉积层的1号、2号温度传感器在水合物分解过程中所探测到的最高温度随分解温度的变化趋势，如图6-27所示。

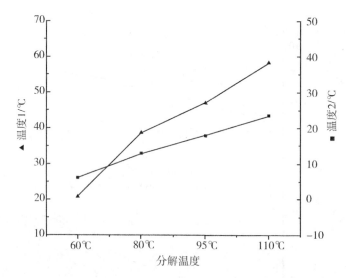

图6-27 实验组③、⑧、⑨、⑩中1号、2号温度传感器最高温度变化曲线

由图6-27可知，随着分解温度的增加，1号温度传感器与2号温度传感器最高温度逐渐上升，与其成正相关，这是因为热源温度越高，单位时间内沉积物所吸收热量越多，温度上升越大。随着分解温度的增大，自60℃分解温度开始：1号温度传感器处的最高温度较上一分解温度实验组分别上升了17.89℃、8.63℃、11.15℃；2号温度传感器处的降幅小于1号，最高温度较上一分解温度实验组分别上升了6.93℃、5.05℃、5.41℃。其中，当分解温度由60℃提升至80℃时，1号、2号温度传感器所探测最高温度的变化幅度最大。这是因为四氢呋喃沸点为66℃，当分解温度为60℃时小于其沸点，水合物仅分解成

液态的水和四氢呋喃，流体在沉积物中的渗流运动积极性较小；当分解温度为 80℃ 时大于其沸点，水合物分解为液态水和四氢呋喃气体，流体的渗流运动加剧，能让热量进行更有效的传递，故温度变化更明显。

2. 压力

60℃、80℃、95℃、110℃ 分解温度实验组中的 1 号、2 号、3 号孔压传感器所测孔压随时间变化曲线如图 6-28 所示。

根据实验组③、⑧、⑨、⑩ 中距离加热板约 6cm 的 1 号孔压传感器(沉积层下部)所测数据，其孔压随时间变化过程可分为三个阶段。

第一阶段：随时间的增加，孔压开始缓慢上升且曲线斜率逐渐增大。随着分解温度的增大，60℃ 加热温度至 110℃ 加热温度实验组在此阶段的持续时间依次减小，分别为 79min、62min、57min、52min。

第二阶段：随时间的增加，孔压迅速上升。随着分解温度的增大，60℃ 加热温度至 110℃ 加热温度实验组在此阶段形成的最大孔压依次增大，分别为 51.11kPa、243.37kPa、261.32kPa、285.04kPa。

第三阶段：随时间的增加，孔压迅速下降且曲线斜率逐渐减小，在一定范围波动后基本保持稳定。随着分解温度的增大，60℃ 加热温度至 110℃ 加热温度实验组在此阶段的稳定孔压依次增大，分别为 10.59kPa、53.45kPa、62.51kPa、66.30kPa。

根据实验组③、⑧、⑨、⑩ 中距离加热板约 12cm 的 2 号孔压传感器(沉积层上部)所测数据，其孔压随时间变化过程可分为三个阶段。

第一阶段：随时间的增加，孔压以较小速率缓慢上升且曲线斜率逐渐增大。随着分解温度的增大，60℃、80℃、95℃、110℃ 分解温度实验组在此阶段的持续时间依次减小，分别为 164min、143min、128min、120min。

第二阶段：随时间的增加，孔压以较大速率迅速上升。随着分解温度的增大，60℃、80℃、95℃、110℃ 分解温度实验组在此阶段的最大孔压依次增大，分别为 13.52kPa、41.69kPa、51.49kPa、60.97kPa。

第三阶段：随时间的增加，孔压先有一定幅度下降，随后略有上升并基本保持稳定。其中，60℃ 分解温度实验组在此阶段的变化不大，孔压趋于稳定。随着分解温度的增大，60℃、80℃、95℃、110℃ 分解温度实验组在此阶段的稳定孔压依次增大，分别为 13.52kPa、35.51kPa、40.87kPa、51.86kPa。

根据实验组③、⑧、⑨、⑩ 中距离加热板最远约 18cm 的 3 号孔压传感器(上覆土层)所测数据，60℃ 分解温度实验组在实验过程中 3 号孔压传感器处的孔压基本无变化，另外的 80℃、95℃、110℃ 分解温度实验组的孔压随时间变化过程可分为三个阶段。

第一阶段：随时间的增加，孔压变化较小。随着分解温度的增大，80℃、95℃、110℃ 分解温度实验组在此阶段的持续时间依次减小，分别为 139min、126min、117min。

第二阶段：随时间的增加，孔压迅速上升。大致来看，随着分解温度的增大，80℃、95℃、110℃ 加热温度在此阶段的孔压上升幅度依次增大。

第三阶段：随着时间的增长，孔压在一定范围内波动性变化。

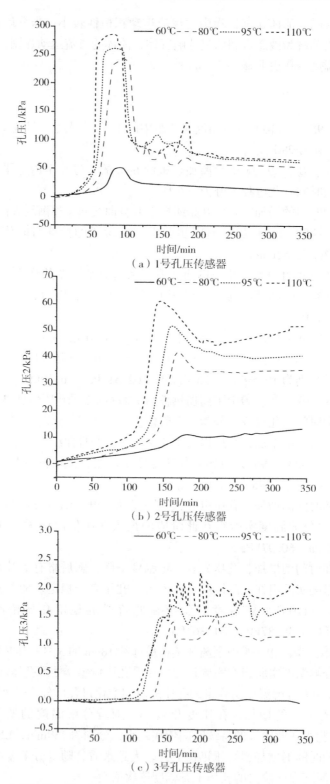

（a）1号孔压传感器

（b）2号孔压传感器

（c）3号孔压传感器

图 6-28　实验组③、⑧、⑨、⑩中水合物分解时 1 号、2 号、3 号孔压传感器曲线

　　根据布设在三个不同高度的孔压传感器实测数据综合分析：总体来看，随着实验过程中分解温度的增大，1 号孔压传感器在第一阶段孔压开始明显增长的时间点越来越早，第二阶段能达到的最大孔压明显增大，第三阶段分解一段时间后的稳定孔压也越来越大；2 号孔压传感器在第一阶段孔压出现增长的时间点越来越早，第二阶段孔压上升速率越来越快，第三阶段稳定孔压越来越大；3 号孔压传感器在第一阶段孔压开始增长的时间点越来越早，在第二阶段孔压的上升幅度越来越大，其中分解温度为 60℃时孔压无变化，这是因为该分解温度下四氢呋喃不会发生汽化反应，无四氢呋喃气体向上渗流。由已有数据可知，与沉积层相比，上覆土层处的孔压变化受水合物分解的影响较小且变化幅度不大，故现仅分析埋设于沉积层的 1 号、2 号孔压传感器在水合物分解过程中所探测到的最高孔压随分解温度的变化趋势，如图 6-29 所示。

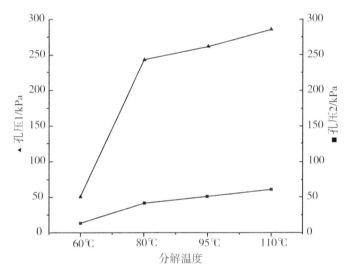

图 6-29　实验组③、⑧、⑨、⑩中 1 号、2 号孔压传感器最大孔压变化曲线

　　由图 6-29 可知，随着分解温度的增加，1 号孔压传感器与 2 号孔压传感器最高孔压逐渐上升，与其成正相关。随着分解温度的增大，自 60℃分解温度开始：1 号孔压传感器最高孔压较上一分解温度实验组分别上升了 192.61kPa、17.95kPa、23.72kPa，2 号孔压传感器最高孔压较上一分解温度实验组分别上升了 28.52kPa、8.69kPa、9.18kPa。这是因为分解温度越大，水合物的分解速率越快，单位时间内能产生更多的四氢呋喃气体，高温加剧气液两相的渗流，最终积聚的最大孔压也越大。

　　同时可以明显看出，分解温度自 60℃提升至 80℃时，1 号、2 号孔压传感器最高孔压的提升幅度明显大于其他情况，这是因为四氢呋喃的沸点为 66℃，介于上述两温度之间。当分解温度为 60℃时，实验过程中固态水合物受热仅分解为液态水和四氢呋喃，体积变化不是很大，而当加热温度提升到 80℃时，实验过程中固态水合物受热能分解出液态水并释放大量的四氢呋喃气体，体积变化巨大，体积膨胀的四氢呋喃气体积聚在冰冻层与已分解沉积物之间而无法消散，造成该处孔压的迅速上升。

3. 电阻率

60℃、80℃、95℃、110℃分解温度实验组中的电阻率传感器所测电阻率度随时间变化曲线如图 6-30 所示。

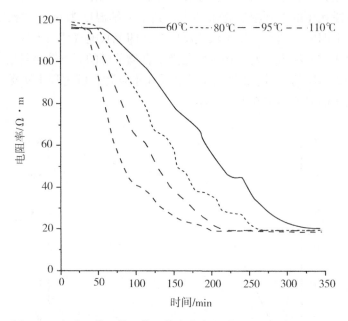

图 6-30　实验组③、⑧、⑨、⑩中水合物分解时电阻率变化曲线

由图 6-30 可知，与 6.2.4 节所述相同，在初期电阻率传感器无法有效采集数据，随着持续加热，传感器模块与水合物沉积物重新紧密接触获得数据，初始有效电阻率分别为 116.50Ω·m、118.76Ω·m、115.90Ω·m、117.72Ω·m。分解过程中其电阻率随时间变化过程可分为三个阶段。

第一阶段：随时间的增加，电阻率微弱下降。

第二阶段：随时间的增加，电阻率开始迅速下降且曲线斜率逐渐减小。

第三阶段：随时间的增加，电阻率趋于稳定值。

60℃、80℃、95℃、110℃实验组分解完成后沉积物电阻率大小分别为 19.96Ω·m、19.63Ω·m、19.68Ω·m、18.88Ω·m，与分解前相比分别降低了 96.54Ω·m、99.13Ω·m、96.22Ω·m、98.84Ω·m。

由以上分析可以看出，随着分解温度的增大，电阻率随时间曲线在三个阶段的变化具有各自特点：在电阻率变化第一阶段，60℃、80℃、95℃、110℃分解温度实验组中电阻率开始出现明显变化的时间点越来越早，分别为 58min、47min、40min、35min；在电阻率变化第二阶段，电阻率随时间变化曲线的斜率逐渐减缓，60℃、80℃、95℃、110℃实验组的平均电阻率下降速率越来越大，分别为 21.04Ω·m/h、27.04Ω·m/h、32.02Ω·m/h、35.46Ω·m/h；在电阻率变化第三阶段，60℃、80℃、95℃、110℃实验组中电阻率达到稳定的时间点越来越早，分别为 329min、263min、218min、197min。这是因为分解温度越高，在单位时间内所提供的热量越多，加热过程中水合物的分解速率就越快，电阻率传感器所处位置的沉积物温度达到水合物相平衡温度的时间就越早，使水合物沉积物分解到同一介质组成所需时间越短。

6.4 总结

本章针对水合物分解对沉积物地质环境参量(温度、压力、电阻率)的影响问题，在考虑沉积层配比、水合物饱和度、分解温度三个影响因素的情况下，重点针对水合物分解过程中地质环境参量的演变规律以及三个影响因素对地质环境参量的影响机理进行了模型实验和理论分析，同时对水合物生成过程中不同时刻的结晶体现象以及不同水合物饱和度下的电阻率演变进行了分析和探索。主要结果如下：

(1)水合物低温生成过程中，四氢呋喃水溶液在不断向结晶体发生变化。在反应30min后，有部分气泡状的微型结晶体于四氢呋喃水溶液的底部生成并逐渐变多；在反应60min后，沿容器四周生成了块状结晶体，溶液中部生成了薄薄一层的片状结晶体；在反应80min后，结晶体变多并逐渐由四周向中部延伸发展；在反应100min后，结晶体大量生成，溶液表面已被结晶体覆盖，溶液内部还有部分可流动液体；在反应200min后，水合物晶体生成完毕，基本无可流动液体。电阻率的变化规律为：在短暂的减小后开始上升，待增大至一定值后上升速率大幅下降，类似形成一个持续时间较久的平台期，此后电阻率以较大的上升速率快速增大，直至一个稳定值后趋于平缓。随着水合物饱和度减小，电阻率的平均上升速率减小，电阻率达到稳定所需时间延长，最终稳定值减小。

(2)水合物分解过程中，随着加热时间增加，沉积层和上覆层的孔压变化规律为：沉积层下部的 1 号传感器所测孔压先缓慢上升，后迅速上升至极大值点，维持一段时间后迅速下降至一定值，随后下降速率减慢且会出现一些波动，后期趋于稳定；沉积层上部的 2 号传感器所测孔压先基本不变，后缓慢上升至极大值点，接着小幅度下降至一定值后趋于稳定；上覆土层的 3 号传感器所测孔压先基本不变，再迅速上升至一定值后开始持续性的波动变化。沉积层和上覆层的温度变化规律为：沉积层下部的 1 号传感器所测温度一直呈上升趋势，前期上升速率较小、后期上升速率较大；沉积层上部的 2 号传感器所测温度前期一段时间无太大变化，再以较大上升速率增大至一定值，随后缓慢增长；上覆土层的 3 号传感器所测温度先减小至极小值点后逐渐增大，最后缓慢增长。沉积层中电阻率的变化规律为：先缓慢下降、后迅速下降，下降途中斜率可能会有小波动，曲线斜率逐渐变小，逐渐下降至稳定值后趋于平缓。

(3)当改变沉积层配比时，对位于沉积层的 1 号、2 号传感器所测温压以及电阻率传感器所测电阻率影响较大。随着沉积物土样的中砂占比按 30%、40%、50%、60% 的规律变化：1 号、2 号温度传感器最高温度逐渐下降，与其成负相关；1 号、2 号孔压传感器最高孔压逐渐上升，与其成正相关；电阻率传感器初始电阻率越来越大，分别为 104.65Ω·m、110.89Ω·m、117.72Ω·m、124.79Ω·m，电阻率的下降速率越来越快，越晚达到稳定值。自土样一开始：1 号温度传感器最高温度较上一土样分别下降了 5.28℃、1.80℃、

6.13℃，2 号温度传感器最高温度较上一土样分别下降了 6.12℃、3.16℃、2.49℃；1 号孔压传感器最高孔压较上一土样分别上升了 41.12kPa、41.80kPa、26.08kPa，2 号孔压传感器最高孔压较上一土样分别上升了 17.21kPa、12.85kPa、8.54kPa。

(4) 当改变水合物饱和度时，对位于沉积层的 1 号、2 号传感器所测温压以及电阻率传感器所测电阻率影响较大。随着沉积物中的水合物饱和度按 40%、60%、80%、100% 的规律变化：1 号、2 号温度传感器最高温度逐渐上升，与其成正相关；1 号、2 号孔压传感器最高孔压逐渐上升，与其成正相关；电阻率传感器初始电阻率越来越大，分别为 78.73Ω·m、91.40Ω·m、102.85Ω·m、117.72Ω·m，电阻率的下降速率越来越快，越早达到稳定值。自 40% 饱和度开始：1 号温度传感器最高温度较上一饱和度分别上升了 7.32℃、6.76℃、11.16℃，2 号温度传感器最高温度较上一饱和度分别上升了 5.09℃、2.64℃、6.72℃；1 号孔压传感器最高孔压较上一饱和度分别上升了 79.32kPa、44.96kPa、71.14kPa，2 号孔压传感器最高孔压较上一饱和度分别上升了 9.61kPa、13.56kPa、19.31kPa。

(5) 当改变分解温度时，对位于沉积层的 1 号、2 号传感器所测温压以及电阻率传感器所测电阻率的影响较大。随着水合物的分解温度按 60℃、80℃、95℃、110℃ 的规律变化：1 号、2 号温度传感器的最高温度逐渐上升，与其成正相关；1 号、2 号孔压传感器的最高孔压逐渐上升，与其成正相关；电阻率的下降速率越来越快，越早达到稳定值。自 60℃ 分解温度开始：1 号温度传感器的最高温度较上一分解温度分别上升了 17.89℃、8.63℃、11.15℃，2 号温度传感器的最高温度较上一分解温度分别上升了 6.93℃、5.05℃、5.41℃；1 号孔压传感器的最高孔压较上一分解温度分别上升了 192.61kPa、17.95kPa、23.72kPa，2 号孔压传感器的最高孔压较上一分解温度分别上升了 28.52kPa、8.69kPa、9.18kPa。

第7章　水下细粒土中气体渗透特征研究

天然气水合物生成之前需要甲烷气体在海底沉积物中迁移，开采过程中分解形成的气体也会在沉积物中发生渗透。因此，在天然气水合物资源商业化开采之前，研究气体在海底沉积物中的渗透规律十分必要，是进行水合物开采前的地质环境影响评价的基础，对实现水合物的安全开采具有重要意义。

目前，国内外学者对液体在土体中渗透的相关研究已有很多，但对气体在土体中渗透的研究较少，尤其是对气体在水下土体中渗透扩散的研究就更少。本章及第8章将重点研究气体在海底浅表层沉积物中渗透的特征。

7.1　海洋天然气水合物赋存岩土层

自然界中天然气水合物的长期稳定生成还需要一定的沉积条件。其中，最重要的就是要有适宜的岩土层作为水合物生成与存储的场所。

对于海洋天然气水合物，作为水合物生成与存储场所的是沉积于海底的各种沉积物。根据水合物温压条件，海洋天然气水合物一般生成于海水深度 $300\sim2000m$ 的海底，这一带总体上属大陆坡的位置，海底沉积物的来源多样化，通常以陆源物质为主，另有少量化学沉积物和生物沉积物，局部地段还可见冰川碎屑和火山碎屑。但是由于该处离陆地较远，能进入的陆源碎屑物颗粒较细小，粒径一般小于 $0.005mm$。因此，大陆坡上分布最广的沉积物是形成于还原环境中的各类软泥。但是，也可以有一部分浅海的碎屑物质经过浊流或海底滑动进入该地带，它们的颗粒相对较粗，以砂和粉砂为主。此外，如果有冰川碎屑和火山碎屑，其颗粒也相对较粗。但总体来说，大陆坡部位的现代沉积物仍然以细粒物质为主，若没有特殊情况是鲜有粗粒物质的。

有些海洋天然气水合物矿藏位于一些新构造强烈的地带，尤其是陆缘处的凹陷盆地，沉积物除了现代海洋的沉积之外，还可能包括早期当地为陆地或海岸带、滨海带等位置时的沉积物，可以是河流相、湖相、滨海相沉积等物质；无论是沉积层厚度，还是横向变化、纵向变化都比现代海洋沉积要复杂得多。但有一点是明确的，沉积物的颗粒总体上比现代海洋沉积物要粗。由于后期的凹陷，成为海洋天然气水合物的沉积地层，由于其年代较早，固结会更密实，甚至有一定程度的胶结，可以是半成岩状态，不排除有些已经接近岩石，其孔隙率往往较低。按照其沉积时的时空特征，它们甚至不能被称为海洋沉积物，而是沉入海底的早期陆地和浅海沉积物。

例如，我国神狐矿区，位于南海北坡珠江口盆地，该盆地是中新生代沉积盆地，自新

189

生界自下而上发育了神狐组、文昌组、恩平组、珠海组、珠江组、韩江组、粤海组、万山组等地层(图5-9)(谢志远等，2017)。该盆地新生代沉积厚度超过10km，其中古近系超过6km，属裂陷期和裂后期地层厚度基本相当的盆地。新生代沉积环境经历了从陆到海的转变：古新世(E_1)—始新世(E_2)属河湖相沉积(神狐组、文昌组、恩平组下段)，渐新世(E_3)—中中新世(N_1^2)属滨岸—滨浅海环境(恩平组上段、珠海组、珠江组、韩江组)，晚中新世(N_1^3)—上上新世(N_3)盆地被海水广泛覆盖，发育典型的深水重力流沉积体系(粤海组、万山组)。整个矿区10km以上厚度的新生代地层总体上是由下向上砂含量越来越少，泥含量越来越多。

天然气水合物所赋存的海洋沉积物，总体上可以分为两类：一类是颗粒相对较粗的，另一类是颗粒相对较细的。前者以砂(包括粗砂、中砂、细砂和粉砂)为代表，后者以软泥为代表，岩性主要是黏土、粉质黏土。粗颗粒一般分选差，细粒则分选较好。无论是粗颗粒还是细颗粒，中间都会有一些孔隙，一般孔隙为30%~50%，另外有一些裂隙、断层、泥底辟等构造形成的空隙，与空隙一起构成了水合物所存在的场所。

世界范围内的水合物勘探表明，水合物的产出通常受到裂隙或者粗粒沉积物分布的影响，其产出形式主要包括：①粗粒沉积物中的孔隙充填；②细粒沉积物中的结核和结壳充填；③裂隙充填；④出露于海底表面的块状水合物(Collett et al.，2006；Sassen et al.，1998；Boswell et al.，2012a；Ryu et al.，2013)。世界上绝大部分海域水合物都以低饱和度的浸染状充填于低渗透的细粒沉积物中，如布莱克海台(Borowski，2004)。在断层或裂隙发育的区域，水合物也会以裂隙充填的形式充填于细粒沉积物中，或者于小范围内形成结核结壳型水合物，如郁龙盆地和印度大陆边缘的部分站位(Chun et al.，2011；Dewangan et al.，2011)。当存在沟通水合物稳定带和海底的汇聚型或者高通量的流体运移通道时，这些流体喷口附近会形成浅表层水合物(Sassen et al.，1999)。研究表明沉积物性质对于水合物的形成与分布具有重要的控制作用。例如，阿拉斯加和中美洲海槽沉积物中水合物分布明显与沉积物岩性有关(Collett，1997)。在中美洲海槽DSDP570站位中发现水合物的沉积物粒度要比没有发现水合物的上下地层沉积物的粒度大得多，砂、粉砂粒级沉积物含量明显增加。Clennell等(1999)认为，水合物是由于毛细管作用和渗透作用在沉积物颗粒间的空隙中形成的，由于粗粒沉积物具有较大的孔隙空间有利于流体活动和气体富集，即有利于大量水合物的形成。北阿拉斯加测井曲线的研究表明，水合物主要充填在粗粒沉积物孔隙中(Collett et al.，2000)。

虽然理论上认为粗粒沉积物有利于水合物生成，但据ODP第204航次最新资料揭示，存在水合物的沉积物粒度都较细，只有粉砂级沉积物，没有砂粒级沉积物。从目前的情况来看，世界海域已经发现的水合物主要呈透镜状、结核状、颗粒状或片状分布于细粒级的沉积物中(Brooks et al.，1991；Ginsburg et al.，1993)，含水合物的沉积物岩性多为粉砂和黏土。而在黑海北部克里米亚大陆边缘Sorokin海槽泥火山发现的水合物存在于泥质角砾岩中，并饱含气体。出现上述矛盾情况，一方面，可能是目前获取水合物的海域水深较大，沉积物整体粒度较细；另一方面，说明水合物成矿与沉积物岩性粗细的关系和机理尚不清楚，并不是简单地越粗越好。金庆焕等(2006)认为，水合物主要生成于细粒级的沉积物中，富集于细粒沉积物背景的较粗沉积物中，这是由其处于深水沉积环境所决定的，也是目前发现的水合物主要存在于细粒级沉积物中的主要原因。

细粒沉积物中水合物的资源量巨大，但水合物饱和度较低，沉积物渗透性较差，目前开采经济价值相对较低；粗粒沉积物具有较高的孔隙度和渗透率，水合物可以高饱和度的孔隙充填形式赋存，具有最低的开采难度和最优的开采潜力。

7.2 沉积物渗透性研究意义

除了要关注沉积物的空隙性之外，还要研究这些沉积物的渗透性，尤其是气体在其中的渗透性，对于研究海洋天然气水合物生成与开采特别有意义。具体表现在以下三个方面。

(1)沉积物的渗透性对于水合物的形成有重要意义。一般认为，原位生成的微生物气的浓度并不足以形成一定规模的水合物藏(Uchida et al.，2004b)，需要经过一定通道运移在适宜的位置聚集到一定浓度才能形成水合物。甲烷等烃类气体在沉积物中的运移方式有四种：①渗透；②以溶解态随水一起运移；③靠浮力以单独气相运移；④通过裂隙等大空隙形成对流通道集中运移。尽管甲烷气体直接在沉积物中渗透只是甲烷气聚集的一种方式，且相对缓慢，仅仅依靠这种方式，不太可能形成特定规模的水合物矿。它却是最基础、最底层的方式，有必要重点研究。

(2)储层压力或温度变化后，会打破天然气水合物的稳定存在条件，促使其分解为气体和水，由固相转化为液相与气相。随着水合物的分解，储层饱和度、储层孔隙度、渗透率等参数都在不断变化。压力降低后，储层疏松的固体天然气水合物、固体颗粒也可能部分脱落，更加剧了上述变化，形成固、液、气三相共同作用的复杂的渗透体系。因此，开展气体渗透研究对于水合物开采很有意义。何况，还有一些天然气水合物开采方式需要用到注气，气体渗透研究的作用很大。

(3)天然气水合物是一种亚稳态物质，在钻井过程中，由于钻具摩擦生热、钻井内压力的变化以及钻井液中盐分的影响，都有可能导致钻遇地层中水合物的分解，影响储层的结构稳定性(强度降低)，诱发地层变形、海底滑坡、生产平台下陷倒塌等灾害(宋召军等，2003)。甲烷还是一种具有温室效应的气体，天然气水合物储层结构的失稳有可能诱发大规模的甲烷气体泄漏，对全球气候变化具有潜在影响。这些安全问题的发生都与气体在沉积物中渗透相关。

因此，在天然气水合物资源商业化开采之前，必须对天然气水合物分解产生的气体渗透规律进行研究，气体渗透规律及其对地质环境的影响是进行水合物开采过程中地质环境影响及评价的基础。

由于海底沉积物粗细不同，气体在里面的渗透机理、渗透性能都不一样，本章与下一章将分别研究气在水下细颗粒与粗颗粒中的渗透特征。

7.3　气在非饱和土体中的渗透理论分析

7.3.1　天然气水合物渗透研究特点

与传统型能源开采不同，天然气水合物在开采过程中会发生相变。在矿藏中的天然气水合物是固相，而在开采过程中会分解为液相和气相。从天然气水合物各种方式的开采过程可以看出，天然气水合物的开采是一个多相、多组分、非等温的物理化学渗透过程，这个过程中既包含了气体和水在多孔介质中的渗透，还包括相变过程中的温压变化、储集介质孔隙度和渗透率的变化及渗透过程中的分解热和生成热的变化等。

除了相变与环境的变化对渗透带来的影响外，气、水在海洋水合物储层本身的渗透也是很特殊、很复杂的，不同于传统的地下水渗透的研究。水下土体总体上可认为是饱水的，但当水合物分解后，水下土体就会由于气体的分解而转为非饱和状态。因此气在水下土体中的渗透实质上是非饱和土体中的气体相的渗透。20 世纪 50 年代就开始了非饱和土的相关研究，但开展比较多的是非饱和土中水是如何渗透的，对气体的渗透研究较少。Croney(1964)研究了气体在非饱和土孔隙中流动的规律，通过研究得出当非饱和土的饱和度低于 85% 时，气相变成连续的状态，从该点开始非饱和土中的孔隙气体得以流动。Matyas(1967)提出，饱和度对气体的流动具有很大的影响，当饱和度大于 90% 时，气相变为封闭状态，这时气体的运移主要是通过水的流动而流动。

导致气体在孔隙中进行流动的因素有很多，如压力变化、湿度变化以及压实荷载等。Barden(1965)和 Langfelder 等(1968)用达西定律来解释气体在土中孔隙中流动的机制，认为气体流动的根本原因是压力差的存在。压力差产生压力梯度并促使气体的流动。并利用达西定律进行渗气系数的相关运算。Blight(1971)为了证实以上原理，以不同种类的干性土作为试验材料，并进行了渗气试验，同时验证了菲克定律和达西定律的正确性。

Koorevar 等(1983)认为，在标准大气压和 20℃ 的条件下，渗气性都大于渗水性，这是由空气黏度不一样造成的。相关研究表明，空气绝对黏度只是水的动力黏度的 1/56，因此在其他条件不变的情况下，当土饱和时，渗气系数为渗水系数的 56 倍。

Dakshanamurthy 等(1984)在 Biot(1941)发布的有关理论的基础上，满足了连续方程与平衡方程相耦合的条件，用数学理论的方法提出了三维固结耦合方程。他首先建立了土、气、液三者之间的本构模型。三维固结模型的建立进行了一系列假设，这些假定与太沙基原理的假定类似，如土的各向同性、孔隙水不可压缩、应变随应力的变化是线性的、忽略气体在水中的溶解等，同时不考虑水的汽化影响。三维固结耦合方程可以利用 2 个连续性方程和 3 个平衡方程求解得到以上未知变量，因此，随着时间的发展，三维固结耦合方程逐渐成为解决非饱和土相关分析的一种重要的方法。

非饱和土体扩散规律的研究内容主要集中于孔隙水气压力的分布以及介质渗透系数对气体压力分布的影响。相关应用主要集中在隧道、地下工程和桩基工程、公路建设方面。研究介质也大多为黄土、黏性土、含砂细粒土，对于水下粉砂土中气体扩散规律的研究较少。

此外，关于气体扩散已有的试验和理论研究多为二相环境中(如无水土体中的扩散、水中气体的扩散、空气中气体扩散)气体扩散，对于水下土体中的气体扩散问题因涉及多相(水、气、土)、多场(压力、温度、变形)之间的耦合作用，扩散规律十分复杂，检测困难，目前几乎还没有成熟的水下土体气体扩散的理论和相关的监测检测方法，而且试验设备缺乏，理论研究基础非常薄弱，远远满足不了实际工程的需求。

7.3.2 渗透基础知识和基本定律

渗透是流体通过多孔介质的流动。其流体是符合牛顿内摩擦定律的气体、液体、气-液混合物等普通牛顿流体以及部分具有简单流变方程的非牛顿流体(牛顿流体可谓是黏度为常数的流体，其常数的意义是指黏度与速度场无关，但可以是温度的函数)。渗透的特点在于：①多孔介质单位体积孔隙的表面积比较大，表面作用比较明显，任何时候都必须考虑黏性作用；②在地下渗透中通常具有较高的压力，压力的变化亦比较明显，需要考虑流体与介质的压缩性；③孔道结构复杂，阻力大，毛细管作用较普遍，有时需要考虑分子力；④往往伴随着复杂的物理化学过程。

1. 流体状态方程

在等温条件下，状态方程描述流体密度与压力之间的关系。在渗透力学中，根据压缩性可将流体分为不可压缩流体、微可压缩流体及可压缩流体，其密度变化趋势如图 7-1 所示。

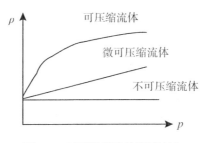

图 7-1　不同类型流体密度变化

(1)不可压缩流体。对于给定的流体，在等温条件下若流体密度与压力变化无关，即

$$\frac{\mathrm{d}V_1}{\mathrm{d}p} = 0, \quad \frac{\mathrm{d}\rho}{\mathrm{d}p} = 0 \qquad (7\text{-}1)$$

这种流体是不可压缩流体。所谓的不可压缩流体是不存在的，它只是在某些情况下为简化数学描述而假设的一种理想流体。

(2)微可压缩流体：在等温条件下液体体积相对变化率与压力变化成正比，这种流体是微可压缩流体，其比例系数为常数，称之为液体压缩系数。

$$c_1 = -\frac{1}{V_1}\frac{\mathrm{d}V_1}{\mathrm{d}p} = \frac{1}{\rho}\frac{\mathrm{d}\rho}{\mathrm{d}p}, \quad \rho = \rho_0 \exp\left[c_1(p - p_0)\right] \qquad (7\text{-}2)$$

式中：下标 0 指的是一种基准状态。式(7-2)类似于 Hooke 定律，若作 Talor 展开，忽略高

阶小量，则有

$$\rho = \rho_0 \left[1 + c_1 (p - p_0) \right] \tag{7-3}$$

通常液体弹性压缩系数比较小，压力、温度引起的变化也不明显：水在 $T = 15 \sim 115℃$ 区间中 c_1 的变化为 10%，在 $p = 7.0 \sim 42.2MPa$ 变化过程中 c_1 的变化为 12%。在油气渗透过程中的压力、温度变化范围一般都小于以上示例数据。

（3）可压缩流体。真实气体压缩性可以通过真实气体状态方程来描述，真实气体状态方程为

$$pV = ZnRT \tag{7-4}$$

式中：p 为压力，MPa；Z 为气体压缩因子；V 为气体体积，m^3；n 为摩尔数，kmol；R 为真实气体常数，$MPa \cdot m^3 / (kmol \cdot k)$。

气体压缩系数计算公式为

$$c_g = \frac{1}{p} - \frac{1}{Z} \left(\frac{\partial Z}{\partial p} \right)_T \tag{7-5}$$

若式(7-5)中 $Z = 1$（理想气体），则式(7-5)是著名的 Boyle-Mariotte 定律，这时有简洁关系式 $c_g = \frac{1}{p}$。

2. 渗透的基本定律 —— 达西定律

1856 年，法国水力工程师 H. 达西（Darcy）为解决第戎市供水，通过砂的渗透试验获得了渗透力学最基础的达西试验定律。

达西公式：

$$Q = K'A \frac{h_1 - h_2}{L} \tag{7-6}$$

式中：Q 为流体通过填砂管横截面的体积流量；K' 为水力传导系数；A 为横截面积；L 为管长；$(h_1 - h_2)$ 为作用在填砂管两端的水头差。

根据水力学伯努利（D. Bernoulli）方程，单位质量液体的位置势能、压强势能和动能三者之和为常数，即

$$\frac{p}{\rho g} + Z + \frac{v^2}{2g} = 常数 \tag{7-7}$$

式中：三项之和为测压水头。由于渗透速度小，忽略动能项后作差，得

$$h_1 - h_2 = L + \frac{p_1 - p_2}{\rho g} \tag{7-8}$$

$$|v| = \frac{Q}{A} = K' \left[1 + \frac{p_1 - p_2}{\rho g L} \right] = K' \left[\frac{\dfrac{p_1 - p_2}{L} + \rho g}{\rho g} \right] \tag{7-9}$$

量纲分析表明水力传导系数 K' 与重度成正比，与黏度成反比，比例系数为 k，则

$$K' = \frac{k \rho g}{\mu} \tag{7-10}$$

式中，k 为渗透率，结果有

$$v = -\frac{k}{\mu}\left[\frac{p_1 - p_2}{L} + \rho g\right] \tag{7-11}$$

7.3.3 气体在多孔介质中渗透形式

达西定律反映的是黏性阻力起作用的渗透规律。在实际的渗透过程中，常常出现偏离达西定律的情形，就是达西定律不成立的情形，即非达西渗透，见图 7-2。非达西渗透大致包括以下几种情形：①高速渗透下，由于惯性力的作用，出现非线性紊流；②低速渗透下，多孔介质参数为渗透条件的函数；③变形介质中的渗透，多孔介质参数为渗透条件的函数；④非牛顿流体的渗透；⑤非达西条件下的渗透。

在大多数情况下，等温牛顿流体通过多孔介质的流动，通常涉及 4 种主要机理，它们是黏性流动、惯性流动、滑移流动与带启动压力梯度的流动。

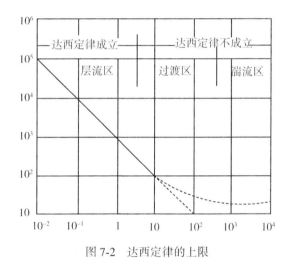

图 7-2 达西定律的上限

1. 黏性流动

假设多孔材料的孔贯通连续，孔隙尺寸比试验流体的平均分子自由程大很多。达西(Darcy)提出了流体通过多孔材料流动的经验公式(图 7-3)。用水做试验，假定损失全部是由于黏性切变引起的，则试样的单位厚度上的压降和单位面积上的流量及黏度之间的关系为

$$K = \frac{Q\mu}{A}\frac{L}{\nabla P} \quad \text{(不考虑流体的压缩)}$$

$$K = \frac{2Q_B L\mu P_B}{A(P_A^2 - P_B^2)} \quad \text{(考虑流体的压缩)} \tag{7-12}$$

2. 惯性流动

惯性流动与流体通过曲折的孔隙流动时的方向变化而引起的能量损失有关，与孔隙中

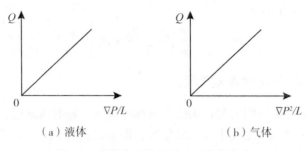

图 7-3　液体与气体经典达西定律表达

局部紊流形成而引起的能量损失有关。

结合达西的黏性损失方程，考虑 Forchhermer 修正的运动方程（Darcy-Forchhermer 方程）为

$$\frac{\mathrm{d}p}{\mathrm{d}x} = \frac{\mu}{K}u - C_p \rho\, u^2 \tag{7-13}$$

式中：p 为气体压力；u 为流速。

连续方程为

$$\rho A u = Q_m$$
$$P = \rho R T \tag{7-14}$$

式中：A 为试件的横截面积；Q_m 为质量流量。

通过积分得：

$$C_p = \frac{RT}{2L(p_1 u_1 - p_2 u_2)}\left[\frac{p_1}{u_1} - \frac{p_2}{u_2} + p_0\left(\frac{1}{p_2 u_2} - \frac{1}{p_1 u_1}\right)\right]$$

$$\frac{\mu}{K} = \frac{{p_1}^2 - {p_0}^2}{2L p_1 u_1} - \frac{p_1 u_1}{2L(p_1 u_1 - p_2 u_2)}\left[\frac{p_1}{u_1} - \frac{p_2}{u_2} + p_0\left(\frac{1}{p_2 u_2} - \frac{1}{p_1 u_1}\right)\right] \tag{7-15}$$

在黏性流体，低速度 Q/A 流动的情况下，惯性项与黏性项相比，通常可以忽略。

3. 滑移流动与带启动压力梯度的流动

流体相对于组成多孔介质内毛管壁面的切向速度不等于零的现象，称为滑脱效应，当流体为气体时，滑脱效应才变得明显，对于致密多孔介质中的渗透，滑脱尤其显著。在孔隙尺寸极小，气体在低压或高温情况下，孔隙尺寸比试验流体的平均分子自由程大很多的假设失效，当气体分子平均自由程与多孔介质的孔隙尺寸同数等级时，发生滑移流动（图7-4）。

当滑移流动存在时，多孔介质呈现出比滑移流动不存在时更大的可渗透性。同时，当滑移流动存在时，通常没有惯性损失。流体在多孔介质内流动的理论基础是达西定理（1856），定理指出，流体（层流）流动速度与压力梯度成正比。比例常数 Kb 即定义为介质的视渗透率，Khnkenberg（1941）根据分子物理学导出了存在滑移流动时气体渗透率表达式：

$$Kb = KL(1 + b/p) \tag{7-16}$$

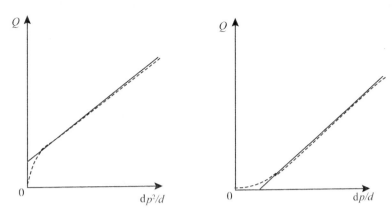

图 7-4 低速非达西渗透的两种形式(滑移流动、带启动压力梯度的流动)

式中：KL 为绝对渗透率；b 为滑脱因子；p 为平均压力。

另外一种是带启动压力梯度的流动。这种非线性渗透模型方案表示了渗透过程中岩土介质和流体相互作用不可忽略时的力学规律，其物理意义为：存在一个大于 λ_b 的静止区，两区的分界面是发展的，亦即它表示的是一种启动边界的非线性模型。

写成一般形式：

$$v_r = \begin{cases} -\dfrac{K}{\mu}\nabla P\left(1 - \dfrac{\lambda_b}{|\nabla P|}\right) & (\nabla P \geqslant \lambda_b) \\ 0 & (\nabla P < \lambda_b) \end{cases} \tag{7-17}$$

式中：λ_b 为启动压力梯度；v_r 为渗透速度。

7.3.4 气体渗透率的计算

在普通流体力学中根据动量守恒定律和牛顿黏性流体本构关系，即可以得牛顿流体的运动方程，即 Navier-Stokes(纳维叶-斯托克斯)方程。但是对于流体在孔隙介质中的流动，其通道多样化且又无法确定形状，很难像对普通黏性体那样导出运动方程，一般采用试验的方法总结。气体在介质中的流动也同样适用这样的研究方法。根据达西定律有：

$$v = -\frac{K}{\mu}\frac{\mathrm{d}p}{\mathrm{d}l} \tag{7-18}$$

式中：v 为渗透速度；K 为渗透系数；μ 为黏滞系数；$\mathrm{d}p/\mathrm{d}l$ 为试样两端渗透梯度。

与体积流量 Q 有关时达西定律表述为

$$Q = -KA\nabla\frac{P}{\rho g} = -\frac{K}{\rho g}A\nabla P \tag{7-19}$$

据 Carman(1956)方程：

$$\frac{K}{\rho g} = \frac{k}{\mu} \tag{7-20}$$

式中：K 为渗透系数；k 为多孔介质的渗透率；μ 为流体黏滞系数。

对于一维流动，假设气体在土体中的运动为活塞式运动模型，如图 7-5 所示。

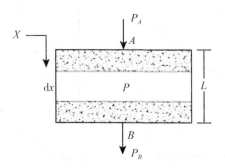

图 7-5　气体在土体中的活塞式运动模型

在流动是连续的情况下，考虑气体压缩时，由于在不同压力下气体的体积不同，当压力从 P_A 变化到 P_B 时，气体的体积和流速都在变化。因此必须采用平均的体积流量，即：

$$\bar{Q} = -\frac{k}{\mu} A \nabla P = -\frac{k}{\mu} A \frac{dp}{dx} \tag{7-21}$$

边界条件：$X = 0$，$P = P_A$；$X = L$，$P = P_B$。解方程(7-21) 可得：

$$k = \frac{\bar{Q}\mu L}{A(P_A - P_B)} \tag{7-22}$$

假如把气体膨胀视为等温过程，按波义耳 - 马里奥特定律，则有：

$$P_A Q_A = P_B Q_B = \bar{P}\,\bar{Q} \tag{7-23}$$

式中：Q_A 为压力 P_A 对应的气体体积流量(入气端)；Q_B 为压力 P_B 对应的气体体积流量(出口端 P_B 为大气压 P_0)；$\bar{Q}$ 为平均压力 $\bar{P} = (P_A + P_B)\,/2$ 对应的气体平均体积流量。

由式(7-23) 可得：

$$\bar{Q} = \frac{P_B Q_B}{\bar{P}} = \frac{2 P_B Q_B}{P_A + P_B} \tag{7-24}$$

将式(7-24) 代入式(7-22)，得：

$$k = \frac{2 P_B Q_B \mu L}{A(P_A{}^2 - P_B{}^2)} \tag{7-25}$$

积分得气体渗透速度：

$$v = \frac{Q_B}{A} = \frac{k}{2 P_B \mu} \cdot \frac{P_A{}^2 - P_B{}^2}{L} \tag{7-26}$$

式(7-26)是考虑气体压缩性的达西定律表达式。

7.3.5　气体在水下土层中的渗透机理

空气在土层中流动的主要通道是土中的孔隙。在压力梯度的驱动下，气体沿压力降低的方向做层流流动,其流动规律符合达西定律。空气在水下土层中流动,除了空气外,还存在水,即气、水共存,它们以各自独立的相态混相流动。气和水在土层中的流速与有效渗透率成正比(叶为民等,2009)。

1. 气在水下土层中的流动阶段

气在水下土层中流动主要有三个阶段。

(1)单相水流阶段。气体压力未达到临界压力之前,气体只是作为黏性土中重力水的驱动压力,试样一侧只有水渗出,称为单相流阶段。

(2)非饱和单相流阶段。当气体驱动压力进一步上升,有一定数量的气体在试样的大孔隙系统中开始形成气泡,但气体不流动,气泡都是孤立的,没有互相连接。在这一阶段,虽然出现气、水两相,但只有水相是可以流动的。

(3)气、水两相流阶段。随着气体驱动压力进一步上升,有更多的气体扩散到土体孔隙系统中。此时水中含气已达饱和,气泡增多且互相连接,形成连续流动,气的相对渗透率开始大于零。随着压力上升和水饱和度降低,水的相对渗透率不断减小,气的相对渗透率逐渐增大,气体渗透量亦随之增加。在这一阶段,在土层孔隙系统中形成气、水两相达西流动。

上述三个阶段是连续的过程,随着时间的推移,由气体沿径向逐渐向周围的土层推进,这是一个递进的过程。时间越长,气体压力越大,土层受影响的范围越大。

2. 土层中气、水渗透特征的相互关系

气体在压差下通过土层孔隙按黏性流考虑,即 Darcy 流:

$$q = -K \nabla \varphi \tag{7-27}$$

式中:q 为单位面积渗透量;K 为渗透系数;φ 为势函数,$\varphi = \dfrac{P_a}{\gamma_w}$。

这里为了便于与水的渗透系数进行对比,流体密度为水的密度,所得的渗透系数对应于单位水柱降(单位水力坡度)。代入得:

$$q = -K \nabla \frac{P_a}{\gamma_w} = -\frac{K}{\gamma_w} \nabla P_a \tag{7-28}$$

据 Carman(1956)方程,对特定的土,颗粒比表面积为常数,则有:

$$K_a = K_w \tag{7-29}$$

式中:K_w 和 K_a 分别为饱和土水相及干土气相的渗透系数,因此土层中气水渗透系数满足:

$$K_a = \frac{\mu_w}{\mu_a} K_w \tag{7-30}$$

式中:μ_a 为气体黏度;μ_w 为水的黏度,黏度主要与温度有关。

由表 7-1 可见,渗气系数要比土的(关于水的)渗透系数值大约 1~2 个数量级。在 10℃时,气、水渗透系数理论关系的定量表达为

$$K_a = 71 \times K_w \tag{7-31}$$

表 7-1　不同温度下气、水渗透系数比值

温度/℃	黏滞系数 $\mu(\times10^{-6}\mathrm{Pa\cdot s})$		K_a/K_w
	水 μ_w	气 μ_a	
0	1794	176	102
5	1520	181	84
10	1307	1834	71
20	1009	1891	53
30	800	193	41
40	654	199	33
60	467	208	22
80	355	215	17
100	282	225	13

7.3.6　土中气体渗透性能的影响因素

影响气体在土中渗透性能的因素很多，从土这方面来看，有以下因素影响较为显著。

（1）黏性土的结构。根据电镜扫描资料，将土体中孔隙存在方式划分成三种类型：集粒间孔隙、集粒内孔隙和集粒间触点孔隙（图 7-6）。前两者对黏性土层的渗透性能影响较大。

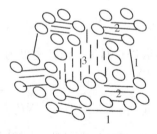

1. 集粒间触点孔隙水；2. 集粒内孔隙水；3. 集粒间孔隙水
图 7-6　黏性土孔隙水类型示意图（据叶为民等，2009）

大孔隙，孔隙直径大于 2 倍结合水膜厚度（即 $d>0.06\mu m$），包括集粒间和部分集粒内孔隙，连通性好，孔隙中既有结合水，又有毛细水和重力水，但以重力水和毛细水为主。自压汞测试结果得知，此类孔隙在整个土层中分布比较均匀。

微孔隙，指孔隙直径小于 2 倍结合水膜厚度（即 $d<0.06\mu m$）的孔隙。主要有集粒内孔隙和触点孔隙，孔隙中充满结合水。在一般情况下，黏性土微孔隙的总孔容总是大于大孔隙的总孔容。

（2）土的粒度成分和矿物成分。土的颗粒级配及形状、大小，影响土中孔隙大小，因

而影响其渗透性。土中含有亲水性较大的黏土矿物和有机质时，也会大大降低土的渗透性。

（3）土的结构。黏性土的结构有团粒结构、絮凝结构、絮凝团粒结构、团粒絮凝结构等多种类型，其中团粒结构、絮凝结构普遍存在，对黏土层的水理性质起到了一定的控制作用，而其他类型结构均出现在局部，对整个土层的水理性质影响较小。

（4）孔隙比。由 $e=V_v/V_s$ 可知，孔隙比越大，孔隙越大，渗透系数越大，而孔隙比的影响程度主要取决于土体中的孔隙体积，而孔隙体积又取决于孔隙直径的大小，以及土粒的颗粒大小和级配。

（5）饱和度。饱和度对砂土的渗透性影响较大。实验研究发现，当饱和度小于40%时，渗透系数随饱和度的变化幅度很小；当饱和度大于40%并且小于80%时，砂土的渗透系数随着饱和度的增大而减小得较明显；当饱和度大于80%时，随着含水率的增大，渗气系数急剧减小，砂土的气相渗透性很差。

（6）干密度。当饱和度一定的情况下，砂土的透气性随着干密度的增大而变差。这是由于干密度越大，砂土越密实，孔隙越少，砂粒之间相互连通的通道也越小，气体通过砂粒的阻力增大，进而引起渗透性降低，因而在压差一定时气体出来的越少，出气速度也越低，导致渗气系数减小。

7.4　水下黏性土中气体渗透模型实验设计

由于黏性土与砂类土的渗透性差异大，因此，气体在水下黏性土与砂类土的渗透方式与性能所受因素的影响是不同的，因此开发了不同的模型实验装置分别进行研究。

7.4.1　实验装置

实验装置由中国地质大学（武汉）自行研制，用于水下黏性土中气体扩散模型模拟实验，能满足以下基本条件：①整个系统是密闭的；②能保持常水头，并能在小比降下进行实验及取得稳定可靠的实验成果；③能在土样内施加反压力，以保证其饱和；④实验管线连接密切贴合，接缝不漏水、漏气，并能在实验过程中随时检查；⑤在恒温条件下进行实验，以避免因温度变化而造成的影响。

实验装置结构图见图 7-7，主要由以下项目构成。

（1）高压气体容器（渗气仪）。实验用的高压气体容器见图 7-8。该容器是一个不锈钢圆柱形高压腔体，腔体内径为 9mm，高度为 35mm，容积 2000mL。304 钢材料，耐压 40MPa。

（2）数据采集控制系统。数据采集控制系统为由温度传感器、高速采集卡、接口板、电路集成、微机、数据处理软件等共同组成，可将实验数据通过该系统显示出来，见图 7-9。

（3）真空泵。本实验采用的真空泵是由江苏南通宏达真空设备有限公司制造的，2Z-4A 型旋片真空泵，极限真空为 6×10^{-2} Pa，转速 450r/min，抽气速率为 4L/s，功率为 0.55kW。该仪器主要用来进行实验土样饱和。见图 7-10。

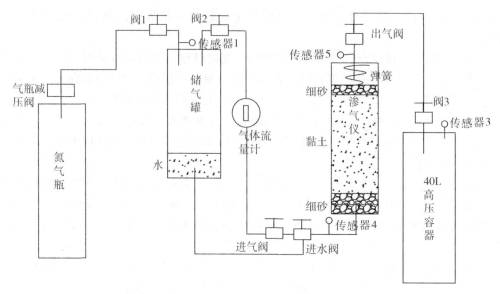

图 7-7　实验装置图

图 7-8　渗气仪

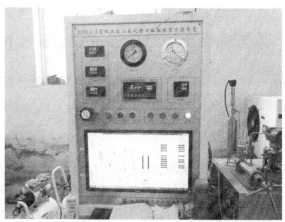

图 7-9　数据采集显示器

图 7-10　真空泵

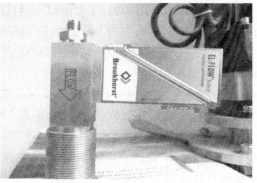

图 7-11　气体流量计

　　(4)气体流量计。气体流量计型号为 F-231M，由荷兰进口，流量量程为1310mL/min，耐压30MPa，在线计量，可计量瞬时流量和累积流量，并带有标准的232接口，由计算机自动采集，见图7-11。

　　(5)其他设备。本实验采用的压力变送器见图7-12，用于釜体、缓冲容器及储气罐的测量控制，压力 0~30MPa，计量精度为 0.1%F.S.。空气压缩机由上海某厂家制造，储气容积30L，最大压力 0.8MPa，为气体增压泵和气动阀提供动力源。储水罐见图 7-13，用于向罐体内注入一定量的水，容积100L，耐压 0.8MPa。

图 7-12　压力变送器　　　　　　　图 7-13　空气压缩机

本实验采用的气体为氮气，气瓶标准压力为 10MPa，体积为 40L。

7.4.2　实验方案设计

　　影响水下气体渗透性的三个最主要因素为土的类型、压差、环境压力，模型实验主要针对这三方面因素进行设计。

1. 土样设计及制备

　　不同类型的土或土的颗粒级配等不同，渗透性则有差别。土的颗粒级配及形状、大小影响土中孔隙大小，因而影响其渗透性。

　　实验研究对象为黏性土，主要通过向黏土中添加不同比例的砂来制备各试样土，具体配比如下：

　　①试样 1：纯黏土。

　　②试样 2：15%的细砂与85%的黏土均匀混合。

　　③试样 3：30%的细砂与70%的黏土均匀混合。

　　实验所采用的黏土是对土样进行了晒干、粉碎，过 0.5mm 孔径的筛，相对密度为 2.73，液限为 45.2%，塑限为 24.6%；采用的砂为粉细砂，利用振动筛进行了振动筛分，获取粒径小于 0.1mm 的实验用砂，相对密度为 2.59。各土样的基本物理性质如表 7-2 所示。

表 7-2　土样基本物理性质

样品	含水率 $w/\%$	比重	液限 $\omega_L/\%$	塑限 $\omega_p/\%$	塑性指数 I_p
试样 1	17.2	2.73	45.2	24.6	20.6
试样 2	14.8	2.71	41.5	22.4	19.1
试样 3	11.7	2.68	35.8	18.1	15.7

2. 环境压力

为了研究相同土体、相同压差(土样底端与出气端的压力差),不同环境压力的渗透规律,环境压力(环境静水压力)设置为 0MPa、0.4MPa、0.77MPa 三种。

3. 压差

为了研究相同土体、相同压力环境下,不同压差的渗透规律,压差设置为 80kPa、130kPa、180kPa、300kPa、400kPa、500kPa、600kPa、700kPa、800kPa、900kPa、1MPa、1.1MPa、1.2MPa、1.3MPa、1.4MPa 共 15 个档次。

4. 实验类型

1)恒定压差下的气体流量随时间变化的气体渗透实验

在不同的环境压力下,调节不同的进气压力,使得土样上下两端产生不同的压差,观测进口气体流量随时间的变化,并绘制实时气体流量曲线,直至气体流量稳定,获得试样在给定环境压力和土样两端压差下的稳定流量。

2)稳定渗透后的土样上下两端压差随时间变化的气体渗透实验

在稳定渗透后,关闭进气口,使得土样下端(进气端)压力下降,得到试样在不同环境压力时不同压差下的压降曲线。

7.4.3　实验步骤

1. 土样安装

1)土样底边界处理

土样容器底部先放入一块细纱布,纱布上面放置自制的多孔塑料板(图 7-14、图 7-15),这样可以防止下端土粒堵塞底座排气孔。随后在多孔塑料板上面放一块透水石,并且用密封圈套在透水石的边缘,这样可以使气体均匀地从土样渗透通过,避免从边缘通过,同时也可以防止由于下端气压过大冲坏土样下层。

2)填土

为了使所填土样均匀、密实,要进行分层装样并夯实(图 7-16)。先在容器底部装入 5~7cm 的细砂,这样使得气体分布较均匀;随后装入事先制备的土样,每次装样都加入少量水,充分压实,分多次装填,最终黏土样装填总高度为 10cm。

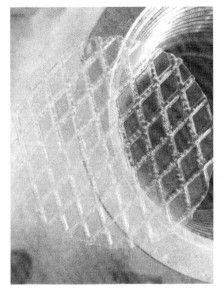

图 7-14　多孔塑料板

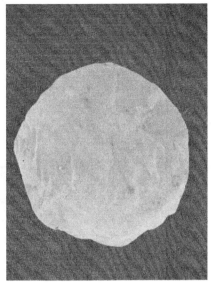

图 7-15　细纱布

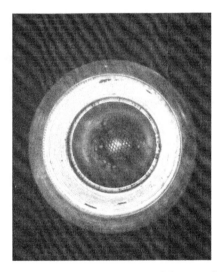

图 7-16　装样

3)土样上边界处理

土样装填完成后，顶部放透水石(图 7-17)，并用密封圈(图 7-18)密封，透水石上部放多孔铁板(图 7-19)并用硬质弹簧(图 7-20)压紧，以确保在气压太大的情况下，土样不被水或气体冲坏。

2. 土样饱和

土样饱和按两步进行：①实验前进行初始饱和——底端反压，其主要操作过程是关闭进气阀，储气罐中装入一定体积的水，并打入 0.5MPa 的气压，打开进水阀，利用气压使储气罐中的水进入土体中进行饱和；②实验过程中需要进行多次抽真空饱和，其主要操作过程是关闭进水和进气阀门，打开上端抽气阀门，开动真空泵，抽除渗气仪容器及土中的气体，当真空表显示数达到约 1 个负大气压力值后，继续抽气，间隔一个小时抽一次，一次抽半小时，待容器出口有水进入真空泵中，停止抽气，静置一定时间。

图 7-17　透水石

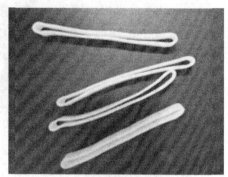

图 7-18　密封圈

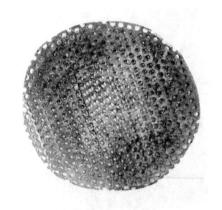

图 7-19　多孔铁板

图 7-20　硬质弹簧

3. 渗水实验

利用反压形式做水渗透实验，先进行抽真空饱和，并且保证土样上面没有空气，然后用一根软管与出气阀连接，储气罐中加入一定体积的水，并保持 0.5kPa 的压力，进水阀打开，进行反压渗水。

4. 渗气实验

实验主要采用气体渗透率测定中最经典的方法——稳态法，即控制恒定环境压力，通过改变进气压力，在土样两端产生不同压差，观测进口气体流量随时间的变化，并绘制实时气体流量曲线，直至气体流量稳定，获得土样在给定环境压力和土样两端压差下的稳定流量。

具体实验操作为：首先按照实验设计连接好管线，用空气压缩机打入系统进行试压和检漏。随后进行渗气实验，打开阀 1 先用氮气瓶向储气罐打一定压力的气体，压力通过传感器 1 读取(测压压力一)；随后打开阀 2，将渗气仪和 40L 高压容器连接；然后打开阀 3 向高压容器中打入一定的环境压力；压力通过传感器 3 读取(测压压力三)；随后打开出气阀，即通过高压容器来控制环境压力，渗气仪出口压力通过传感器 5 读取(测压压力五)；渗气仪底端压力由传感器 4 读取(测压压力四)；待压力稳定后，打开进气阀，维持一定气压进行渗气实验，观测进口气体流量随时间的变化，并绘制实时气体流量曲线，直至气体流量稳定，获得土样在给定环境压力和土样两端压差下的稳定流量；气体流量通过气体流量计读取。见图 7-21。

图 7-21　实验现场

7.5　实验结果分析

对三组土样分别进行不同压力环境、不同气体压差下的渗气实验，得到一系列实验结果。下面对试样 2 列出了各种实验条件下的结果；为节省篇幅，只列出试样 1 和试样 3 在环境压力为 0.4MPa 时的结果，以便于对比分析。

7.5.1　试样 2 在环境压力为 0MPa 时的气体渗透实验

1. 恒定压差下的气体流量随时间变化实验结果及分析

对试样 2 在环境静水压力基本为 0MPa(试样顶部出气口打开，直接连通大气)的条件下进行不同压差的气体渗流实验，实验结果如图 7-22 所示。

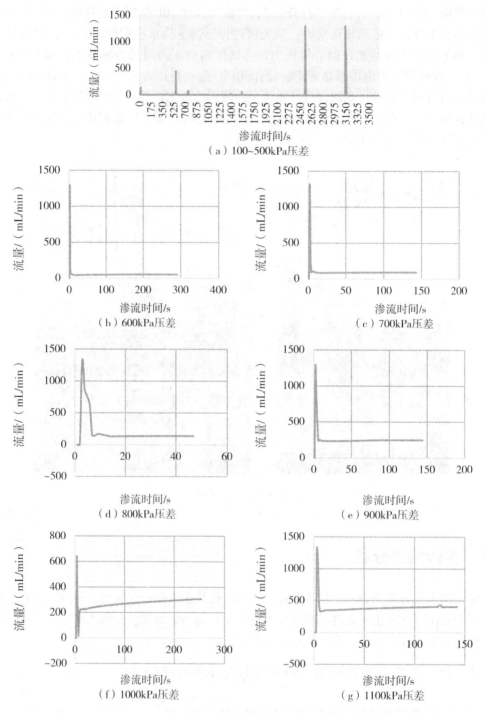

图 7-22　试样 2 在环境压力为 0MPa 时不同压差下的进口气体流量实时曲线(1)

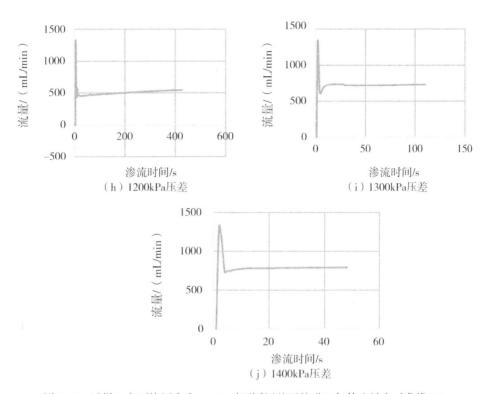

图 7-22 试样 2 在环境压力为 0MPa 时不同压差下的进口气体流量实时曲线（2）

从图 7-22 可以得出：在下端进口压力与上端出口压力间的压差为 100kPa、200kPa、300kPa、400kPa、500kPa 时，气体渗透不过去，流量为零，也说明黏性土存在一定启动压差，当进气压差小于这个启动压差时，气体流量为零；大于这个启动压差时，才会产生气体流量。在压差为 600kPa、700kPa、800kPa、900kPa、1000kPa、1100kPa、1200kPa、1300kPa、1400kPa 时的稳定流量分别为 51mL/min、92mL/min、136mL/min、248mL/min、305mL/min、403mL/min、542mL/min、730mL/min、790mL/min。

另外，气体渗透通道忽然打开时，流量会瞬时增加，而在通道内气液间也是存在表面张力等的，在通道内气液间产生表面张力时，张力随时间增加，流速不断被限制、减小，流量就会慢慢减小。因此在形成稳定不断扩张的通道前，流量会出现增大、减小的起伏变化。

2. 稳定渗流后土样上下两端压差随时间变化实验结果及分析

从图 7-23 可以得出：在压差为 800kPa、900kPa、1000kPa、1100kPa、1200kPa、1300kPa、1400kPa 时，关闭进气口，土样底端压力下降，稳定后土样底端压力与出气口压力两者之间的压差分别为 100kPa、80kPa、60kPa、40kPa、20kPa、10kPa、10kPa。压差越大，最后稳定后土样底端压力与出气口压力之间的压差越小，逐渐趋于 0。

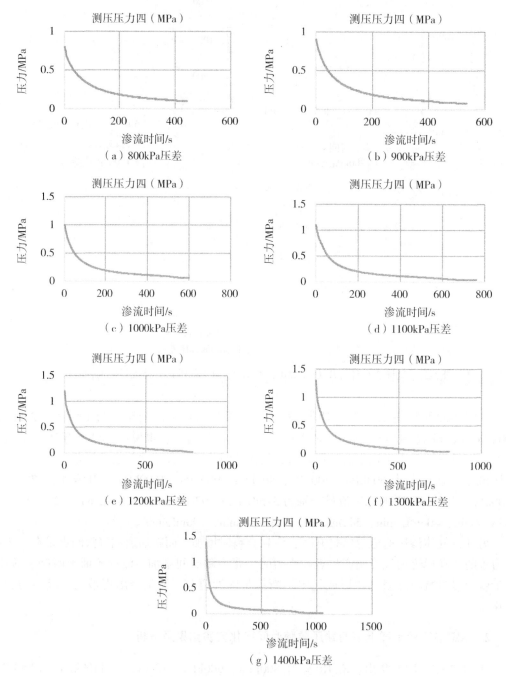

图 7-23　试样 2 在环境压力为 0MPa 时不同压差下的压降曲线

7.5.2 试样 2 在环境压力为 0.4MPa 时的气体渗透实验

1. 恒定压差下的气体流量随时间变化实验结果及分析

对试样 2 在环境静水压力基本为 0.4MPa 的条件下进行不同压差的气体渗流实验，实验结果如图 7-24 所示。

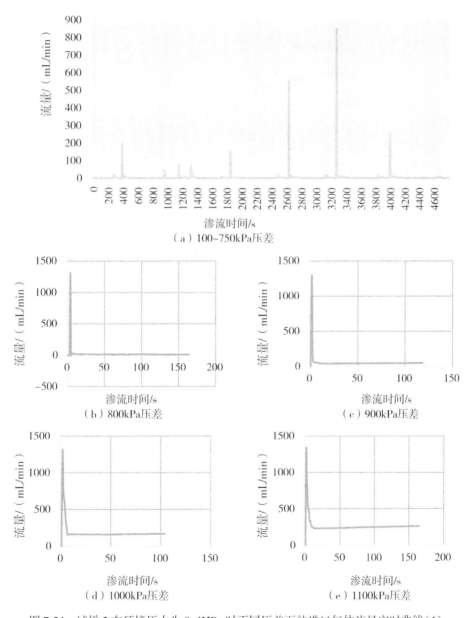

图 7-24 试样 2 在环境压力为 0.4MPa 时不同压差下的进口气体流量实时曲线(1)

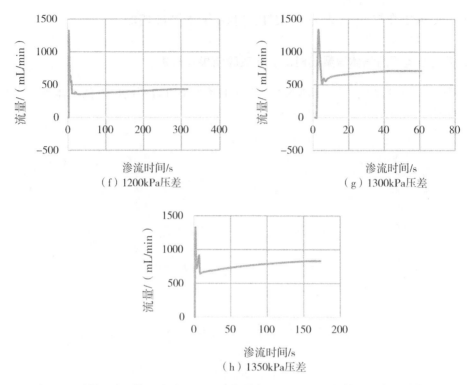

图 7-24　试样 2 在环境压力为 0.4MPa 时不同压差下的进口气体流量实时曲线(2)

从图 7-24 中可以得出：在下端进口压力与上端出口压力间的压差为 80kPa、170kPa、250kPa、300kPa、400kPa、500kPa、600kPa、700kPa、750kPa 时，气体渗透不过去，流量为零；在压差为 800kPa、900kPa、1000kPa、1100kPa、1200kPa、1300kPa、1350kPa 时，气体在土体内慢慢扩散，稳定流量分别为 12mL/min、48mL/min、167mL/min、260mL/min、431mL/min、710mL/min、830mL/min。

2. 稳定渗流后土样上下两端压差随时间变化实验结果及分析

从图 7-25 可以得出：在压差为 800kPa、900kPa、1000kPa、1100kPa、1200kPa、1300kPa、1350kPa 时，关闭进气口，土样底端压力下降，稳定后土样底端压力与出气口压力两者之间的压差分别为 90kPa、70kPa、50kPa、30kPa、10kPa、10kPa、0kPa。压差越大，最后稳定后土样底端压力与出气口压力之间的压差越小，逐渐趋于 0。

7.5.3　试样 2 在环境压力为 0.77MPa 时的气体渗透实验

1. 恒定压差下的气体流量随时间变化实验结果及分析

对试样 2 在环境静水压力基本为 0.77MPa 的条件下进行不同压差的气体渗流实验，实验结果如图 7-26 所示。

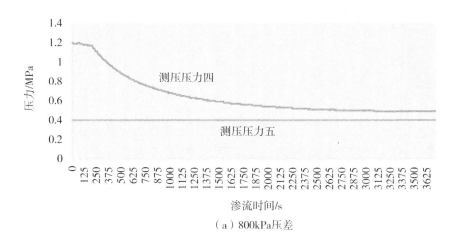

（a）800kPa压差

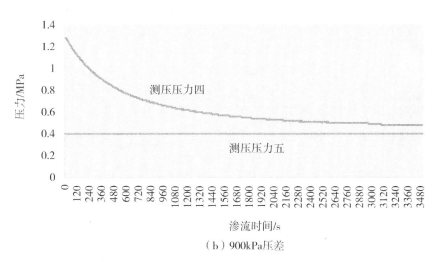

（b）900kPa压差

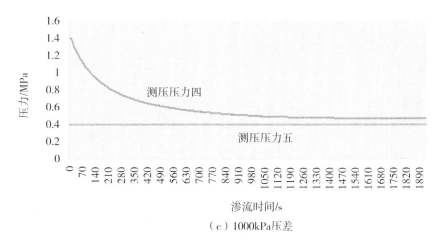

（c）1000kPa压差

图 7-25 试样 2 在环境压力为 0.4MPa 时不同压差下的压降曲线(1)

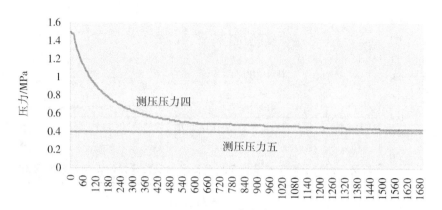

（d）1100kPa压差

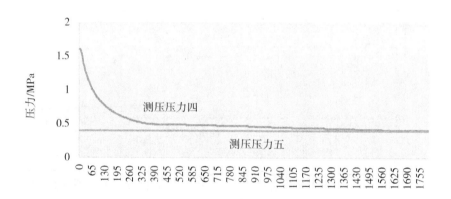

（e）1200kPa压差

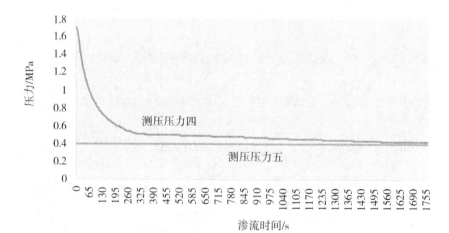

（f）1300kPa压差

图 7-25　试样 2 在环境压力为 0.4MPa 时不同压差下的压降曲线(2)

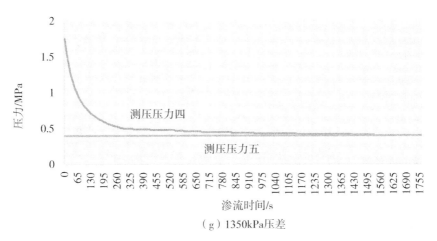

（g）1350kPa压差

图 7-25　试样 2 在环境压力为 0.4MPa 时不同压差下的压降曲线（3）

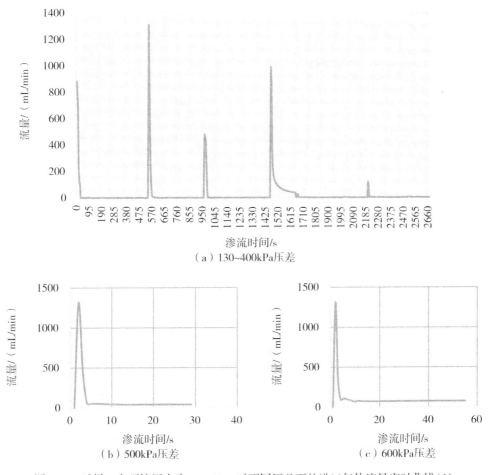

（a）130~400kPa压差

（b）500kPa压差

（c）600kPa压差

图 7-26　试样 2 在环境压力为 0.77MPa 时不同压差下的进口气体流量实时曲线（1）

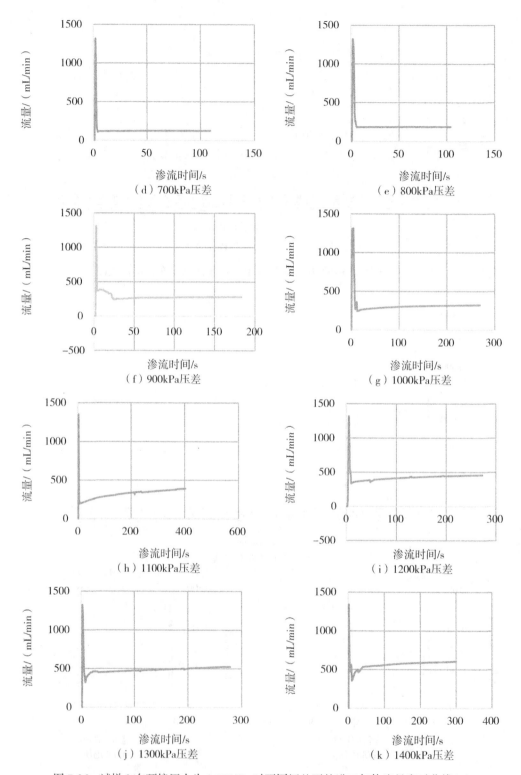

图 7-26　试样 2 在环境压力为 0.77MPa 时不同压差下的进口气体流量实时曲线(2)

从图 7-26 可以得出：在下端进口压力与上端出口压力间的压差为 130kPa、180kPa、300kPa、400kPa 时，气体渗透不过去，流量为零；在压差为 500kPa、600kPa、700kPa、800kPa、900kPa、1000kPa、1100kPa、1200kPa、1300kPa、1400kPa 时的稳定流量分别为 40mL/min、76mL/min、123mL/min、186mL/min、231mL/min、320mL/min、389mL/min、456mL/min、523mL/min、602mL/min。

2. 稳定渗流后土样上下两端压差随时间变化实验结果及分析

从图 7-27 可以得出：在压差为 800kPa、900kPa、1000kPa、1100kPa、1200kPa、1300kPa、1400kPa 时，关闭进气口，土样底端压力下降，稳定后土样底端压力与出气口压力之间的压差分别为 60kPa、50kPa、30kPa、20kPa、10kPa、10kPa、0kPa。

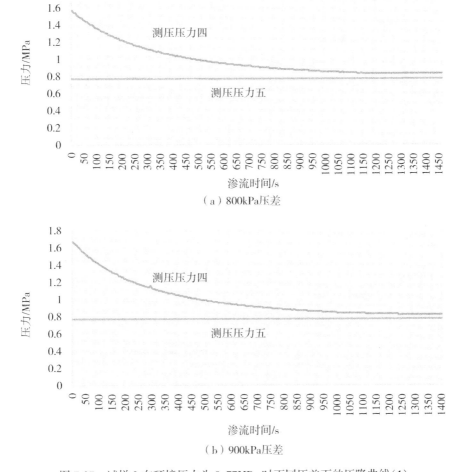

图 7-27　试样 2 在环境压力为 0.77MPa 时不同压差下的压降曲线(1)

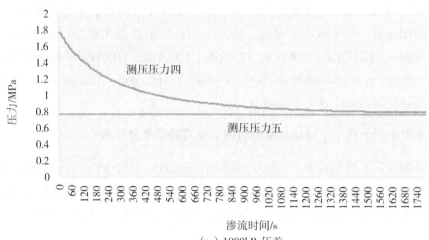

（c）1000kPa压差

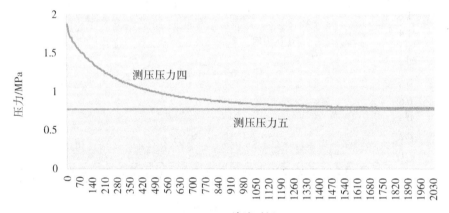

（d）1100kPa压差

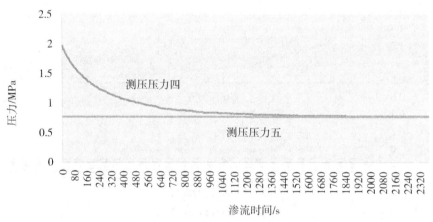

（e）1200kPa压差

图 7-27　试样 2 在环境压力为 0.77MPa 时不同压差下的压降曲线(2)

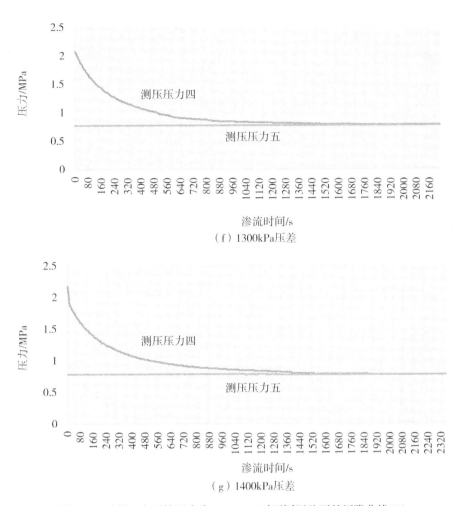

图 7-27 试样 2 在环境压力为 0.77MPa 时不同压差下的压降曲线(3)

7.5.4 试样 1 在环境压力为 0.4MPa 时的气体渗透实验

1. 恒定压差下的气体流量随时间变化实验结果及分析

对试样 1 在环境静水压力基本为 0.4MPa 的条件下进行不同压差的气体渗流实验，实验结果如图 7-28 所示。

从图 7-28 可以得出：在下端进口压力与上端出口压力间的压差为 80kPa、170kPa、300kPa、400kPa、500kPa、600kPa、700kPa、800kPa 时，黏性土的渗透性差，气体渗透不过去(图 7-28(a))；在 1MPa 压差下，流量超过量程(图 7-28(b))。因此，其通道压力启动值为 0.8~1MPa。

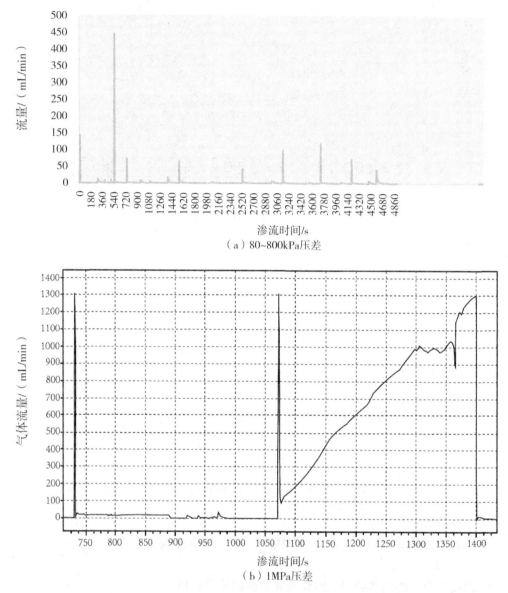

图 7-28　试样 1 在环境压力为 0.4MPa 时不同压差下的进口气体流量实时曲线

2. 稳定渗流后土样上下两端压差随时间变化实验结果及分析

从试样 1 在环境压力为 0.4MPa 时 1MPa 压差压降曲线（图 7-29）可以看出，在关闭进气阀时，土样底端压力随时间逐渐下降，气体在土体内慢慢扩散，最后趋于稳定。

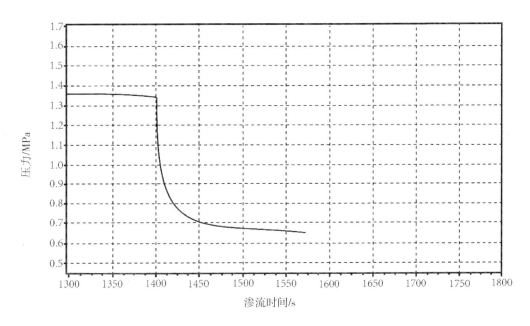

图 7-29 试样 1 在环境压力为 0.4MPa 时 1MPa 压差压降曲线

7.5.5 试样 3 在环境压力为 0.4MPa 时的实验结果及分析

1. 恒定压差下的气体流量随时间变化实验结果及分析

对试样 3 在环境静水压力基本为 0.4MPa 的条件下进行不同压差的气体渗流实验,实验结果如图 7-30 所示。

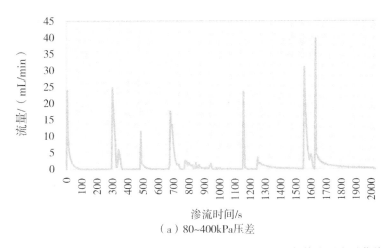

(a) 80~400kPa压差

图 7-30 试样 3 在环境压力为 0.4MPa 时不同压差下的进口气体流量实时曲线(1)

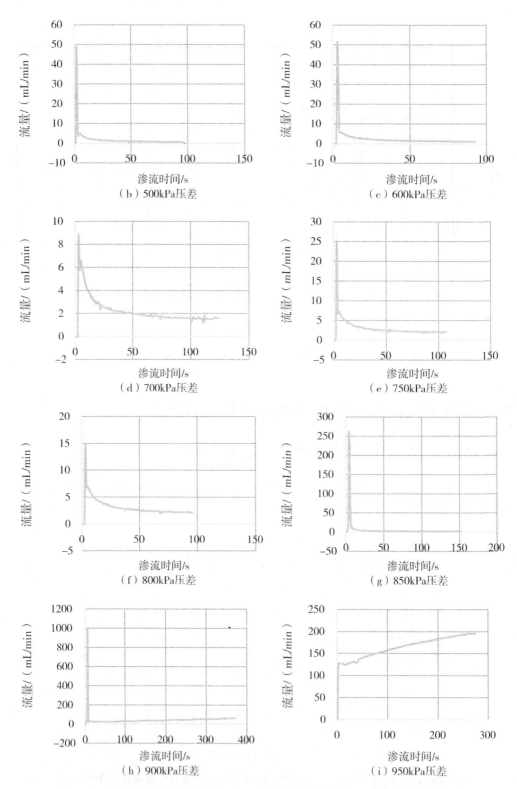

图 7-30　试样 3 在环境压力为 0.4MPa 时不同压差下的进口气体流量实时曲线(2)

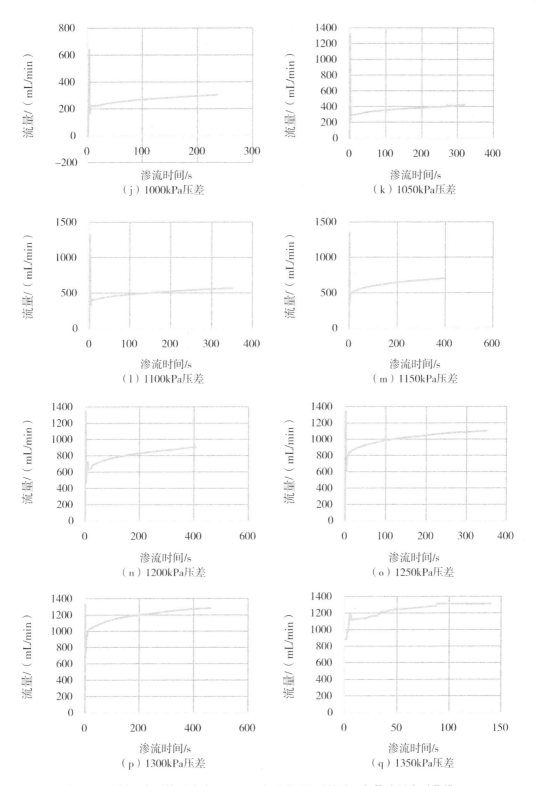

图 7-30 试样 3 在环境压力为 0.4MPa 时不同压差下的进口气体流量实时曲线(3)

从图 7-30 可以得出：在下端进口压力与上端出口压力间的压差为 80kPa、170kPa、300kPa、400kPa 时，气体渗透不过去，流量为零；在压差为 500kPa、600kPa、700kPa、750kPa、800kPa、850kPa、900kPa、950kPa、1000kPa、1050kPa、1100kPa、1150kPa、1200kPa、1250kPa、1300kPa 时的稳定流量分别为 0.7mL/min、1.1mL/min、1.5mL/min、1.8mL/min、2mL/min、2.3mL/min、63mL/min、195mL/min、300mL/min、420mL/min、566mL/min、710mL/min、904mL/min、1100mL/min、1270mL/min；在 1350kPa 压差下，流量超过量程。压差越大，流量更难趋于稳定，最后流量趋于稳定的时间也会越长。

2. 稳定渗流后土样上下两端压差随时间变化实验结果及分析

从图 7-31 可以得出：在压差为 900kPa、1000kPa、1100kPa、1200kPa、1300kPa，关闭进气口，土样底端压力下降，稳定后土样底端压力与出气口压力之间的压差分别为 100kPa、50kPa、30kPa、10kPa、10kPa。

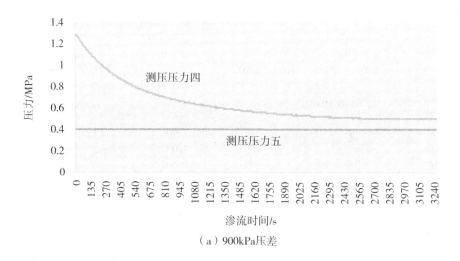

（a）900kPa压差

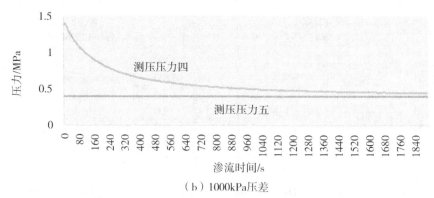

（b）1000kPa压差

图 7-31　试样 3 在环境压力为 0.4MPa 时不同压差下的压降曲线(1)

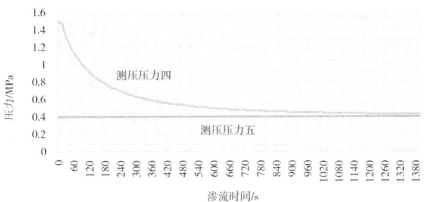

（c）1100kPa压差

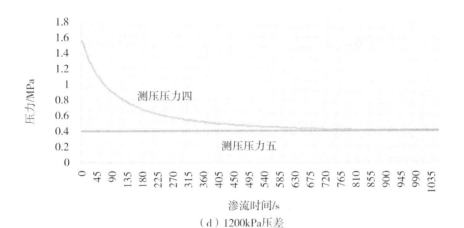

（d）1200kPa压差

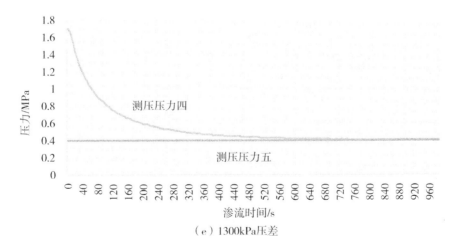

（e）1300kPa压差

图 7-31 试样 3 在环境压力为 0.4MPa 时不同压差下的压降曲线(2)

7.5.6　试样 1 反复多次渗气实验的结果及分析

（1）在相同的压差条件下进行不同进气压力的气体渗流实验，实验结果如图 7-32 所示。

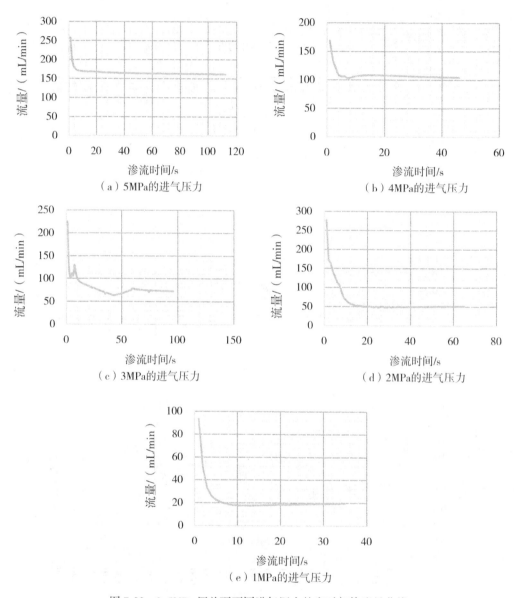

图 7-32　0.5MPa 压差下不同进气压力的实时气体流量曲线

从图 7-32 可以看出在 0.5MPa 压差下，在进气压力为 5MPa、4MPa、3MPa、2MPa、1MPa 时得到稳定时的流量分别为 162mL/min、104mL/min、73mL/min、51mL/min、20mL/min。

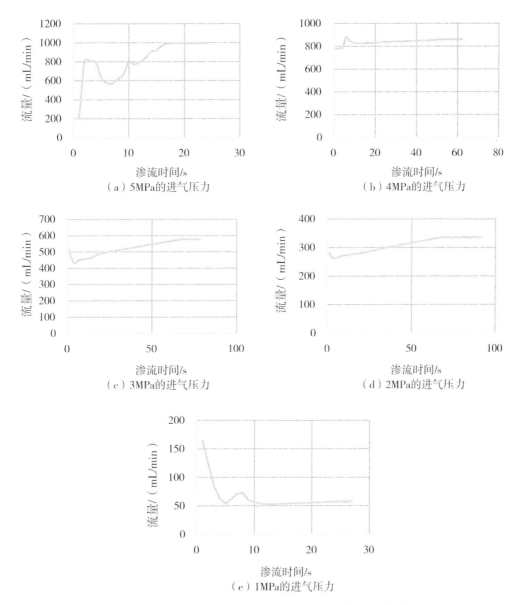

图 7-33　1MPa 压差下不同进气压力的实时气体流量曲线

从图 7-33 可以看出在 1MPa 压差下，在进气压力为 5MPa、4MPa、3MPa、2MPa、1MPa 时得到稳定时的流量分别为 995mL/min、860mL/min、574mL/min、336mL/min、57mL/min。

（2）在环境静水压力为 2MPa 的条件下进行不同压差的气体渗流实验，实验结果如图 7-34 所示。

从图 7-34 可以看出在 2MPa 环境压力下，压差为 250kPa、400kPa、500kPa、700kPa、800kPa 时得到稳定时的流量分别为 36mL/min、134mL/min、240mL/min、365mL/min、

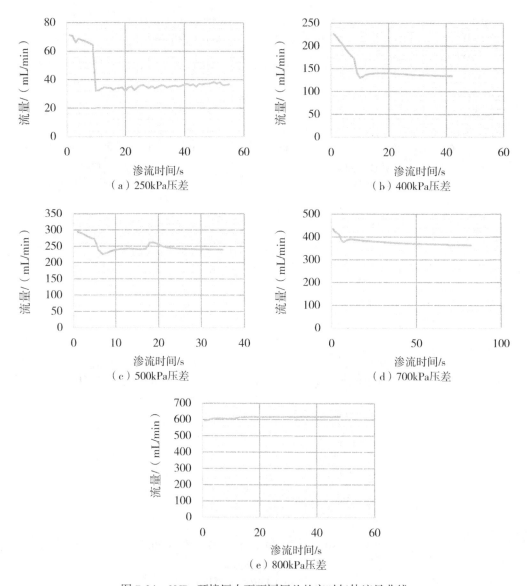

图 7-34　2MPa 环境压力下不同压差的实时气体流量曲线

617mL/min。

7.6　水下黏性土层中气体渗透特征

1. 恒定压差下黏性土中气体渗透规律

由图 7-35 可以得到，在 0MPa、0.4MPa、0.77MPa 压力环境下，试样 1 与试样 2 都存在启动压差，试样 1 在环境压力为 0MPa、0.4MPa、0.77MPa 时的启动压差分别为

900kPa、900kPa、600kPa，试样 2 在环境压力为 0MPa、0.4MPa、0.77MPa 时的启动压差分别为 500kPa、800kPa、400kPa。

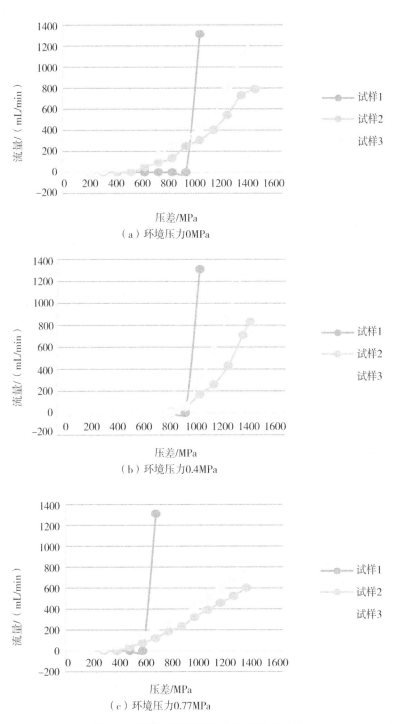

图 7-35 不同压差下的气体渗透实时曲线

从图 7-35 中可以说明：①气体压差未达到启动压差之前，气体只是作为黏性土中重力水的驱动压力，试样一侧只有水产生，因此当进气压差小于启动压差时，打开进气阀，流量为零。②当气体压差进一步上升，有一定数量的气体在试样的大孔隙系统中开始形成气泡，但气体不能流动，而且气泡都是孤立的，没有互相连接。在这一阶段，虽然出现气、水两相，但只有水相是可以流动的。③随着气体压差进一步上升，有更多的气体扩散到土体孔隙系统中。此时，水中含气已达饱和，气泡且互相连接，形成连续流动，气的相对渗透率大于零。随着压力上升和水饱和度降低，水的相对渗透率不断减小，气的相对渗透率逐渐增大，气体渗透量亦随之增加。

2. 恒定压差下不同进气压力黏性土中气体渗透规律

从图 7-36 可以得到：以试样 1 实验数据结果为例，在反复多次渗气时，在相同的压差条件下，不同的进气压力，流量不同；随着进气压力不断增加，流量也不断增大，流量与压差成正比关系。当压差小的时候，流量随压差的变化较慢，这时候曲线比较平缓；当压差比较大的时候，稳定流量随压差的变化幅度较大，关系曲线斜率较大。

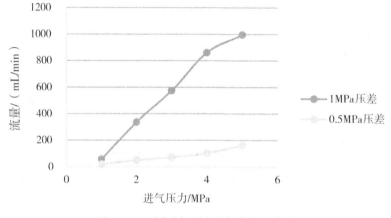

图 7-36   不同进气压力的气体流量曲线

3. 黏性土中上下两端压差在稳定渗透后的气体渗透规律

以试样 2 和试样 3 的数据为例，在进行不同压差下渗气实验时，关闭进气阀，土样底端压力下降，气体在土体内慢慢扩散，最后得到稳定时土样底端与出气端两者的压差。由图 7-37 可以得到随着压差的增大，最后土样两端稳定的压差减小，并且随时间的变化，稳定的压差也逐渐降低直至零。

从图 7-37 中可以说明：在进行不同压差下渗气实验时，关闭进气阀，土样底端压力下降，气体在土体内慢慢扩散，当在压力梯度较小的情况下，试样两端只有水在流动；当压力梯度逐渐增大时，有更多的气体扩散到土体孔隙系统中，此时，水饱和度逐渐降低，水中气泡互相连接，形成连续流动，这样使得土样里的气体渗透通道多了，因此随着压差增大，最后土样两端稳定的压差会逐渐减小，最后降为零。

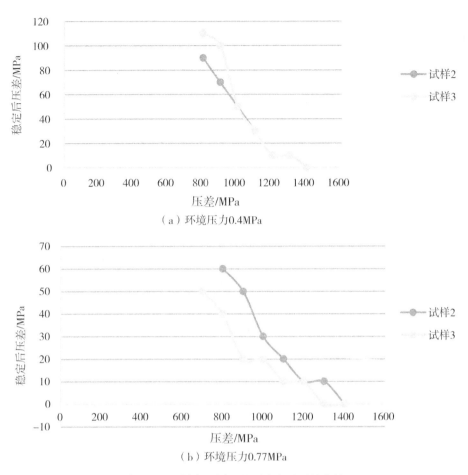

图 7-37 试样在不同压差下稳定后压差曲线

7.7 水下土体中气体渗透影响因素分析

影响土体渗透系数大小的因素很多，主要取决于土颗粒的形状、大小及土的不均匀系数、结构构造和水、气的黏滞性等。

(1)土的粒度成分和矿物成分的影响。土的颗粒级配及形状、大小，影响土中孔隙的大小，因而影响其渗透性。土中含有亲水性较大的黏土矿物和有机质时，也是大大降低了黏性土的渗透性。

(2)孔隙比对渗透系数的影响。孔隙比越大，土中孔隙越大，渗透系数越大，而孔隙比的影响主要取决于土体中的孔隙体积，而孔隙体积又取决于孔隙直径的大小、土粒的颗粒大小和级配。

(3)土的结构构造的影响。在黏土中存在团粒结构、絮凝结构、絮凝团粒结构等多种类型，但其中团粒结构、絮凝结构普遍存在，对黏土层的水理性质起到一定的控制作用，而其他类型的结构均出现在局部，对整个土层的水理性质的影响较小。

7.7.1　黏性土粗粒含量对气体流的影响

由图 7-38 可以得到：以试样 2 和试样 3 实验数据结果为例，在相同压力环境下，压

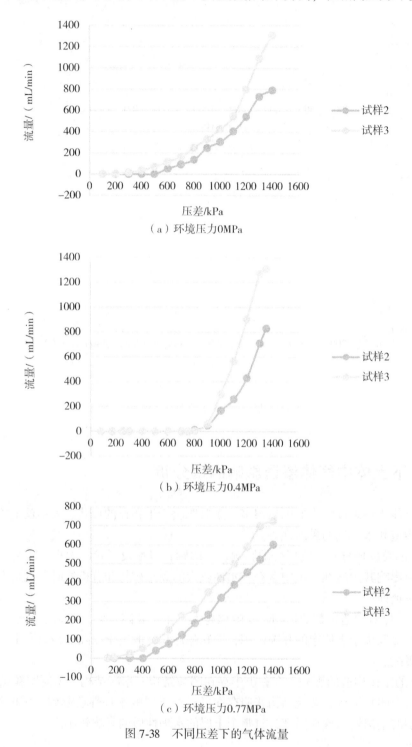

（a）环境压力 0MPa

（b）环境压力 0.4MPa

（c）环境压力 0.77MPa

图 7-38　不同压差下的气体流量

差不同，流量不同；随着压差不断增加，流量也不断增大。并且随着粗粒含量的增大，流量越大；试样 3 的粗粒含量比试样 2 的粗粒含量大，所以试样 3 的孔隙较大，渗透性就越好，则流量就越大。

以环境压力为 0.4MPa 时 1MPa 压差压降曲线为例(见图 7-29、图 7-31)，可以看出，试样 1 与试样 3 在关闭进气阀后土样底端与出口端稳定后的压差分别为 100kPa、20kPa；因此可以得到，黏土中粗粒含量较大时，最后关闭进气阀后，土样底端与出口端稳定后的压差越小。

7.7.2 环境压力对气体渗透的影响

以试样 2、试样 3 为例：不同环境压力对气体渗透的影响不是很显著(图 7-39)，可能存在误差，还需要对此进行进一步论证。

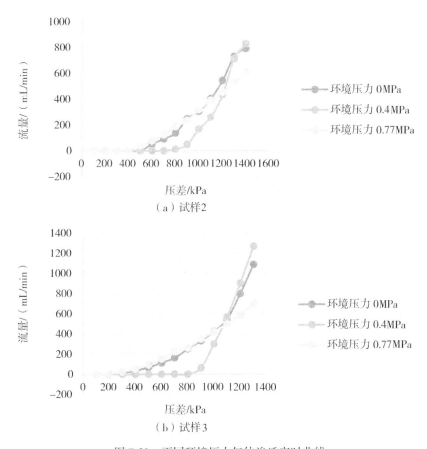

图 7-39 不同环境压力气体渗透实时曲线

第8章 水下粗粒土中气体渗透特征研究

8.1 海底粗粒沉积物与有利沉积层

根据水合物沉积层的不同，海底天然气水合物可以划分为砂岩水合物、破碎黏土岩水合物、海床上(和近海床)的块状水合物以及不渗透页岩、泥岩中的低品位浸染状水合物四类(Boswell et al., 2006, 2007)，见图8-1。其中以后一类型的水合物数量最大，因为在陆缘沉积岩中大多数水合物均为赋存在泥页岩岩系中。此外，还存在以砂岩和泥岩为围岩的复合型水合物矿床。

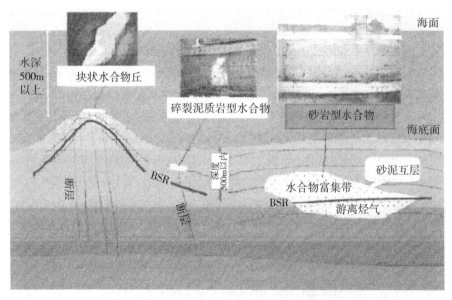

图8-1 海底沉积中赋存的不同类型的天然气水合物矿藏(Tanahashi, 2011)

砂岩型水合物指赋存于海底沉积层中的砂土或砂岩(这里泛称为"砂岩")之中的水合物。砂岩层具有良好的渗透性，赋存的水合物饱和度很高(例如，在墨西哥湾高达80%)，是未来水合物资源开发的主要目标。日本于2000—2004年选择日本南海海槽的砂岩水合物区进行了科学实验钻、测井和真空取样，并于2013年进行了开采试验。这是对海洋型水合物的第一个深海开采试验。美国也于2012年在墨西哥湾北部的砂岩富矿层进行了真空取样钻探，为下一步的开采试验做准备。

破碎黏土岩(泥页岩)型水合物,赋存于海底沉积物的破碎粉砂质泥页岩中,但是因为它们破碎而具有了一定的渗透性。例如,印度和墨西哥湾的钻孔中都遇见过这种填充于破碎裂隙中的水合物。这种水合物在岩层中的含量不高,但因为渗透性较好,在理论上仍可以从这类岩层中开采出相当数量的甲烷气体。

浸染状水合物,赋存于海底沉积物的渗透性差的黏土(黏土岩)或软泥(泥页岩)中,也称泥页岩型水合物。由于在陆缘带海底大量分布这类沉积物,又具备温压条件,所以这种类型的水合物储有量非常大,蕴藏着全球绝大多数原位水合物,几乎代表了整个海洋型天然气水合物的总量。但是,在目前的技术条件下,由于其岩层渗透性弱,开采十分困难,似乎不可能成为可开采的气体水合物。

块状水合物分布于海床附近,或者直接分布于海床面上,往往有较好的竖直渗流通道,下方的甲烷气体可以大量地上升到海床附近成矿。这类矿的饱和度非常高,是名副其实的富矿,但因规模太小且不稳定,开采价值较小。

因此,在现有的开采工艺技术水平下,砂质储集体中的水合物是最理想的勘探和开采目标。所以,海洋沉积物中砂层的分布对水合物的成矿及开发起到很好的控制作用。

从地质成因上看,碎屑流沉积、浊积水道-天然堤复合体系、富砂质 MTD 都是海洋中最常见的富砂质沉积类型。因此,根据水合物运聚体系的思想,寻找这些富砂背景下的水合物藏,是现在和未来海域水合物勘探的重要任务之一(吴能友等,2020)。

与砂岩型水合物相类似的还有火山灰(岩)水合物。它们之所以成为目前海洋水合物勘探和开采的理想目标,主要是因为它们的渗透性好、毛细性弱。这类海底高渗透性层主要包括火山灰层以及各种成因的砂层。例如,ODP 第 204 航次 1245 站位位于俄勒冈海域卡斯卡迪亚缘水合物脊西翼 870m 水深处,从地震剖面中可以观察到明显的 BSR,分别切穿强反射层"A 层""B 层""Y 层"(图 8-2)。反射层 A 是个富火山灰地层,通过钻井站位取样得知,其为粗粒沉积且渗透性好;通过元素地球化学分析可知,A 层是甲烷气从增生复合体向水合物脊顶部运移的流体通道,能够将烃类气体运移至水合物稳定带之内(Teichert et al.,2005),而位于稳定带之内的强反射层也可以作为潜在的储层。

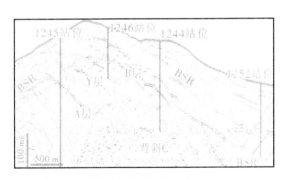

图 8-2　水合物脊地震剖面的强反射层特征(Teichert et al.,2005)

根据钻探勘察,日本南海海槽的水合物富集在碎屑砂质沉积物中,钻遇的沉积物由厚度不等的细砂至中砂和粉砂/黏土互层组成(图 8-3(b))。其中砂层厚度一般小于1m,是浊积相中半深海未完全固结的沉积物，总厚度为 12~14m（Noguchi et al.，2011）。含水合物的砂质沉积物孔隙度达 55%，而泥质沉积物的孔隙度大多小于 40%（Uchida et al.，2004a）。较大的孔隙空间拥有较小的毛细压力，使得水合物可以较高的饱和度聚集，砂层中水合物的饱和度最高可达 80%（图 8-3（a））。此外，含水合物的砂体横向渗透率为 0.001~0.1mD，而饱和水的砂体渗透率可为 100~1000mD。因此，砂层成为海洋水合物最理想的储集空间，水合物更趋于聚集在海底沉积物的粗粒夹层中。

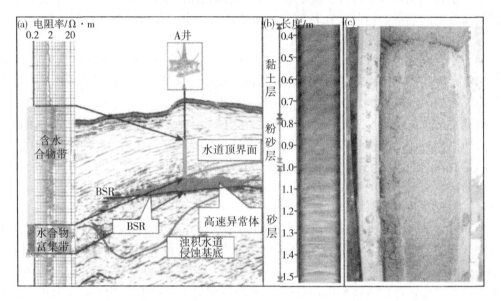

（a）BSR 之上的强反射及高速异常体、水道特征以及浊流沉积体；（b）南海海槽保压岩芯扫描成像图；
（c）含水合物的砂质沉积物实物样品
图 8-3　南海海槽水合物（Uchidaa et al.，2004；Noguchi et al.，2011）

　　相对于细粒沉积物，粗粒沉积物具有更大的孔隙度、渗透率，不仅更适合水合物的富集，而且有着开发的现实可能。这样的沉积层可以称为有利沉积层。本章将以砂土为代表，对有利沉积层的气体渗透性进行实验研究。

8.2　气在水下砂土中的渗透实验分析

8.2.1　水下气体渗流实验装置设计

　　根据水下砂土的特点，开发了气体渗流实验装置，见图 8-4。本套实验装置可以用于水下埋置输气管线的泄漏气体、天然气水合物分解气体等在水下土体中的扩散过程，同时可实现直观、快速、实时地监测饱和砂土中气体渗透过程。
　　实验装置主要由注入系统、实验系统、辅助系统和数据采集控制系统组成。

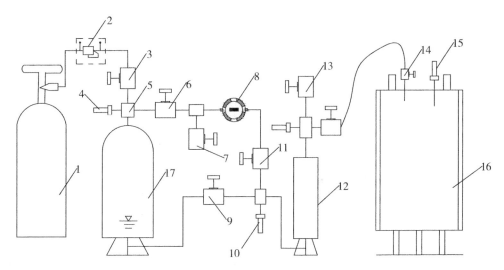

1. 氮气瓶；2. 减压阀；3、6、7、14. 阀门；4. 测压一；5. 四通阀；8. 出口流量计；9. 进水阀；
10. 测压四；11. 进气阀；12. 缓冲容器；13. 放空阀；15. 测压三；16. 反应釜；17. 储气罐

图 8-4　实验装置图

1. 注入系统

注入系统由高精度调压阀、气体流量质量控制器、气体流量计、压力表、氮气瓶和管道等组成，主要功能为精准控制模型箱体内气体源的压力，并测试气体流量。

2. 实验系统

实验系统由高压釜、缓冲容器、储气罐和单向阀组成。高压釜主要用来储存一定压力的气体作为环境压力，储气罐注入氮气作为进气压力，缓冲容器用来装砂样，作为样品桶。

3. 辅助系统

辅助系统由真空系统、空气压缩机、管阀件以及压力和压差传感器组成。可用来注入环境压力和抽真空。

4. 数据采集控制系统

数据采集控制系统由温度传感器、高速采集卡、数据处理软件、高速采集卡、电路集成、接口板和微机组成，主要功能为数据传输、采集和记录。

8.2.2　主要装置功能及其技术指标

本次实验的主要装置包括：高压釜、缓冲容器、储气罐、真空系统、空气压缩机、压力传感器、气体流量计以及连接管线和阀门等组成，下面一一详细介绍。

（1）高压釜：高压釜的材料是 304 不锈钢锻件，耐压 30MPa。有效内尺寸：ϕ520mm×

1200mm，釜盖上配有进出口及相关测试接口，上釜盖配有 4 个起吊环(可拆卸)，釜体加工后的总体重量约 2.9t。高压釜与缓冲容器上出口相连，内部充入一定压力气体作为环境压力。高压釜如图 8-5 所示。

(2)缓冲容器：缓冲容器材质为 304 不锈钢材料，高 35cm，容积 250mL，耐压 30MPa。缓冲容器内部装砂样，在本次实验中作为样品桶。缓冲容器的下部作为进气口，同时也可进水，上部出口连接反应釜，作为出气口。缓冲容器如图 8-6 所示。

图 8-5　高压釜　　　　　　　　　　　　　　图 8-6　缓冲容器

(3)储气罐：储气罐材质为 304 不锈钢材料，耐压 30MPa，容积 10L。储气罐上部充入氮气作为进气源，下部注水作饱和样品用。储气罐上出口既连接氮气瓶，又连接缓冲容器下部进气口，下出口连接缓冲容器下进口。储气罐如图 8-7 所示。

图 8-7　储气罐　　　　　　　　　　　　　　图 8-8　空气压缩机

（4）真空系统：包括真空泵，真空容器及真空表。真空泵连接缓冲容器的上出口，用以抽缓冲容器内部的空气，使其保持真空，从而使砂样饱和。真空泵见图 7-10。

（5）空气压缩机：储气容积 30L，最大压力 0.8MPa，为气动阀提供动力源。同时往高压釜体内注入空气。空气压缩机如图 8-8 所示。

（6）压力传感器：用于釜体、缓冲容器及储气罐的测量控制，压力 0~30MPa，计量精度为 0.1%F.S.。压力传感器如图 8-9 所示。

图 8-9　压力传感器

（7）气体流量计：型号为 F-231M，由荷兰进口，流量量程为 1000mL/min，耐压 30MPa，在线计量，可计量瞬时流量和累积流量，并带有标准的 232 接口，由计算机自动采集。气体流量计见图 7-11。

8.2.3　实验过程

1. 实验设备的连接与调试

在正式开始实验之前，首先要进行实验设备的连接与调试，确保实验设备完好以及正常工作。下面就实验设备连接与调试过程中需要注意的事项进行介绍。

首先，进行实验设备的安装摆放，由于设备较大且复杂，因此合理的摆放顺序显得至关重要。安放的原则是仪器之间合理紧凑，尽量少占用空间，设备与设备之间线路连接尽可能简短。

其次，装置安放合理后，进行电气线路的安装，包括压力传感器、真空表、反应釜、压差传感器和进出口流量计等电子元件的安装。仪器设备安装完毕后，进行整体的检漏，检查每一个接头是否连接牢固可靠，是否有漏接的情况，及时排查。

然后，一切准备就绪后，开始对装置系统进行调试。打开仪器面板的电源，仔细检查每个电器元件的工作情况，看是否正常显示，是否有无显示的情况。如果存在上述情况，逐一排查，发现问题，及时解决，保证每一个电子元件都正常工作，从而确保整个装置系统完整、正常工作。此外，还要将仪器面板上的数显调整为初始状态，有误差的，则要消除误差。仪器操作面板见图 7-9。

最后，要对整个实验系统进行气密性检查，先向储气罐内注入一定压力的气体，观察并记录此时储气罐内部气压大小，经过一段时间后，看其气压是否减小。如果气压减小，再检查连接部位的可靠性，当连接不可靠时，重新进行连接。

2. 实验材料的准备

实验材料的准备包括：砂样的准备、工具的准备和样品的制备。

1）砂样的准备

为分析黏粒含量对气体渗透性的影响，本次实验所用砂样共五种：砂样 1、砂样 2、砂样 3、砂样 4、砂样 5。砂样的准备过程包括：粉细砂的制备、黏土的制备和砂样的配比。

（1）粉细砂的制备：本实验采用的砂样是粉细砂，选用的是粒径小于 0.25mm 的河砂，河砂首先经过晾晒干，才能方便筛分。采用筛分法筛分，利用振动筛进行振动筛分，获取粒径小于 0.25mm 的实验用砂。

（2）黏土的制备：由于挖出的黏土较湿，需经过晒干，用小锤敲碎成小块之后才方便进一步粉碎。黏土小块粉需要用粉碎机进行粉碎。

（3）砂样的配比：根据砂样黏粒含量的不同，分别取适量粉细砂和黏土进行配比，得到砂样 1、砂样 2、砂样 3、砂样 4、砂样 5，其黏粒含量分别为 0、4%、7.5%、12%、15%。

2）工具的准备

为防止砂样堵塞进气口，需要用细纱布（见图 7-15）垫在缓冲容器底部。为了使气体均匀地从缓冲容器底部扩散，在细纱布上面放置自制的多孔塑料板（见图 7-14），同时需要用透水石封底（见图 7-17），并且用密封圈（见图 7-18）套在透水石的边缘，使透水石与缓冲容器内壁密封，从而防止气体从边缘通过，确保水或者气体从底面均匀地渗透通过砂样。透水石的规格为：直径 9cm，高 1cm。砂样的顶部放置透水石，由于样品的渗透性较好，为避免砂样被气体冲出，确保实验顺利进行，需用硬质弹簧（见图 7-20）压紧砂样。因透水石质地脆弱，在用弹簧压紧之前要用多孔铁板（见图 7-19）隔开，以防止透水石被损坏。

此外，本实验采用的气体为武汉钢铁集团氧气有限责任公司生产的纯度为 99.999% 的氮气，气瓶标准压力 12MPa，体积 50L。

3）样品的制备

本章实验所用样品共有三种：砂样 1、砂样 2、砂样 3、砂样 4、砂样 5，黏土含量分别为 0、4%、7.5%、12%、15%。样品的制备过程包括混合搅拌、装填、分层压实、压紧。

(1)混合搅拌：首先根据实验要求，按照黏土含量不同准确称量一定量的黏土和粉砂，然后将它们混合搅拌，这个过程要求搅拌均匀。

(2)装填：首先把细纱布放在缓冲容器底部，防止砂样堵塞进气口。然后，纱布上面放置自制的多孔塑料板，多孔塑料板上面放一块透水石，并且用密封圈套在透水石的边缘，使透水石与缓冲容器内壁密封，从而防止气体从边缘通过，确保水或者气体从底面均匀地渗透通过砂样。最后，取一定量的砂样 1 进行装填。

(3)分层压实：为了使所填砂样均匀、密实，要进行分层装样并夯实。每次装填 0.4kg 砂样，并加入少量水，充分压实，压实后高度为 2.5cm。分 10 次装填，最终砂样装填总高度为 25cm。

(4)压紧：砂样装填完成后，顶部放透水石，并用密封圈密封，透水石上面放多孔铁板并用硬质弹簧压紧，以确保砂样不被水或气体冲坏。最后拧紧盖子，样品制备完毕。

取适量配比好的砂样进行土工实验，首先进行砂样烘干实验，分别得到五种砂样的含水率。然后取适量烘干后的砂样，采用比重瓶法测得砂样的比重。再取一定量的烘干砂样，分别测得最疏松状态的最小干密度 ρ_{min} 和最密实状态的最大干密度 ρ_{max}。从而根据公式 $e_{max} = \dfrac{\rho_w \cdot G_s}{\rho_{min}} - 1$ 和 $e_{min} = \dfrac{\rho_w \cdot G_s}{\rho_{max}} - 1$ 分别得到最大孔隙比 e_{max} 和最小孔隙比 e_{min}，再根据相对密度公式 $D_r = \dfrac{e_{max} - e_0}{e_{max} - e_{min}}$，计算得到砂样的相对密度。砂样的基本物理性质如表 8-1 所示。

表 8-1　砂样基本物理性质

样品	黏粒含量/%	含水率/%	比重	密度/(g/cm³)	相对密度
砂样 1	0	9.6	2.65	1.83	0.70
砂样 2	4	9.5	2.66	1.92	0.72
砂样 3	7.5	9.7	2.68	2.02	0.75
砂样 4	12	9.5	2.70	2.25	0.78
砂样 5	15	9.9	2.73	2.31	0.83

3. 实验操作步骤

实验操作步骤包括两部分：渗水实验和渗气实验。渗水实验的目的是测定所填砂样的渗透性，以便为下一步渗气实验提供必要的参数支撑，避免进气压力过大而损坏流量计；同时使砂样饱和，以便进行渗气实验。

1)渗水实验操作步骤

本次渗水实验采用的是"常水头法"。常水头法的原理：在实验过程中保持水头一定，

进而使水头差 Δh 也保持一定。常水头法实验装置如图 8-10 所示。

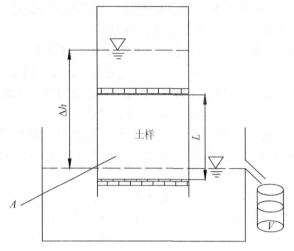

图 8-10　常水头法装置图

首先，在圆柱形样品桶中装填试样，装填试样的规格为：横截面积为 A，高度为 L。然后，将装填好的试样进行饱和，饱和后，打开进水口和出水口，让水在自重的情况下自上而下流经试样，当水头差 Δh 和流出水量 Q 达到稳定时，开始记录流经试样水量为 V 时所用的时间 t，则有

$$V = Q \cdot t = v \cdot A \cdot t \tag{8-1}$$

根据达西定律，$v = k \cdot i$，则

$$V = k \cdot \left(\frac{\Delta h}{L}\right) \cdot A \cdot t \tag{8-2}$$

从而得出：

$$k = \frac{Q \cdot L}{A \cdot \Delta h} \tag{8-3}$$

常水头法实验适用于测定透水性较大的砂性土的渗透参数。

渗水实验操作步骤主要包括：抽真空吸水→自然放水→记录数据，下面分别作详细介绍。

（1）抽真空吸水：首先往储气罐下部注入一定量的水，水量约为储气罐容积的 1/5。然后用真空泵连接放空阀 13（见图 8-4），并保持打开，同时关闭进水阀 9（见图 8-4）和进气阀 11（见图 8-4）。打开真空泵，抽真空半小时，使缓冲容器 12（见图 8-4）达到真空状态，然后上部一直保持抽真空，这时打开进水阀 9（见图 8-4），吸水使砂样饱和。

（2）自然放水：砂样饱和后，关闭真空泵，打开盖子，从上部不断加水，保持缓冲容器中水位不变，在大气压下使水自上而下流经试样，并自出水口处排出。

（3）记录数据：当流出水速度达到稳定后，在缓冲容器底部出口处用量筒连续量测每流出 10mL 的水所需要的时间，并进行记录。

将实验结果代入式(8-3)，得到砂样 1 的渗水系数 $k_1 = 1.63 \times 10^{-5} \mathrm{m/s}$。同理，可得砂样 2、砂样 3、砂样 4、砂样 5 的渗水系数 k_2、k_3、k_4、k_5 分别为 $1.20 \times 10^{-5} \mathrm{m/s}$、$7.54 \times 10^{-6} \mathrm{m/s}$、$5.21 \times 10^{-6} \mathrm{m/s}$、$6.58 \times 10^{-7} \mathrm{m/s}$。结果表明，砂样的渗透性较好。为保护流量计不被损坏，进行渗气实验时进气压力不可过大。

2)渗气实验操作步骤

渗气实验操作步骤如下。

(1)往储气罐 17(见图 8-4)下部注入一定量的水，水量约为储气罐容积的 1/5。储气罐上部出口一端连接氮气瓶 1(见图 8-4)，打开阀门 3(见图 8-4)，调整减压阀 2(见图 8-4)大小，通过氮气瓶往储气罐内注入一定压力的气体，气体压力由测压传感器 4(见图 8-4)量测。打开阀门 6 和 7(见图 8-4)，使缓冲容器 12(见图 8-4)下部与储气罐上部相通，则该压力即为缓冲容器的进气压力。

(2)缓冲容器上部通过软管与反应釜 16(见图 8-4)上部相连，先通过空气压缩机往反应釜内注入一定压力的空气，作为环境压力，环境压力由压力传感器 15(见图 8-4)量测。打开阀门 14(见图 8-4)，使缓冲容器上部与反应釜上部连通，则该环境压力即为缓冲容器的上部出气压力。

(3)砂样 1 饱和后，关闭阀门 9(见图 8-4)。出气压力保持不变，调整进气压力大小，打开进气阀 11(见图 8-4)，观察并记录出口流量计 8(见图 8-4)的变化，一段时间后，流量计达到稳定，此时的流量大小表征砂样 1 在该压差环境下渗透达到稳定时的渗透性能。

(4)每做完一组压差后，用真空泵连接放空阀 13(见图 8-4)，抽半个小时真空后，打开进水阀 9(见图 8-4)，向缓冲容器中注水，饱和砂样 1，再做下一组压差实验。使砂样 1 在实验过程中始终保持饱和状态。不断增加进气压力，分别做 10kPa、30kPa、50kPa、80kPa、100kPa 的压差实验，同时记录每一组压差下的稳定流量。

(5)设定 0.1MPa、0.3MPa、0.5MPa、0.7MPa、0.8MPa 的环境压力，重复上述步骤(1)、(2)、(3)、(4)。

(6)砂样 2、砂样 3、砂样 4、砂样 5 按照同样的方法进行，重复以上步骤(1)、(2)、(3)、(4)、(5)。

8.3 实验结果分析

8.3.1 砂样 1 实验结果

对砂样 1(黏粒含量为 0)在 0.1MPa、0.3MPa、0.5MPa、0.7MPa、0.8MPa 五个环境压力下分别进行了不同压差的渗气实验，每种压差下的渗气实验做了三组平行试验，取三组平行试验稳定流量的平均值作为该压差下的最终稳定流量。现将实验结果分述如下。

1. 环境压力 0.1MPa

在 0.1MPa 环境压力下，通过改变进气压力，得到 10kPa、30kPa、50kPa、80kPa、100kPa 压差下实时气体流量的变化过程，分别如图 8-11 中(a)、(b)、(c)、(d)、(e)

所示。

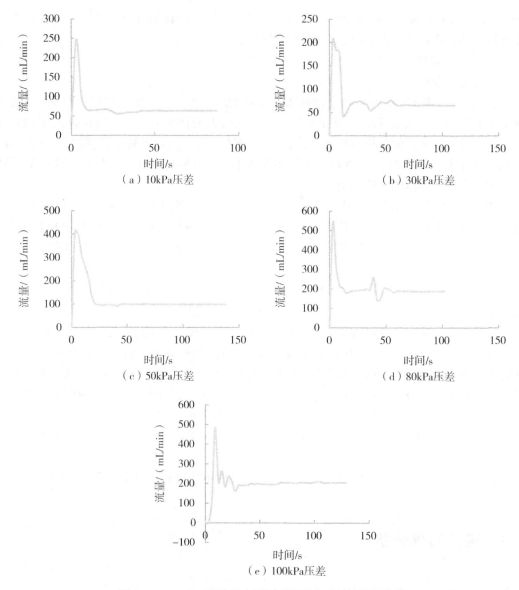

图 8-11　0.1MPa 环境压力不同压差下实时气体流量曲线

当渗气过程达到稳定时，稳定流量分别为 61.6mL/min、65.4mL/min、91.5mL/min、185.5mL/min、235.1mL/min。

2. 环境压力 0.3MPa

在 0.3MPa 环境压力下，通过改变进气压力，得到 10kPa、30kPa、50kPa、80kPa、100kPa 压差下实时气体流量的变化过程，分别如图 8-12 中（a）、（b）、（c）、（d）、（e）

所示。

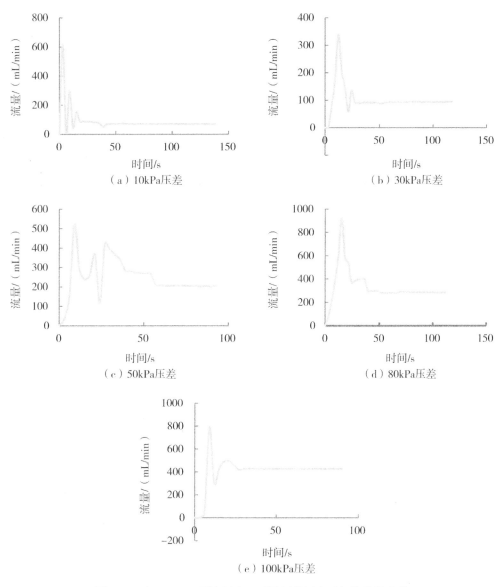

图 8-12 在 0.3MPa 环境压力、不同压差下实时气体流量曲线

当渗气过程达到稳定时，稳定流量分别为 70.6mL/min、92.9mL/min、208.2mL/min、284.9mL/min、422.5mL/min。

3. 环境压力 0.5MPa

在 0.5MPa 环境压力下，通过改变进气压力，得到 10kPa、30kPa、50kPa、80kPa、100kPa 压差下实时气体流量的变化过程，分别如图 8-13 中（a）、（b）、（c）、（d）、（e）

所示。

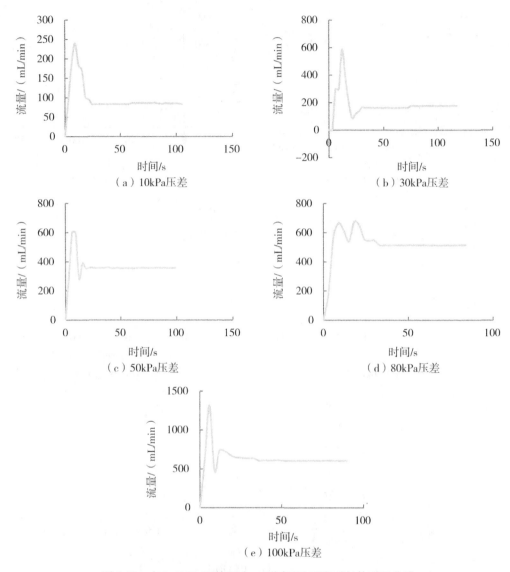

图 8-13　在 0.5MPa 环境压力、不同压差下实时气体流量曲线

当渗气过程达到稳定时，稳定流量分别为 87.3mL/min、175mL/min、350.6mL/min、512.9mL/min、604.3mL/min。

4. 环境压力 0.7MPa

在 0.7MPa 环境压力下，通过改变进气压力，得到 10kPa、30kPa、50kPa、80kPa、100kPa 压差下实时气体流量的变化过程，分别如图 8-14 中（a）、（b）、（c）、（d）、（e）所示。

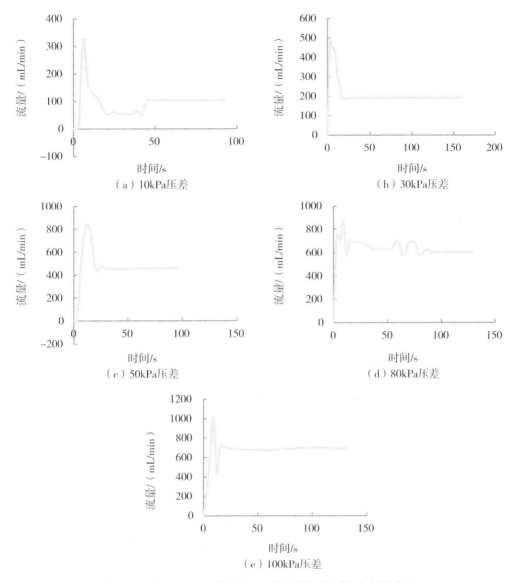

图 8-14 在 0.7MPa 环境压力、不同压差下实时气体流量曲线

当渗气过程达到稳定时，稳定流量分别为 103.1mL/min、192.9mL/min、459.8mL/min、603.8mL/min、687.3mL/min。

5. 环境压力 0.8MPa

在 0.8MPa 环境压力下，通过改变进气压力，得到 10kPa、30kPa、50kPa、80kPa、100kPa 压差下实时气体流量的变化过程，分别如图 8-15 中（a）、（b）、（c）、（d）、（e）所示。

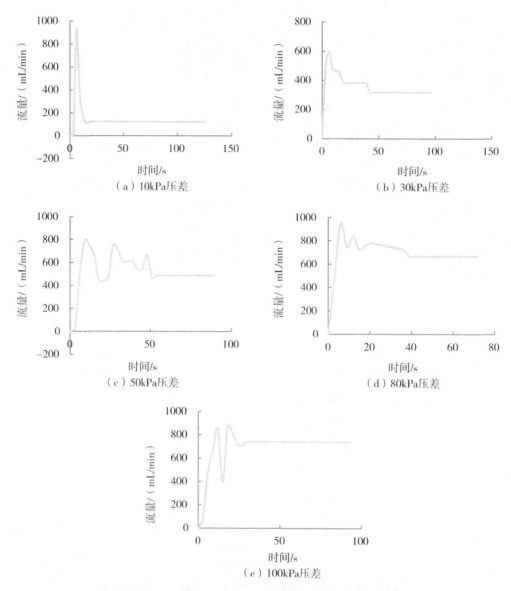

图 8-15 在 0.8MPa 环境压力、不同压差下实时气体流量曲线

当渗气过程达到稳定时，稳定流量分别为 122.4mL/min、316.9mL/min、487.2mL/min、666.6mL/min、739.6mL/min。

8.3.2 砂样 2 实验结果

对砂样 2(黏粒含量为 4%)在 0.1MPa、0.3MPa、0.5MPa、0.7MPa、0.8MPa 五个环境压力下分别进行了不同压差的渗气实验，每种压差下的渗气实验做了三组平行试验，取三组平行试验稳定流量的平均值作为该压差下的最终稳定流量。现将实验结果分述如下：

1. 环境压力 0.1MPa

在 0.1MPa 环境压力下，通过改变进气压力，得到 10kPa、30kPa、50kPa、80kPa、100kPa 压差下实时气体流量的变化过程，分别如图 8-16 中（a）、（b）、（c）、（d）、（e）所示。

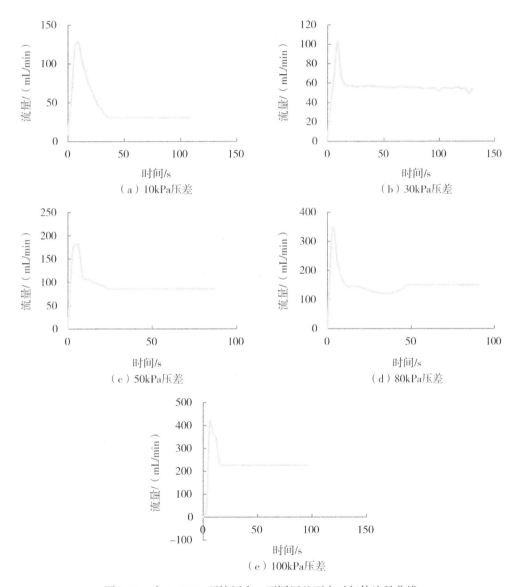

图 8-16　在 0.1MPa 环境压力、不同压差下实时气体流量曲线

当渗气过程达到稳定时，稳定流量分别为 30.1mL/min、54.8mL/min、85.7mL/min、150.2mL/min、222.2mL/min。

2. 环境压力 0.3MPa

在 0.3MPa 环境压力下，通过改变进气压力，得到 10kPa、30kPa、50kPa、80kPa、100kPa 压差下实时气体流量的变化过程，分别如图 8-17 中（a）、（b）、（c）、（d）、（e）所示。

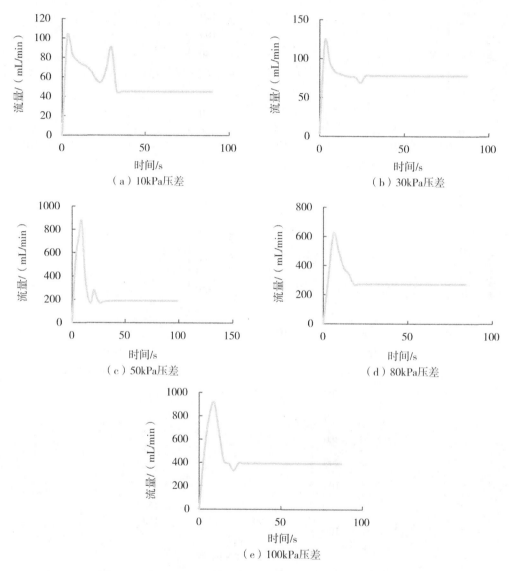

图 8-17　在 0.3MPa 环境压力、不同压差下实时气体流量曲线

当渗气过程达到稳定时，稳定流量分别为 43.3mL/min、77.8mL/min、189.6mL/min、271.1mL/min、391.2mL/min。

3. 环境压力 0.5MPa

在 0.5MPa 环境压力下，通过改变进气压力，得到 10kPa、30kPa、50kPa、80kPa、100kPa 压差下实时气体流量的变化过程，分别如图 8-18 中(a)、(b)、(c)、(d)、(e)所示。

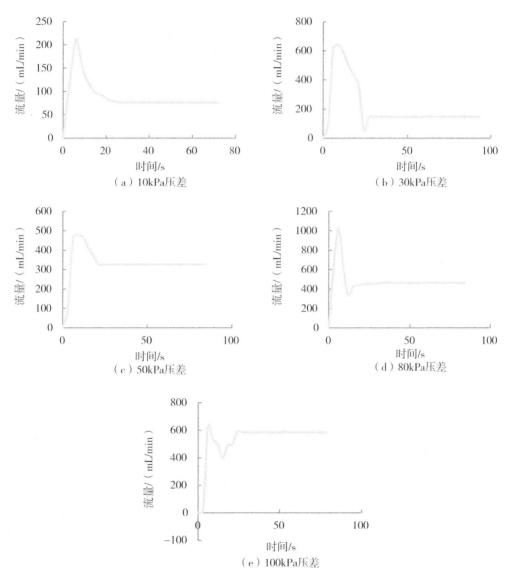

图 8-18　在 0.5MPa 环境压力、不同压差下实时气体流量曲线

当渗气过程达到稳定时，稳定流量分别为 76.5mL/min、147.4mL/min、325.6mL/min、461.3mL/min、585.2mL/min。

4. 环境压力 0.7MPa

在 0.7MPa 环境压力下，通过改变进气压力，得到 10kPa、30kPa、50kPa、80kPa、100kPa 压差下实时气体流量的变化过程，分别如图 8-19 中（a）、（b）、（c）、（d）、（e）所示。

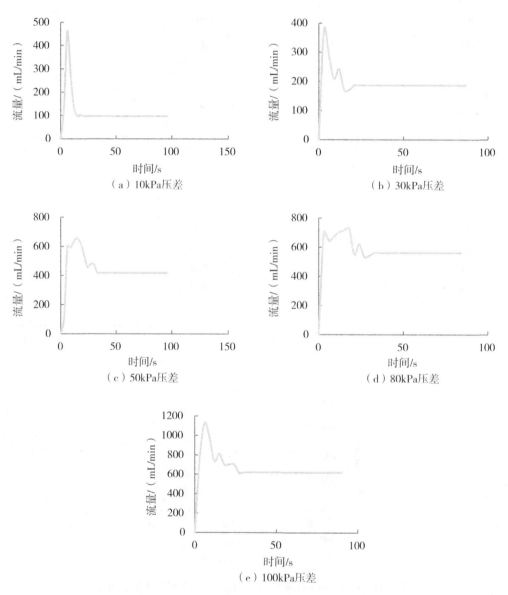

图 8-19　在 0.7MPa 环境压力、不同压差下实时气体流量曲线

当渗气过程达到稳定时，稳定流量分别为 94.3mL/min、186.7mL/min、417.9mL/min、559.9mL/min、619.8mL/min。

5. 环境压力 0.8MPa

在 0.8MPa 环境压力下，通过改变进气压力，得到 10kPa、30kPa、50kPa、80kPa、100kPa 压差下实时气体流量的变化过程，分别如图 8-20 中（a）、（b）、（c）、（d）、（e）所示。

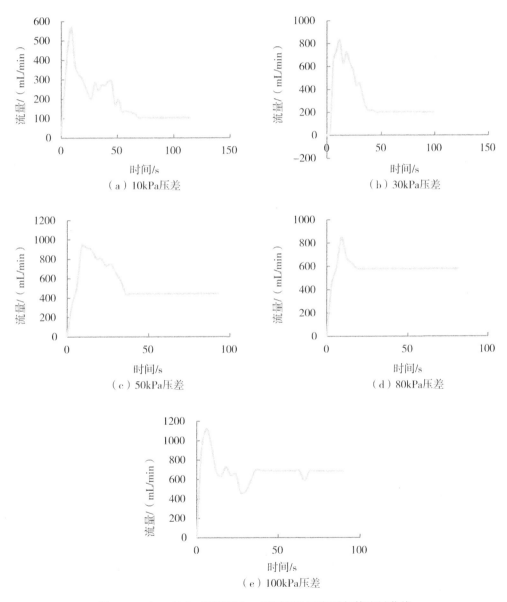

图 8-20　在 0.8MPa 环境压力、不同压差下实时气体流量曲线

当渗气过程达到稳定时，稳定流量分别为 103.3mL/min、202.2mL/min、443.2mL/min、577.7mL/min、683.5mL/min。

8.3.3　砂样 3 实验结果

对砂样 3(黏粒含量为 7.5%)在 0.1MPa、0.3MPa、0.5MPa、0.7MPa、0.8MPa 五个环境压力下分别进行了不同压差的渗气实验，每种压差下的渗气实验做了三组平行试验，取三组平行试验稳定流量的平均值作为该压差下的最终稳定流量。现将实验结果分述如下。

1. 环境压力 0.1MPa

在 0.1MPa 环境压力下，通过改变进气压力，得到 10kPa、30kPa、50kPa、80kPa、100kPa 压差下实时气体流量的变化过程，分别如图 8-21 中(a)、(b)、(c)、(d)、(e)所示。

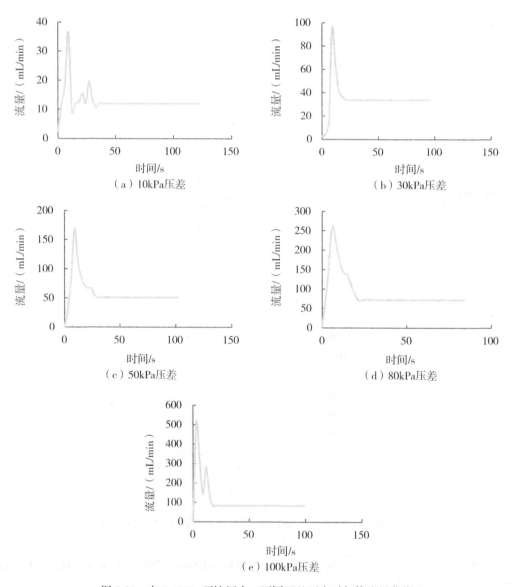

图 8-21　在 0.1MPa 环境压力、不同压差下实时气体流量曲线

当渗气过程达到稳定时，稳定流量分别为 11.5mL/min、33.5mL/min、50.2mL/min、71.9mL/min、83.4mL/min。

2. 环境压力 0.3MPa

在 0.3MPa 环境压力下，通过改变进气压力，得到 10kPa、30kPa、50kPa、80kPa、100kPa 压差下实时气体流量的变化过程，分别如图 8-22 中（a）、（b）、（c）、（d）、（e）所示。

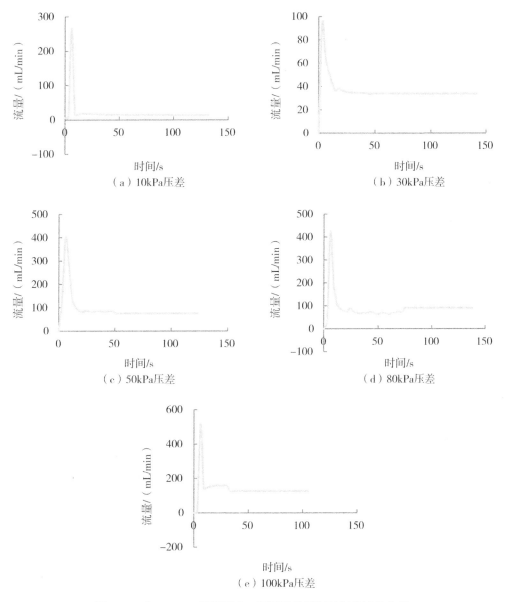

图 8-22　在 0.3MPa 环境压力、不同压差下实时气体流量曲线

当渗气过程达到稳定时，稳定流量分别为 13.5mL/min、36.5mL/min、75.2mL/min、91.3mL/min、126.4mL/min。

3. 环境压力 0.5MPa

在 0.5MPa 环境压力下，通过改变进气压力，得到 10kPa、30kPa、50kPa、80kPa、100kPa 压差下实时气体流量的变化过程，分别如图 8-23 中(a)、(b)、(c)、(d)、(e) 所示。

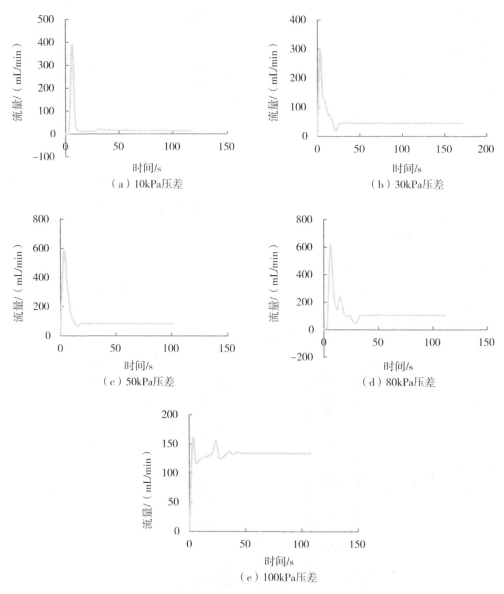

图 8-23　在 0.5MPa 环境压力、不同压差下实时气体流量曲线

当渗气过程达到稳定时，稳定流量分别为 15.6mL/min、45mL/min、82.1mL/min、104.4mL/min、133.9mL/min。

4. 环境压力 0.7MPa

在 0.7MPa 环境压力下，通过改变进气压力，得到 10kPa、30kPa、50kPa、80kPa、100kPa 压差下实时气体流量的变化过程，分别如图 8-24 中（a）、（b）、（c）、（d）、（e）所示。

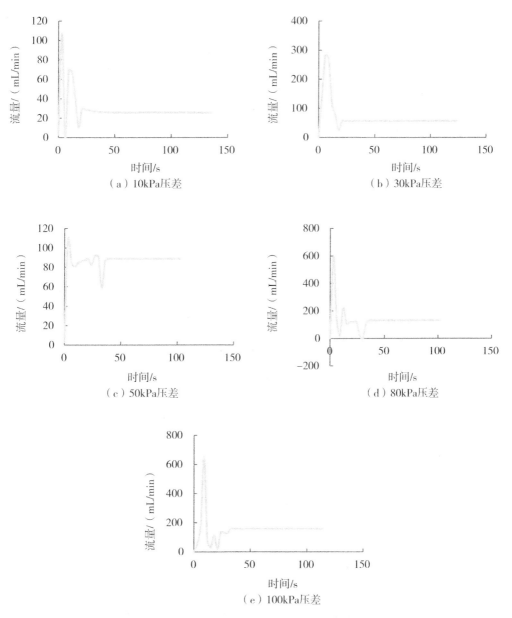

图 8-24　在 0.7MPa 环境压力、不同压差下实时气体流量曲线

当渗气过程达到稳定时，稳定流量分别为 25.8mL/min、56mL/min、88.7mL/min、130.1mL/min、159.1mL/min。

5. 环境压力 0.8MPa

在 0.8MPa 环境压力下，通过改变进气压力，得到 10kPa、30kPa、50kPa、80kPa、100kPa 压差下实时气体流量的变化过程，分别如图 8-25 中(a)、(b)、(c)、(d)、(e)所示。

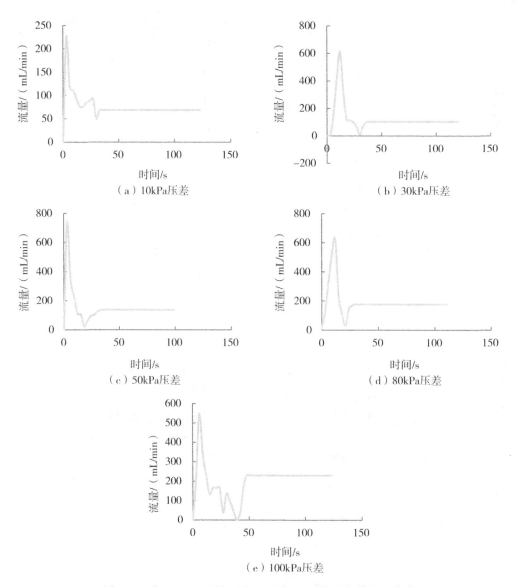

图 8-25　在 0.8MPa 环境压力、不同压差下实时气体流量曲线

当渗气过程达到稳定时，稳定流量分别为 68mL/min、102.8mL/min、136.9mL/min、175.7mL/min、229.1mL/min。

8.3.4　砂样 4 实验结果

对砂样 4(黏粒含量为 12%)在 0.1MPa、0.3MPa、0.5MPa、0.7MPa、0.8MPa 五个环境压力下分别进行了不同压差的渗气实验，每种压差下的渗气实验做了三组平行试验，取三组平行试验稳定流量的平均值作为该压差下的最终稳定流量。现将实验结果分述如下。

1. 环境压力 0.1MPa

在 0.1MPa 环境压力下，通过改变进气压力，得到 10kPa、30kPa、50kPa、80kPa、100kPa 压差下实时气体流量的变化过程，分别如图 8-26 中(a)、(b)、(c)、(d)、(e)所示。

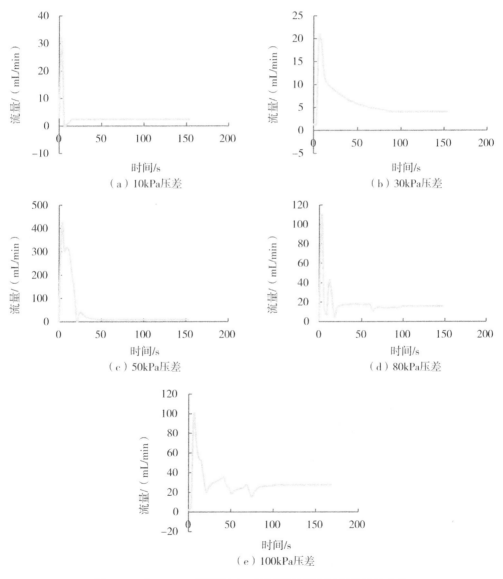

图 8-26　在 0.1MPa 环境压力、不同压差下实时气体流量曲线

当渗气过程达到稳定时，稳定流量分别为 2.6mL/min、4.7mL/min、8.1mL/min、15.8mL/min、27.7mL/min。

2. 环境压力 0.3MPa

在 0.3MPa 环境压力下，通过改变进气压力，得到 10kPa、30kPa、50kPa、80kPa、100kPa 压差下实时气体流量的变化过程，分别如图 8-27 中（a）、（b）、（c）、（d）、（e）所示。

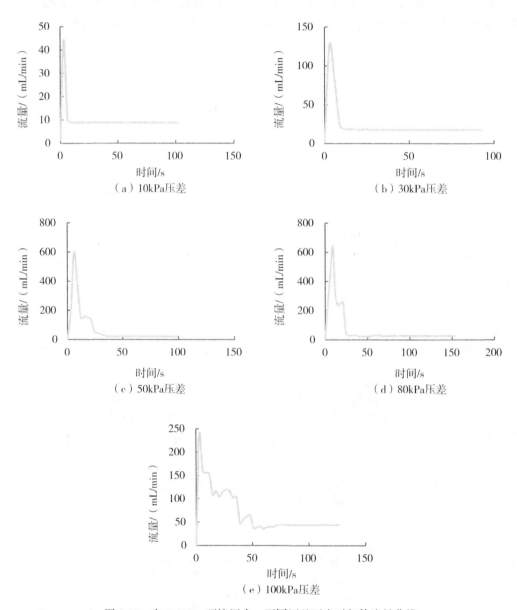

图 8-27　在 0.3MPa 环境压力、不同压差下实时气体流量曲线

当渗气过程达到稳定时，稳定流量分别为 8.8mL/min、17.7mL/min、21.4mL/min、27.6mL/min、44.1mL/min。

3. 环境压力 0.5MPa

在 0.5MPa 环境压力下，通过改变进气压力，得到 10kPa、30kPa、50kPa、80kPa、100kPa 压差下实时气体流量的变化过程，分别如图 8-28 中（a）、（b）、（c）、（d）、（e）所示。

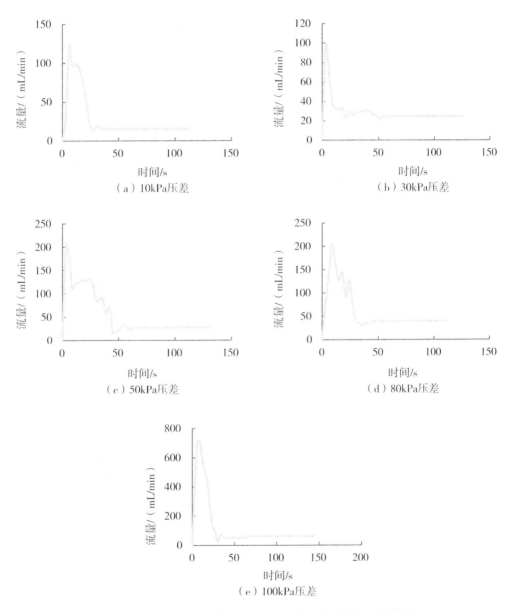

图 8-28　在 0.5MPa 环境压力、不同压差下实时气体流量曲线

当渗气过程达到稳定时，稳定流量分别为 15.4mL/min、24.1mL/min、27.8mL/min、39.8mL/min、60.9mL/min。

4. 环境压力 0.7MPa

在 0.7MPa 环境压力下，通过改变进气压力，得到 10kPa、30kPa、50kPa、80kPa、100kPa 压差下实时气体流量的变化过程，分别如图 8-29 中（a）、（b）、（c）、（d）、（e）所示。

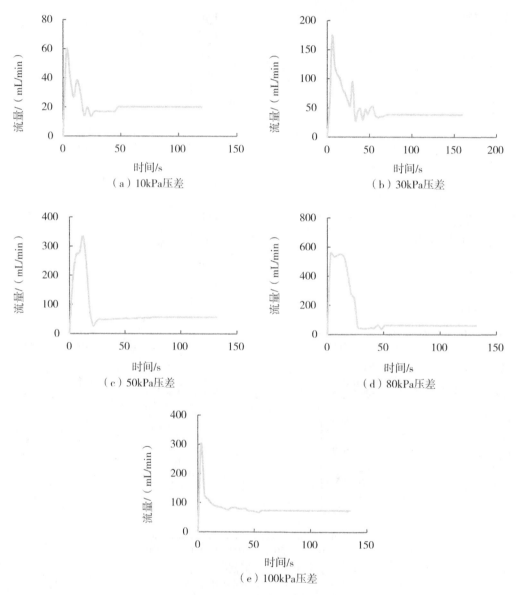

图 8-29　在 0.7MPa 环境压力、不同压差下实时气体流量曲线

当渗气过程达到稳定时，稳定流量分别为 20.1mL/min、38.2mL/min、56.8mL/min、63.3mL/min、73.4mL/min。

5. 环境压力 0.8MPa

在 0.8MPa 环境压力下，通过改变进气压力，得到 10kPa、30kPa、50kPa、80kPa、100kPa 压差下实时气体流量的变化过程，分别如图 8-30 中（a）、（b）、（c）、（d）、（e）所示。

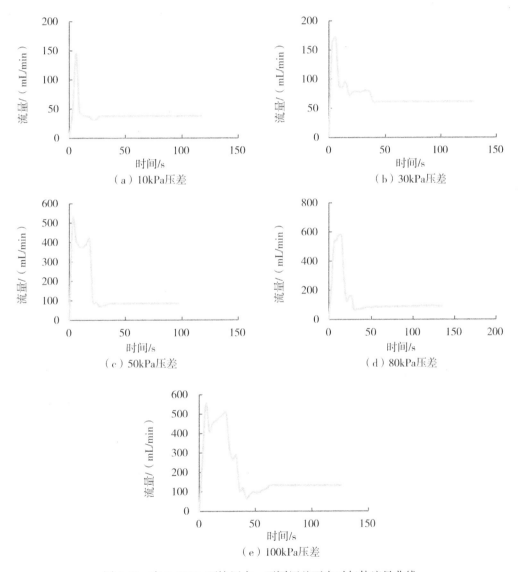

图 8-30　在 0.8MPa 环境压力、不同压差下实时气体流量曲线

当渗气过程达到稳定时，稳定流量分别为 37.7mL/min、61.3mL/min、85.5mL/min、91.5mL/min、133.1mL/min。

8.3.5　砂样 5 实验结果

对砂样 5(黏粒含量为 15%)在 0.1MPa、0.3MPa、0.5MPa、0.7MPa、0.8MPa 五个环境压力下分别进行了不同压差的渗气实验，每种压差下的渗气实验做了三组平行试验，取三组平行试验稳定流量的平均值作为该压差下的最终稳定流量。现将实验结果分述如下。

1. 环境压力 0.1MPa

在 0.1MPa 环境压力下，通过改变进气压力，得到 10kPa、30kPa、50kPa、80kPa、100kPa 压差下实时气体流量的变化过程，分别如图 8-31 中(a)、(b)、(c)、(d)、(e)所示。

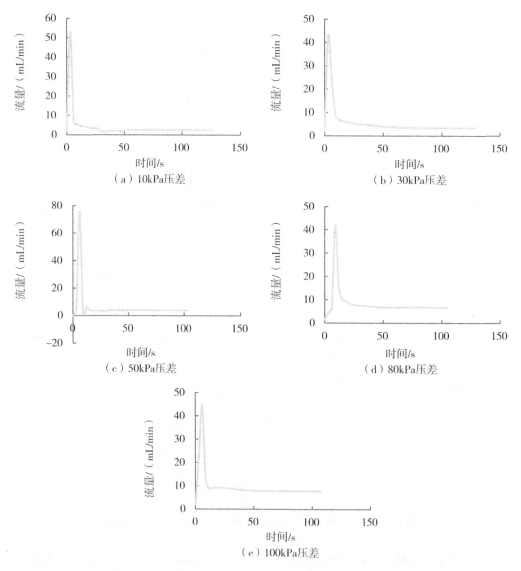

图 8-31　在 0.1MPa 环境压力、不同压差下实时气体流量曲线

当渗气过程达到稳定时，稳定流量分别为 2.2mL/min、3mL/min、3.9mL/min、6.4mL/min、7.8mL/min。

2. 环境压力 0.3MPa

在 0.3MPa 环境压力下，通过改变进气压力，得到 10kPa、30kPa、50kPa、80kPa、100kPa 压差下实时气体流量的变化过程，分别如图 8-32 中（a）、（b）、（c）、（d）、（e）所示。

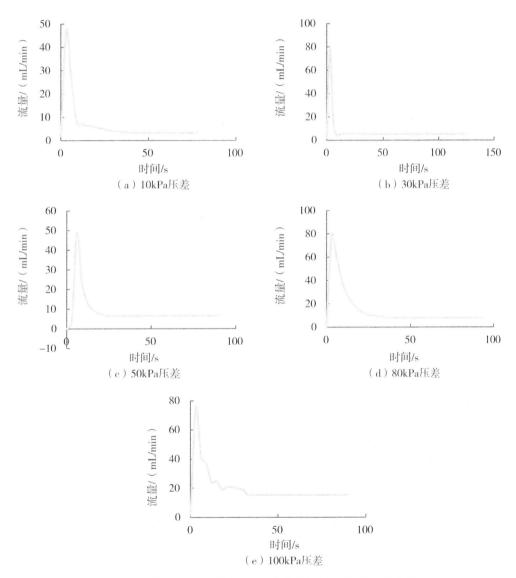

图 8-32　在 0.3MPa 环境压力、不同压差下实时气体流量曲线

当渗气过程达到稳定时，稳定流量分别为 3mL/min、5.1mL/min、6.4mL/min、

7.9mL/min、15.7mL/min。

3. 环境压力 0.5MPa

在 0.5MPa 环境压力下，通过改变进气压力，得到 10kPa、30kPa、50kPa、80kPa、100kPa 压差下实时气体流量的变化过程，分别如图 8-33 中（a）、（b）、（c）、（d）、（e）所示。

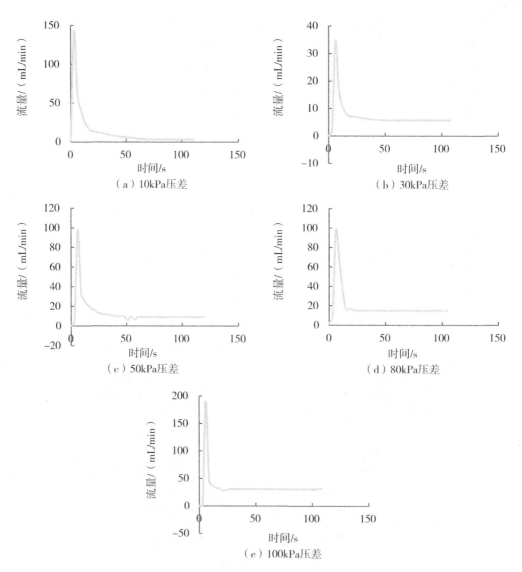

图 8-33　在 0.5MPa 环境压力、不同压差下实时气体流量曲线

当渗气过程达到稳定时，稳定流量分别为 3.2mL/min、5.7mL/min、8.9mL/min、14.9mL/min、30.5mL/min。

4. 环境压力 0.7MPa

在 0.7MPa 环境压力下，通过改变进气压力，得到 10kPa、30kPa、50kPa、80kPa、100kPa 压差下实时气体流量的变化过程，分别如图 8-34 中（a）、（b）、（c）、（d）、（e）所示。

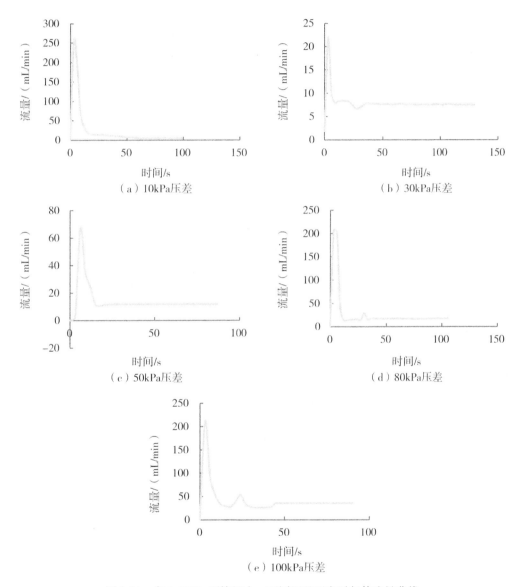

图 8-34 在 0.7MPa 环境压力、不同压差下实时气体流量曲线

当渗气过程达到稳定时，稳定流量分别为 4.5mL/min、7.5mL/min、11.5mL/min、16.3mL/min、35.2mL/min。

5. 环境压力 0.8MPa

在 0.8MPa 环境压力下，通过改变进气压力，得到 10kPa、30kPa、50kPa、80kPa、100kPa 压差下实时气体流量的变化过程，分别如图 8-35 中（a）、（b）、（c）、（d）、（e）所示。

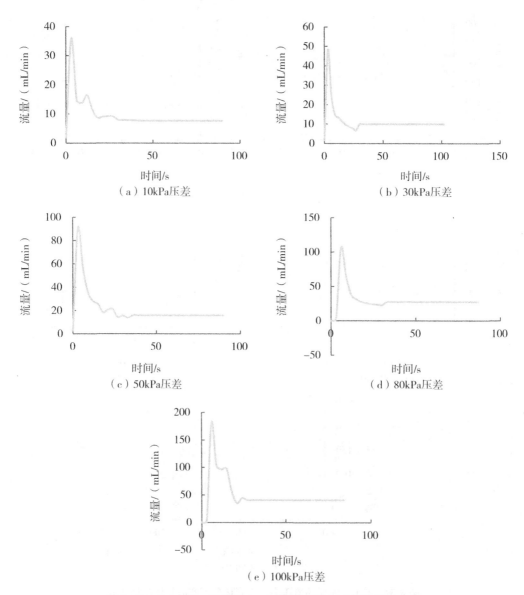

图 8-35　在 0.8MPa 环境压力、不同压差下实时气体流量曲线

当渗气过程达到稳定时，稳定流量分别为 7.3mL/min、9.9mL/min、15.4mL/min、28.9mL/min、40.1mL/min。

综上所述，当环境压力一定时，通过改变进气压力的大小，得到不同压差下气体流量的变化过程。根据以上各图可以看出，气体流量随时间的变化过程大致可以分为三个阶段：快速升高阶段、缓慢下降阶段、稳定阶段。刚开始打开阀门时，气体迅速流动、压缩，这时流量快速增大；当气体渗透通道形成后，气体开始缓慢渗透，流量也随之下降；一段时间后，当气体渗透达到平衡时，流量达到稳定状态。

8.3.6 气体渗透性的离散性分析

由于砂样的结构比较疏松，砂土颗粒之间无黏结或黏聚力较小，导致其渗透性较好，气体在高压差渗透的过程中易使黏聚力差的颗粒移动，造成渗透过程达到稳定时的流量具有一定的离散性。为了尽可能地减小离散性对稳定流量造成的影响，对每种压差下渗气过程重复三次，取平均值作为该压差下的稳定流量，据此计算其标准差，见表8-2。

表8-2 稳定流量的标准差

环境压力 /MPa	压差 /kPa	砂样 1 标准差 /(mL/min)	砂样 2 标准差 /(mL/min)	砂样 3 标准差 /(mL/min)	砂样 4 标准差 /(mL/min)	砂样 5 标准差 /(mL/min)
0.1	10	5.75	26.81	2.05	0.83	0.21
	30	6.28	15.65	3.32	0.93	0.34
	50	4.91	32.04	11.01	1.56	0.56
	80	8.88	41.30	7.07	4.08	1.82
	100	81.03	65.85	5.52	3.20	1.79
0.3	10	7.50	16.66	1.96	1.27	0.24
	30	4.82	24.33	5.60	1.42	1.48
	50	37.97	18.61	7.66	3.40	2.34
	80	38.33	40.23	14.92	1.70	2.37
	100	43.43	28.89	18.29	1.75	3.23
0.5	10	1.67	5.91	1.43	5.40	0.45
	30	3.58	8.49	10.57	3.62	2.12
	50	33.32	36.08	6.80	4.45	1.84
	80	49.10	10.07	20.22	3.70	1.41
	100	46.53	26.66	16.99	3.54	4.31
0.7	10	18.21	12.49	4.49	4.08	0.28
	30	15.37	14.79	6.82	6.76	0.38
	50	65.54	44.76	7.54	5.73	1.06
	80	84.80	23.70	8.63	2.98	2.30
	100	52.46	22.61	6.84	2.68	1.59

续表

环境压力 /MPa	压差 /kPa	砂样 1 标准差 /(mL/min)	砂样 2 标准差 /(mL/min)	砂样 3 标准差 /(mL/min)	砂样 4 标准差 /(mL/min)	砂样 5 标准差 /(mL/min)
0.8	10	17.35	5.18	23.99	9.77	2.05
	30	36.43	29.49	47.99	8.15	1.62
	50	74.54	24.53	47.86	5.74	6.26
	80	90.98	42.64	41.97	10.32	7.16
	100	82.99	41.45	71.00	25.35	3.26

从表 8-2 可以看出，砂样 1(黏粒含量 0)和砂样 2(黏粒含量 4%)稳定流量的标准差较大，并且低黏粒含量砂土的离散程度显著大于高黏粒含量砂土的离散程度，说明黏粒的掺入量对砂样稳定流量的离散性具有较大影响，黏粒含量越低，砂样稳定流量的离散性越大，黏粒含量越高，砂样稳定流量的离散性越小。同时可以看出，稳定流量的离散性随着压差的增大而有增大的趋势。导致砂样稳定流量离散性大的原因可以归结为以下几点。

(1)砂粒之间无黏聚力或黏聚力较小，砂颗粒具有不稳定性，随着进气压力的增加，砂粒在不断地移动和静止，使原先渗气通道不断地打开和闭合，从而造成渗气性的不规律性。

(2)砂样通气后原有的粒间结构遭到破坏，具有黏聚力的土颗粒被水和气带走，导致颗粒间的基质吸力减小，从而对气体分子的吸附力减小，造成渗气达到稳定时稳定流量的离散度增大。

(3)砂样渗气的过程，实际上是砂土由饱和状态向非饱和状态转变的过程，也是气体的渗流通道不断形成的过程。抽真空的过程并不能使吸附在颗粒表面的气体分子完全排出，从而使渗气通道越来越大，最终导致砂样稳定流量的离散性变大。

8.4　水下粗粒土中气体渗透性能影响因素分析

8.4.1　压差对气体渗透性的影响

图 8-36～图 8-40 分别是砂样 1、砂样 2、砂样 3、砂样 4、砂样 5 在环境压力一定的情况下，稳定流量随压差变化的关系曲线图。

由图 8-36～图 8-40 可知：当五种砂样的环境压力一定时，随着压差不断增加，稳定流量也都不断增大，稳定流量与压差成正比，但属于非线性关系。当压差小时，稳定流量随压差的变化较慢，这时曲线比较平缓；当压差比较大时，稳定流量随压差的变化幅度较大，关系曲线斜率较大。总体来看，压差越大，砂土的渗透性越好。

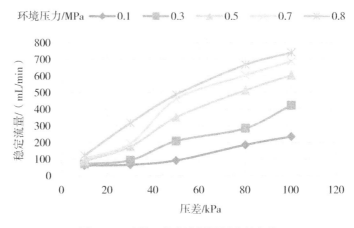

图 8-36　砂样 1 稳定流量随压差的变化

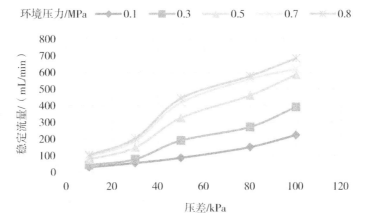

图 8-37　砂样 2 稳定流量随压差的变化

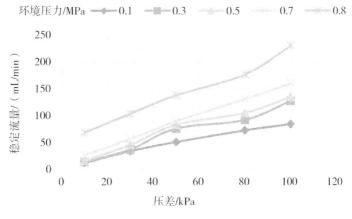

图 8-38　砂样 3 稳定流量随压差的变化

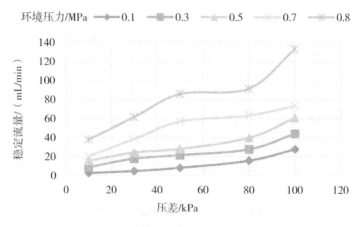

图 8-39　砂样 4 稳定流量随压差的变化

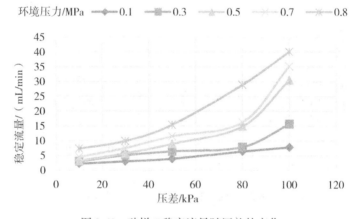

图 8-40　砂样 5 稳定流量随压差的变化

8.4.2　进气压力对气体渗透性的影响

图 8-41～图 8-45 分别是砂样 1、砂样 2、砂样 3、砂样 4、砂样 5 在压差一定的情况下，稳定流量随进气压力变化的关系曲线图。

由图 8-41～图 8-45 可知：当压差一定时，随着进气压力的增大，稳定流量总体上呈增大趋势，也就是说砂样的气体渗透性随进气压力的增大而增加。其中个别点渗透性随气压力的增大而降低，这是由于砂粒之间无黏性，具有不稳定性，随着进气压力的增大，砂粒在不断地移动和静止，使原先渗气通道不断地打开和闭合，从而造成渗气性的不规律性。

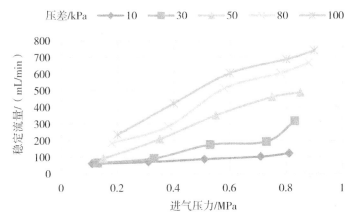

图 8-41 砂样 1 稳定流量随进气压力的变化

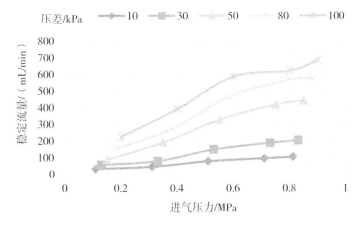

图 8-42 砂样 2 稳定流量随进气压力的变化

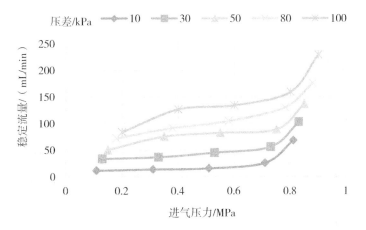

图 8-43 砂样 3 稳定流量随进气压力的变化

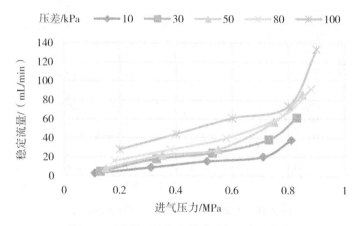

图 8-44 砂样 4 稳定流量随进气压力的变化

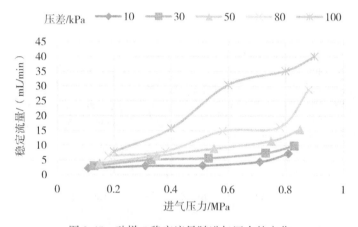

图 8-45 砂样 5 稳定流量随进气压力的变化

8.4.3 黏粒含量对气体渗透性的影响

通过对比 5 种砂样在相同压差和不同环境压力（0.1MPa、0.3MPa、0.5MPa、0.7MPa、0.8MPa）下稳定流量随黏粒含量的变化情况，得到的对比结果分别如图 8-46~图 8-50 所示。

由图 8-46~图 8-50 可以看出：稳定流量随黏粒含量的增加而急剧减少，曲线斜率明显增大。这是由于砂土颗粒之间具有一些间隙，间隙之间相互贯通形成连通性的渗流通道，气体在压力梯度的作用下沿着这些孔隙通道渗透，当砂土中掺加黏粒时会减小或堵塞这些渗流通道，从而使砂土的孔隙比减小，进而导致土体的固有渗透率减小，造成气体流通不畅，气体的渗透性降低。

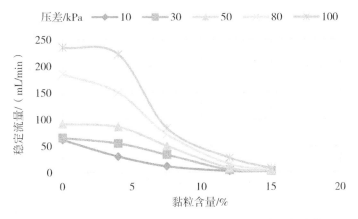

图 8-46 0.1MPa 环境压力下稳定流量随黏粒含量的变化

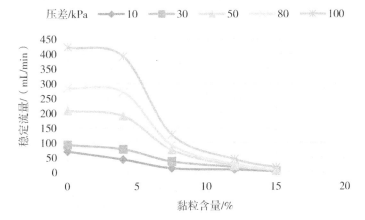

图 8-47 0.3MPa 环境压力下稳定流量随黏粒含量的变化

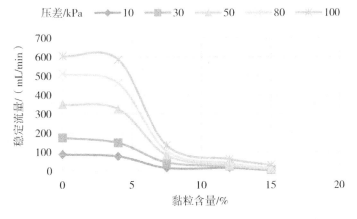

图 8-48 0.5MPa 环境压力下稳定流量随黏粒含量的变化

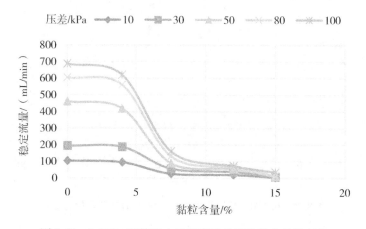

图 8-49　0.7MPa 环境压力下稳定流量随黏粒含量的变化

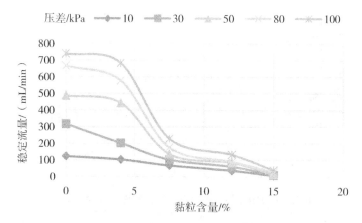

图 8-50　0.8MPa 环境压力下稳定流量随黏粒含量的变化

8.5　基于 Matlab 的气体渗透率规律性分析

气体渗透率是评价多孔介质气体渗透性能的重要参数，其影响因素有很多，主要因素有材料性质、结构组成、孔隙大小和外界条件等。为综合考虑环境压力和压差对水下粉砂土渗透性的影响，首先计算相应的气体渗透率，利用 Matlab 三次样条插值法对计算结果进行插值处理，得到五种砂样的插值曲面图，根据插值曲面图可以更直观地分析气体渗透率的规律。

8.5.1　气体渗透率的计算

根据气体渗透率的计算式(7-25)及实验结果，将相关实验参数代入式(7-25)中可计算出五种砂样在各种情况下渗透达到稳定时的气体渗透率 k，计算结果见表 8-3。

表 8-3 渗透率计算结果

环境压力 /MPa	压差 /kPa	砂样 1 渗透率 /cm²	砂样 2 渗透率 /cm²	砂样 3 渗透率 /cm²	砂样 4 渗透率 /cm²	砂样 5 渗透率 /cm²
0.1	10	$6.37896×10^{-10}$	$3.11699×10^{-10}$	$1.19088×10^{-10}$	$2.69242×10^{-11}$	$2.2782×10^{-11}$
	30	$2.06118×10^{-10}$	$1.72711×10^{-10}$	$1.05581×10^{-10}$	$1.48128×10^{-11}$	$9.45498×10^{-12}$
	50	$1.59184×10^{-10}$	$1.49094×10^{-10}$	$8.73337×10^{-11}$	$1.40917×10^{-11}$	$6.78489×10^{-12}$
	80	$1.80088×10^{-10}$	$1.45818×10^{-10}$	$6.98022×10^{-11}$	$1.5339×10^{-11}$	$6.21327×10^{-12}$
	100	$1.7042×10^{-10}$	$1.61069×10^{-10}$	$6.04551×10^{-11}$	$2.00792×10^{-11}$	$5.65408×10^{-12}$
0.3	10	$7.55065×10^{-10}$	$4.63092×10^{-10}$	$1.44382×10^{-10}$	$9.41158×10^{-11}$	$3.20849×10^{-11}$
	30	$3.20674×10^{-10}$	$2.68551×10^{-10}$	$1.25991×10^{-10}$	$6.10972×10^{-11}$	$1.76043×10^{-11}$
	50	$4.17933×10^{-10}$	$3.80596×10^{-10}$	$1.50954×10^{-10}$	$4.29576×10^{-11}$	$1.28471×10^{-11}$
	80	$3.41667×10^{-10}$	$3.25117×10^{-10}$	$1.09492×10^{-10}$	$3.30994×10^{-11}$	$9.47409×10^{-12}$
	100	$3.93766×10^{-10}$	$3.64595×10^{-10}$	$1.17804×10^{-10}$	$4.11008×10^{-11}$	$1.46322×10^{-11}$
0.5	10	$9.39834×10^{-10}$	$8.23566×10^{-10}$	$1.67943×10^{-10}$	$1.6579×10^{-10}$	$3.44498×10^{-11}$
	30	$6.15797×10^{-10}$	$5.18677×10^{-10}$	$1.58348×10^{-10}$	$8.48041×10^{-11}$	$2.00574×10^{-11}$
	50	$7.26124×10^{-10}$	$6.74347×10^{-10}$	$1.70036×10^{-10}$	$5.75763×10^{-11}$	$1.84327×10^{-11}$
	80	$6.45472×10^{-10}$	$5.80534×10^{-10}$	$1.31385×10^{-10}$	$5.00873×10^{-11}$	$1.87513×10^{-11}$
	100	$5.97335×10^{-10}$	$5.78455×10^{-10}$	$1.32357×10^{-10}$	$6.01981×10^{-11}$	$3.01485×10^{-11}$
0.7	10	$1.11308×10^{-9}$	$1.01807×10^{-9}$	$2.7854×10^{-10}$	$2.17002×10^{-10}$	$4.85825×10^{-11}$
	30	$6.84481×10^{-10}$	$6.62481×10^{-10}$	$1.98709×10^{-10}$	$1.35548×10^{-10}$	$2.66128×10^{-11}$
	50	$9.65422×10^{-10}$	$8.77447×10^{-10}$	$1.8624×10^{-10}$	$1.1926×10^{-10}$	$2.41461×10^{-11}$
	80	$7.76297×10^{-10}$	$7.19855×10^{-10}$	$1.67268×10^{-10}$	$8.13839×10^{-11}$	$2.09567×10^{-11}$
	100	$6.97495×10^{-10}$	$6.28994×10^{-10}$	$1.6146×10^{-10}$	$7.44888×10^{-11}$	$3.57222×10^{-11}$
0.8	10	$1.32262×10^{-9}$	$1.11623×10^{-9}$	$7.34787×10^{-10}$	$4.07374×10^{-10}$	$7.88815×10^{-11}$
	30	$1.12744×10^{-9}$	$7.19367×10^{-10}$	$3.65732×10^{-10}$	$2.18087×10^{-10}$	$3.52212×10^{-11}$
	50	$1.02738×10^{-9}$	$9.34596×10^{-10}$	$2.88687×10^{-10}$	$1.80298×10^{-10}$	$3.24747×10^{-11}$
	80	$8.62868×10^{-10}$	$7.47793×10^{-10}$	$2.27432×10^{-10}$	$1.1844×10^{-10}$	$3.74091×10^{-11}$
	100	$7.56879×10^{-10}$	$6.99468×10^{-10}$	$2.34452×10^{-10}$	$1.36209×10^{-10}$	$4.10368×10^{-11}$

8.5.2 三次样条插值法的应用

为了考查渗透率与环境压力和压差之间的关系，以便进行砂样在不同环境压力下渗透性的相关分析。用 x、y、z 坐标轴分别代表环境压力、压差和渗透率，利用 Matlab 三次样条插值法对表 8-3 的数据进行数据处理，分别得到砂样 1、砂样 2、砂样 3、砂样 4、砂样 5 的插值曲面图，见图 8-51~图 8-55。

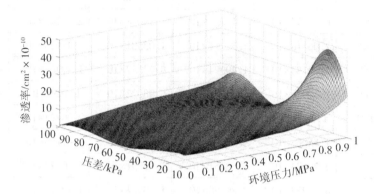

图 8-51　砂样 1 插值曲面图

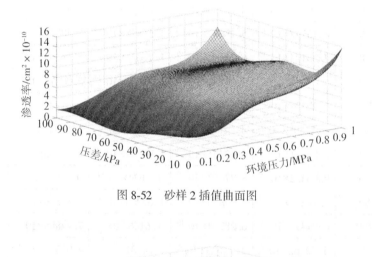

图 8-52　砂样 2 插值曲面图

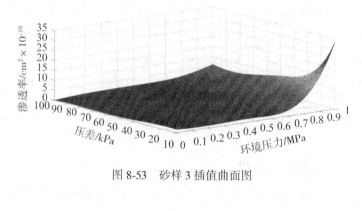

图 8-53　砂样 3 插值曲面图

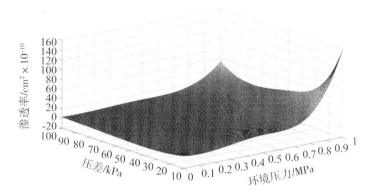

图 8-54 砂样 4 插值曲面图

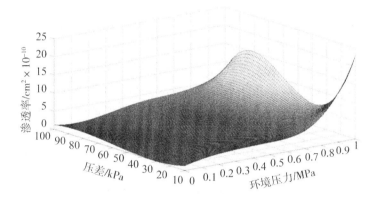

图 8-55 砂样 5 插值曲面图

根据以上各图可以看出：环境压力对气体渗透率的影响较明显，而压差对气体渗透率的影响较小。气体渗透率随着压差的变化具有波动性，没有明显的规律。气体渗透率随着环境压力的增加而有增大的趋势，这种增大的关系是非线性的，低环境压力下气体渗透率随环境压力的增加而缓慢增大，高环境压力下气体渗透率随环境压力的增加而快速增大。

第9章　含 CO₂ 水合物砂 CPTU 测试模型实验研究

由于天然气水合物埋藏的特殊性，天然气水合物在常温常压下不稳定，脱离原有环境保存十分困难。目前，国内外进行天然气水合物勘探最常用的方法是钻探取芯之后进行测井(叶爱杰等，2005；黄兴文，2005)。海底地质的特殊构造使得海底土体表现出新近沉积物具有的厚度大、饱和松散且容易扰动等特点。原位测试不需要取样，因此可以避免各种操作环节对土体原生结果的扰动，含水量的损失，应力释放等问题，同时节约了大量时间与成本。这使得原位测试技术在工程上的应用比例提高，在有些领域，甚至成为勘察的主要手段。

CPTU(Central Procurement Technical Unit，孔压静力触探)作为最常用的原位测试技术，在国际上一直保持比较好的研究态势。近年来，CPTU 技术的研究与应用主要体现在两个方面：一是加大 CPTU 在岩土工程设计、海洋工程勘察与环境岩土工程领域的应用；二是探索多功能 CPTU 技术在天然气水合物、浅层气勘探等新领域的应用。

目前，在欧美等国家用于海上作业的 CPTU 技术已非常成熟，实现了商品化。国内在海洋工程项目中使用的 CPTU 系统基本靠进口，对海上 CPTU 技术及其设备的研究较少，且大多停留在研究和试验阶段。与国际上多功能 CPTU 技术相比，我国 CPTU 技术主要存在测试设备落后、测试指标有限、精确性差等不足，无法满足复杂地层勘探和工程建设的需要。此外，国际上建立了成熟的数据解释与土体评价体系，能够直接将 CPTU 成果转化为各种工程数据与曲线，并最终用于指导工程实践。如何有效利用 CPTU 测试成果，充分发挥其工程价值，是我国 CPTU 研究者需要面对的一个难题。

天然气水合物在热力学、电学、力学等方面具有与一般饱水土体不一样的特殊性。含天然气水合物的土层导热率低(273K 时，丙烷水合物导热率仅为 0.393W/(m·K)(肖钢等，2012)，冰为 2.23W/(m·K)，粉土约为 1.8W/(m·K)(刘为民等，2002)，碎石粉质黏土约为 2.2W/(m·K)，水约为 0.55W/(m·K))、电阻率高(天然气水合物储层表现出相对高的电阻率偏移，一般是饱水地层电阻率的 50 倍以上)、波速大(在含水砂层内形成水合物后，纵波波速会从 1850m/s 提高到 2700m/s)、强度高(抗剪强度随水合物饱和度的增加而增加)、渗透性差等(肖钢等，2012)。且这些差异往往随沉积物孔隙中水合物含量增高而变得更显著。正是因此这些特殊的性状，可以尝试利用 CPTU 技术进行海底水合物的探测，在原位获得实时的地层信息，还可以测得力学性能参数，能较高效、快速地满足探测海底天然气水合物的需要。

为了探究 CPTU 等原位测试方法用于海底含水合物地层探测的可行性，本章将在分析 CPTU 用于测试含水合物地层的机理和理论的基础上，通过室内模拟实验进行应用分析，为开展深海探测奠定基础。

9.1 CPTU 技术方法与数据解释

孔压静力触探(CPTU，可简称孔压静探)是在静力触探(Cone Penetration Test，CPT)基础上发展起来的。CPT 是将特制的探头(见图 9-1)连续、匀速地压入土层，在基本不扰动土层的情况下进行测试探头阻力等，以获取土层分布及其性质参数的一种原位测试方法。静力触探具有其他探测手段不可比拟的优势，不仅快速便捷、数据采集量大、费用低廉，而且对土层扰动小、测试精度高，因而应用广泛。尤其从 20 世纪 70 年代后期，陆续开发出可以测试孔压、温度、电导率、视频成像、快速光筛检、波速、γ 射线等多功能探头，使静力触探测试技术得到空前发展，被广泛用来识别土体类型，获取力学、渗透性、强度、电阻率、波速等土体性质参数(孟高头，1997)，这就是孔压静力触探(CPTU)。孔压静力触探测试参数有锥尖贯入阻力 q_c、侧壁摩擦阻力 f_s 和孔隙水压力 u。该测试技术的主要特点是灵敏度和分辨率较高，在工程应用中可以判别土类和分层，分析有效应力，估算土的渗透系数和固结系数等。

图 9-1 传统的单桥探头、双桥探头及孔压探头

9.1.1 CPTU 贯入机理

当以一定的速率将探头压入土体时，探头周围的土体会呈现剪切破坏和压缩破坏。这时，根据探头周围土体的不同受力状态，可将土体分为三个区，即剪切破坏区、压密区和未变化区(图 9-2)。同时土体对探头产生贯入阻力，土体锥尖贯入阻力 q_c 和侧壁摩阻力 f_s 随土体深度的变化而变化(图 9-3)。一般地，对于同一种土层，锥尖贯入阻力越大，土层

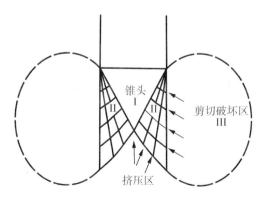

图 9-2 静力触探破坏机理

的承载力大，力学性质越好；反之，锥尖贯入阻力小，土层承载力较低，力学性质较差。在工程实践中，可以通过这些测量成果建立测试指标与地层土体类型、物理力学性质的关系，达到划分地层、计算力学参数的目的。

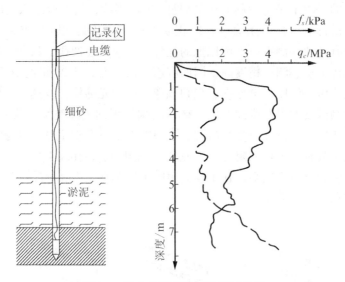

图 9-3　静力触探示意图及测试曲线

由于静力触探原位测试技术在岩土工程领域的推广和应用，国内外学者力图从理论上对触探机理作出科学而合理的解释，使其不再只依赖经验公式。由于土体具有多样性和复杂性，静力触探探头贯入时土体有不同破坏模式，对静力触探机理的研究变得很困难。至今国内外这方面的研究主要包括承载力理论、孔穴扩张理论、应变路径法和运动点位错理论。

1. 承载力理论

早期学者在研究静力触探理论时，采用了基础桩的相关理论，并将其形象的称为承载力理论。首先假设锥尖贯入阻力等于土中圆形基础的极限荷载，然后采用极限平衡和滑移线两种分析方法来确定锥尖贯入阻力。图 9-4 为贯入过程中土体典型破坏模式。对于正常固结土，假设极限平衡体的上表面与锥尖面平齐，用竖向面力代替上覆土重作用于平衡体上表面；对于剪胀性土，平衡体表面高于锥尖面；对于减缩性土，平衡体表面低于锥尖面（Terzaghi，1943）。

在滑移线分析方法中，将屈服准则和土体塑性差分平衡方程结合起来，给一组表征塑性平衡的微分方程。由此得到大主应力方向角和平均主应力方程，最终用滑移线法进行求解，建立滑移线网格（图 9-5）。通过滑移线分析可得破坏荷载，将其乘以一个锥头系数就可以得到锥尖贯入阻力（Janbu et al.，1974）。

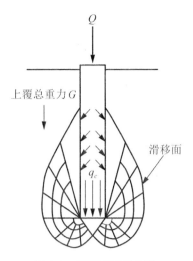

图 9-4 极限平衡分析法

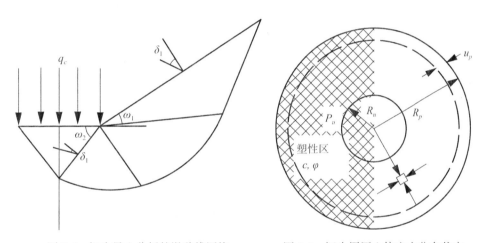

图 9-5 探头贯入分析的滑移线网格   图 9-6 探头周围土体应力分布状态

承载力理论分析比较简单，滑移线分析比渐显平衡分析更加严格，既能满足平衡方程，又能满足滑移线网格内部任意点的屈服准则，但存在下列不足：

（1）在承载力分析中，土的变形被忽略了，这意味着预测锥尖贯入阻力时，没有考虑土体刚度和压缩性对锥头阻力的影响；

（2）承载力分析方法忽略了探头贯入过程中探头周围土体初始应力状态的影响。

2. 孔穴扩张理论

观察到在弹塑性介质中产生一个孔洞需要的压力与相同条件下扩张为相同体积的孔穴所需要的压力成比例这一现象后，Bishop 等（1945）最早提出孔穴扩张理论。根据该理论，探头在被压入土体后，周围土体被压缩，形成一个孔穴，均布荷载 P_u 使孔穴内壁发生扩张，当探头继续贯入时，均布荷载 P_u 进一步增大，此时，土体由原来的弹性变形转化为塑性变形。如孔的原始半径为 R_f，在 P_u 荷载终止时的扩张后半径为 R_u，塑性区终止半径为 R_p，而 R_p 以外的土体未受荷载影响将保持原始状态。图 9-6 给出了土体的应力分布。

利用扩穴扩张理论可解决两个主要问题：一是确定锥尖贯入阻力；二是求解初始超静孔压的分布。在确定锥尖贯入阻力时，首先需要求得孔穴扩张极限压力的理论解，然后建立孔穴极限压力和锥尖阻贯入力之间的关系。即

$$q_c = p_s + \sqrt{3} \, s_u \tag{9-1}$$

式中：p_s 是球形孔极限压力；s_u 是不排水抗剪强度。若采用 Mises 屈服准则，那么极限压力表示为

$$q_c = \frac{4}{3} s_u \left(1 + \ln \frac{G}{S_u} \right) + P_0 \tag{9-2}$$

式中：G 是剪切模量；P_0 为原位总平均应力。

联立式(9-1)和式(9-2)，可推导出

$$q_c = P_0 + N_c s_u \tag{9-3}$$

式中：N_c 为锥形因子。

孔穴扩张理论不仅考虑了贯入过程中土体的弹性变形，而且考虑了塑性变形，以及贯入过程对初始应力状态的影响和锥头周围应力主轴的旋转。因此，孔穴扩张理论更能反映实际情况。

3. 应变路径法

应变路径法是由 Baligh 等经过十多年的研究于 1985 年正式提出的。假设轴对称探头在饱和黏土中贯入时，忽略黏性、惯性效应，将不排水造成的塑性破坏看作定向流动问题，即将探头的贯入看作土颗粒绕相对固定不动的锥头，沿周围分布的流线向锥头贯入的反向流动，不同流线上每个单元的变形、应变、应力和孔压可以计算求出。应变路径法主要用于分析饱和黏土中桩基础和深层 CPT 贯入问题。

该理论可以较好地解释触探探头的贯入，但其试验是建立在不排水饱和软黏土基础上的，在适用性方面存在一定的局限性。

4. 运动点位错理论

考虑到部分排水，Elsworth(1991)用位错法得到锥尖贯入阻力表达式为

$$q_c = c_v \frac{3(1 - \nu_u) \mu}{B(1 + \nu_u) k} \tag{9-4}$$

式中：c_v 为固结系数；μ 为动态黏性系数；ν_u 为不排水泊松比；k 为渗透系数；B 为 Skempton 孔压系数。

Elsworth(1991)用运动点位错法预测固结系数，发现其与现场实测值较符合。但是该理论存在两个缺陷：一是假设土体是弹性的，二是点位错是没有尺寸的，被简化为一点，实际上点位错与探头贯入也是有区别的，所以该理论有待发展。

9.1.2 CPTU 测试数据的校正

在 CPTU 探头贯入过程中，由于锥尖贯入阻力测量元件、侧壁摩阻力测量元件和孔隙

水压力测量元件安放位置的不同及受地层差异性影响，通常需要对以上三个基本测量参数进行修正，CPTU 贯入过程中探头受力情况如图9-7所示。

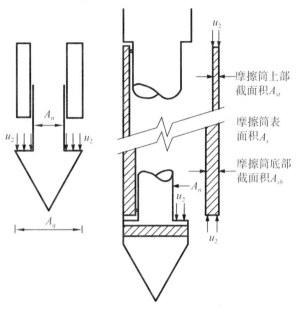

图 9-7　CPTU 探头受力分析

1. 锥尖贯入阻力修正

由图 9-7 可知，CPTU 探头在贯入过程中，滤片上下锥底所作用的孔隙水压力存在一定的压力差，这使得测量到的孔隙水压力往往与实际不符，需要进行修正。CPTU 探头在贯入过程中，真实锥尖贯入阻力 q_t 计算公式如下：

$$q_t = q_c + \left(1 - \frac{A_n}{A_q}\right)u_2 \tag{9-5}$$

令 $\alpha = A_n/A_q$，则

$$q_t = q_c + (1 - \alpha)u_2 \tag{9-6}$$

式中：A_n 为锥头投影面积；A_q 为探头截面积；α 为探头面积比系数；u_2 为锥肩处量测的孔隙水压力。

2. 孔隙水压力修正

锥尖和锥端面积的不同导致测量的孔隙水压力与真实孔隙水压力存在偏差，采用超孔隙水压力和静止孔隙水压力进行修正。超孔隙水压力 Δu 为

$$\Delta u = u_2 - u_0 \tag{9-7}$$

式中：u_0 为静水孔压力。

3. 侧壁摩擦力修正

此外，在情况允许时，也需要对侧壁摩阻力进行修正，按下式计算真实侧壁摩阻力 f_t：

$$f_t = f_s - \frac{u_2 \cdot A_{sb} - u_3 \cdot A_{st}}{A_s} \tag{9-8}$$

式中：f_s 为实测侧壁摩阻力；A_{sb} 为侧壁摩擦筒底面积；A_{st} 为侧壁摩擦筒顶面积；u_3 为摩擦筒上部实测孔压；A_s 为侧壁摩擦筒面积。

在饱和软黏土中，实测孔隙水压力往往高于静水压力，此时测量值与实际值误差较大，有必要对其进行修正。

在砂土中，认为探头贯入时完全排水，所以实测孔隙水压力与静水压力接近，当锥尖贯入阻力趋于无穷时，孔隙水压力接近零，根据式(9-6)可知，则 $q_c \approx q_t$，因此不予修正。

9.1.3　CPTU 测试法的程序与要求

1. 探头率定

探头在使用前，必须先率定，新探头或使用一段时间后(如 3 个月)的探头都应进行率定。其目的是求出测量仪表读数与荷载之间的关系——率定系数。将率定系数乘以仪表读数，就可以求出各贯入阻力值的大小。

率定工作应在专门的标定装置上进行。图 9-8 为钢环测力式探头率定装置示意图。首先装好率定设备及探头，并接通仪器，然后加荷、卸荷三次以上，以释放空心柱由于机械加工而产生的残余应力，减少应变片的滞后和非线性；随后就可以正式加压率定。率定所用记录仪表同测试用仪表。探头率定曲线应为一直线(见图 9-9)。

探头的率定方法，按供桥电压对仪表、探头的输入和输出关系，分为以下两种：

(1)固定桥压法：固定仪器的供桥电压，率定施加于探头的荷载与仪表输出值之间的对应关系。此方法适用于电阻应变仪、数字显示仪及带电压表的自记式仪器。

(2)固定系数法：根据仪器性能和使用要求，先令定探头的率定系数为某一整数值(称令定系数)，率定探头在该令定系数时对应于所施加的荷载及仪器所需要的供桥电压值。此法适用于桥压连续可调的自记式仪器。

2. 探头饱和

学者普遍认为，把孔压静探探头完全饱和是必要的(Campanella et al.，1981；Battagic et al.，1981；Lacasse，Lunne，1982)。对于饱和不充分的孔压静探探头，孔隙水压力的反应可能会不准确和不灵敏，残留的空气会严重影响孔隙水压力的最大值及其消散时间。传感元件内的残存空气对动态孔隙水压力的反应有很大影响，特别是在低渗透性的软土层中(Acar，1981)。探头孔压量测系统的排气饱和，包括透水滤器和传压空腔为水(或其他液体)完全饱和，并必须排除水(或液体)中的空气。在一个大气压下含有 1% 空气的水的压缩性为纯水的 1000 倍；含有溶解空气的水的压缩性为纯水的 100 倍。如果探头孔压量

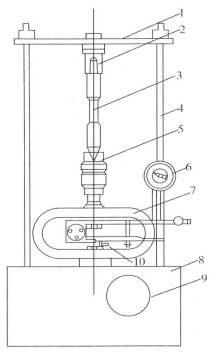

1. 活动架上梁；

2. 顶帽；

3. 探头；

4. 活动架；

5. 底座；

6. 百分表；

7. 钢环；

8. 传动箱；

9. 手柄；

10. 顶针

图 9-8　钢环测力式探头率定装置图

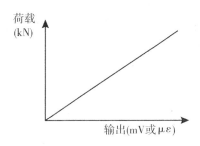

图 9-9　探头率定曲线

测系统通道未被水饱和，测量孔压时，则有一部分孔隙水压力在传递过程中会消耗在压缩空气上，使所测孔隙水压力值比实际值小，且滞后。

饱和过程一般包括以下步骤：①排除透水滤器内的空气；②排除探头内的空气；③将透水滤器装上探头；④如果有必要，在操作过程和贯入非饱和土中时还需防止探头失水。

排除水中空气的方法有加热排气法或真空排气法。在加热排气法中，加热排气的水在冷却过程中仍有空气溶解于水中；真空排气法是对充有水的透水滤器及空腔施加真空，同时施加振动，达到排气的目的。真空所需的时间与滤水器的微孔直径、容器中的水量、水-气接触前面面积、水温及真空泵的能力有关。当室温为 20℃，排除 5L 水中的空气一般需 10~12h。

目前，排除透水滤器内的空气的方法通常是在实验室内对透水滤器进行仔细饱和，把它们在盛有饱和液体的高压真空装置中放 3~24h。不列颠哥伦比亚大学（UBC）的做法是把透水滤器放在真空下的小型超声波振荡器中，振荡器内盛有加热过的甘油。经过几个小时的振动，甘油的温度升高，黏滞性下降，并促进饱和。然后把透水滤器放入盛有甘油的容器内送到现场。这种方法在其他地方也被采用，但所用的饱和液体有所不同。

探头内部的空腔也应通过注入合适液体的方法来排除空气，通常是采用与透水滤器内一样的饱和液体。孔压静探探头的饱和技术和方法取决于各种探头的设计，但是在可能的情况下，建议利用某种注射器将液体注入探头的空腔。在把透水滤器装上探头的整个过程中，应将它们浸没在饱和液体中。

除了用水饱和孔压量测系统外，也可采用其他液体，如硅油、甘油、酒精等。

使用硅油时，硅油的压缩性比水大，但有以下好处：①可在真空要求较低的情况下使透水滤器等饱和，真空排气所需时间比用水短；②可以调制最佳黏滞度的油液；③与透水滤器有良好的表面黏着力，当探头穿过不饱和土层时，或探头暴露在空气中时，探头孔压量测系统不易进气、失去饱和度；④有良好的电绝缘性，能防止滤器氧化。

孔压探头在室内排气饱和后，应储存在盛有脱气水（或液体）的专用密封容器内，使探头保持饱和状态，以备随时携带至现场使用。

孔压静探试验中的主要困难之一是难以估算探头的饱和度。

许多学者建议在贯入之前检查探头的饱和情况，但遗憾的是检查饱和度是一件相当难的工作，而且这样的检查是否可靠也存在疑问。因为在操作和贯入初期即使进入一点儿的空气，也会使系统的压缩性大大增加。一般是在测试时仔细观察孔隙水压力的资料，以估计探头的饱和情况。Battaglio 等（1981）、Campanella 和 Robertson（1981）、Lacasse 和 Lunne（1982）已发表过许多实例来说明用饱和不好的孔压静探探头得出的孔隙水压力有怎样的反应。在通常情况下，用这样的探头测出的孔隙水压力反应不灵敏，地层层次和构造细节模糊。

对于静水压力（u_0）较小的浅层，初始的完全饱和是十分重要的。当探头贯入到大大低于地下水位的深度，那里的静水压力就常足以保持探头内的饱和。在浅层饱和砂土中实验时，探头的贯入可能在锥尖后面产生负孔隙水压力。如果孔隙水压力 u 小于 -100kPa，便可能出现暂时的空穴。

3. 量测系统检验与标定

孔压静探探头测力传感器的检验与标定（非线性误差、滞后误差、归零误差、q_c 与 f_s 测力传感器的相互干扰、绝缘电阻等），与常规的静探探头相同。对孔压探头，还应进行以下检验与标定。

（1）孔压量测系统饱和度检验，采用孔压响应试验。在排气饱和标定装置中的密封容器内设置一个孔压传感器，记录密封容器压力与探头孔压传感器的变化。如两者同步变化，无时间滞后现象，幅值大小相等，即认为完全达到饱和；否则，应检查原因，重新对探头进行饱和。

（2）测力传感器与孔压传感器之间的相互干扰的检验，包括：q_c 与 f_s 测力传感器受力，容器孔压为一个大气压时探头孔压传感器的变化检测；q_c 与 f_s 测力传感器不受力，容器孔压变化时探头测力传感器的变化检测。

（3）探头孔压传感器在高孔隙水压力下的绝缘性检验。

这些检验应在孔压静探前后均进行，如不符合要求，应更换滤水器，重新排气饱和。

4. 触探贯入速率

孔压静探试验的标准贯入速率是 2cm/s。在中粒干净砂和粗粒土层中贯入时，引起的超孔隙水压力的消散几乎与它们的产生一样迅速，贯入是在排水条件下进行的。在黏土和黏质粉土之类的细粒土中贯入时，由于这些土的渗透性相对较低，可能产生很高的超孔隙水压力，贯入主要是在不排水条件下进行的。在细砂和粉质砂土中的贯入也能产生超孔隙水压力，但贯入可能是在部分排水条件下进行的。

现在解释孔隙水压力资料时，需要知道贯入主要是在不排水条件下进行的。径向固结理论可用来估计当土体渗透系数最高为多大时，测压部件是保持在不排水条件下的。对于不排水贯入，渗透性上限取决于以下因素：①土的压缩性和刚度；②探头的尺寸以及透水滤器的尺寸和位置。用标准 $10cm^2$ 底面积的探头和位于锥面或紧靠锥头后的 5mm 高的透水滤器，对应于不排水贯入（贯入速率为 2cm/s）的土体渗透性上限是在 $1\times10^{-7}m/s$ 量级；在渗透性为 $1\times10^{-4}\sim1\times10^{-7}m/s$ 的土中，即细砂和粉土中可观察到孔压静探试验是在部分排水条件下进行的；在渗透性大于 $1\times10^{-4}m/s$ 的土中，贯入几乎是在完全排水条件下进行的。这些范围值是近似的，但在现场观察中已被普遍证实。

曾有学者建议，如果以 2cm/s 的速率贯入，是部分排水的，那么可以用加快或减缓贯入速度的方法来分别得到不排水或排水条件。因为这些范围值相差几个数量级，要改变排水条件，贯入速率就有很大的变化，通常也要增减几个数量级（Campanecca et al.，1983），但快于 20m/s 或慢于 0.2cm/s 的贯入速率都是不切合实际的，而且也会另外产生对应变率的影响。

5. 孔隙水压力的消散

由于大部分探杆的长度是 1m，因此在贯入过程中每次行程一般也是 1m。这就在贯入过程中出现了停顿，这种停顿时间可保持 15~90s，其长短取决于具体的压入设备。在贯入停顿时，超孔隙水压力开始消散。

孔隙水压力的消散速率取决于土的固结系数，而固结系数又取决于土的压缩性和渗透性，停顿后继续贯入，需压入一段距离后才能恢复到原来的孔隙水压力值，压入的深度似乎随土性的不同而变化，一般在 2~50cm 的范围内。尚未有学者作出明确的解释来阐明这种巨大的差异的原因。在整理孔压静探试验资料时，修正停顿所引起的消散或标明贯入过程中的停顿是很重要的。为避免贯入过程中经常停顿而引起的问题，已经研制了多种压入装置，它们能进行真正的连续贯入而无需停顿。但是，这些装置一般只限于在海洋工程中应用。

贯入停顿时，超孔隙水压力的消散可以提供另外一些有价值的资料，包括排水条件、土的渗透性等。如果让它全部消散，还可以得到稳定的静水压力 u_0。

消散试验可以在任一深度进行，在消散试验中，可以测出超孔隙水压力相对于稳定静水压力的消散百分率。

在一些试验中，进行消散时用压入装置把探杆夹固，这虽然可防止探杆移动，但随着杆中弹性应变能的释放和锥尖荷载的减少，探头锥尖仍会继续出现极微小的位移。探杆越长，土体蠕变的趋向越大，这种位移也就越明显。这种位移改变了锥尖周围土体中的总应力，并且可能影响孔隙水压力随着时间的消散。一般认为，这种现象仅在透水滤器位于锥面时比较明显；透水滤器位于锥尖之后时，就无需夹住探杆。

孔压消散试验观测的持续时间可采用以下几种方法：①直至超孔隙水压力完全消散，达到稳定的静水压力为止；②至超孔隙水压力消散 50% 为止，即采用的消散时间为 t_{50}；③对各土层根据经验采用一定的持续时间。

孔隙水压力的变化以与时间相关的模式记录。测量稳定静水压力能提供重要的水文地质资料。

由于饱和的重要性以及操作的细致性，与标准静探试验相比，孔压静探试验的成败更加依赖于操作人员的技术和素质。因此，在进行孔压静探试验时，操作人员必须有经验且经过孔压静探试验的专门训练。

9.2　CPTU 模型实验设计

9.2.1　模型实验装置系统组成

本套模型实验装置可以用于水合物生成及孔压静力触探贯入实验，如图 9-10 所示。

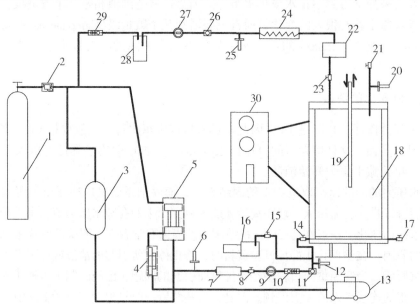

1. 气瓶；2. 减压阀；3. 储气罐；4. 电磁阀；5. 气体增压泵；6. 测压四；7. 缓冲容器；8、14、15、17、21、23. 阀门；9. 进口流量计；10. 单向阀；11、26. 气动阀自动开关；12. 测压一；13. 空气压缩机；16. 真空泵；18. 反应釜；19. 静力触探杆；20. 测压三；22. 透气不透水小配件；23. 干燥管；25. 测压二；27. 出口流量计；28. 临时储气罐；29. 单向阀；30. 制冷压缩机

图 9-10　实验装置图

实验装置主要包括注入系统、试验系统、辅助系统和数据采集控制系统。

1. 注入系统

由高精度调压阀、气体增压泵、高精度气体流量质量控制器、气体流量计、压力表、气瓶和管道等组成，主要功能为精准控制反应釜体内的进气及出气压力，并测试气体流量。

2. 试验系统

由反应釜、触探杆移动支架、釜体支架、触探装置、起吊装置、制冷装置、预注水泵和单向阀组成。

3. 辅助系统

由真空系统、空气压缩机、管阀件以及压力传感器组成。

4. 数据采集控制系统

由温度传感器、高速采集卡、数据处理软件、电路集成、接口板和微机组成，主要功能为数据传输、采集和记录。

9.2.2 主要装置及其技术参数指标

本次模型实验的主要装置包括：反应釜、气体增压泵、气体流量计、储气罐、真空系统、空气压缩机、气动阀自动开关、压力传感器、静力触探设备与制冷装置等，以下对相关设备作详细介绍。

(1)反应釜：尺寸 $\phi550mm \times 1200mm$，耐压 30MPa，材料为 304 不锈钢锻件。内部配有底板和压杆，通过压杆将底板固定在釜体底部，底板为多孔板并在上面均匀分布透气不透水的小配件，从而在底板与釜体底部形成气室，可以使气体均匀地通入砂样中。釜盖上配有进出口及相关测试接口，上釜盖配有 4 个起吊环(可拆卸)，釜体加工后的总体重量约 2.9t，釜体外包裹制冷盘管及保温层，釜盖上可以安装静力触探支架进行静力触探贯入试验。如图 9-11、图 9-12 所示。

(2)气体增压泵：进口压力 0.3~8MPa；往复行程 45mm；增压比 10~30；出口最大压力 40MPa；工作介质为气体。气瓶里的气体可以通过气体增压泵进行增压。如图 9-13 所示。

(3)气体流量计：型号 F-231M，流量范围为 0~1000mL/min，耐压 30MPa，在线计量，可计量瞬时流量和累计流量，并带有标准的 232 接口，由计算机自动采集。如图 9-14 所示。

(4)储气罐：304 不锈钢材料，耐压 30MPa，容积 10L。用于储存回收第一次充入气体生成水合物分解之后再干燥的气体，并优先用于第二次实验。如图 9-15 所示。

(5)真空系统：包含真空泵，真空容器及真空表。主要作用：①将反应釜吸真空，将内部砂进行吸水饱和；②在通入气体生成水合物之前将相关装置及管线抽真空。如图 9-16 所示。

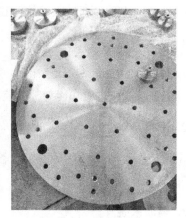

图 9-11　反应釜及内部构造图　　　　　　图 9-12　釜体内部底板

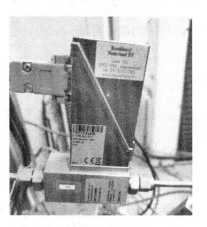

图 9-13　气体增压泵　　　　　　　　图 9-14　气体流量计

图 9-15　储气罐　　　　　　　　　图 9-16　真空泵

（6）空气压缩机：储气容积 30L，最大压力 0.8MPa，为气体增压泵和气动阀提供动力源。如图 9-17 所示。

（7）气动阀自动开关：耐压 30MPa，采用 $\phi6$ 管线。用于控制进口及出口的压力，计算机根据压力传感器控制电磁阀来精确控制气动阀的开关。如图 9-18 所示。

（8）压力传感器：用于显示进出口及釜体内部的压力，压力 0~30MPa，计量精度为 0.1%F.S.，与计算机采集系统相连。如图 9-19 所示。

图 9-17　空气压缩机　　　　图 9-18　气动阀　　　图 9-19　压力传感器

（9）静力触探设备：主要包括触探杆移动支架、触探探头、探头饱和装置、触探杆和信号采集部分。触探杆移动支架含调速电机（750W）、丝杆、立杆等，触探杆最大移动行程 1200mm，触探杆移动支架固定与釜盖上部，通过电机控制触探杆上下运动。如图 9-20 所示。

（10）制冷装置：包含制冷压缩机和制冷盘管，最低温度−25℃。通过计算机调控温度，可对釜体进行温度控制。如图 9-21 所示。

9.2.3　实验设备的连接与调试

在正式开展实验之前，需要将相关的实验设备连接好并进行调试，确保实验设备全部能正常工作。下面对实验设备的连接与调试过程中需要注意到事项进行详细介绍。

首先，进行实验设备的安装摆放，因为部分设备体积较大且复杂，所以如何将实验设备摆放合理显得尤为重要。安放的原则是仪器之间合理紧凑，尽量少占用空间，设备与设备之间线路连接尽可能简短。

其次，装置安放合理后，进行电气线路的安装，包括：单向阀、气动阀、各压力传感

（a）静力触探支架　　　　　　（b）静力触探探头　　　　　　（c）探头饱和装置

图 9-20　孔压静力触探设备

器和进出口流量计等元件的安装。仪器设备安装完毕后，进行整体的检漏，检查每一个接头是否连接牢固、可靠，是否有漏接的情况，及时排查。

然后，一切准备就绪后，开始装置系统的调试。打开仪器面板的电源，认真检查每个电器元件的工作情况，看是否正常显示，是否有无显示的情况。如果存在上述情况，逐一排查，发现问题，及时解决，保证每一个电子元件都正常工作，从而确保整个装置系统完整、正常工作。此外，还要将仪器面板上的数显调整为初始状态，有误差的，则要消除误差。仪器操作面板如图 9-22 所示。

最后，由于在进行水合物生成实验时对试验系统的气密性要求很高，所以需要对整个试验系统进行气密性检查，开始之前先利用真空泵将整个试验系统抽真空，同时收集各压力传感器的读数，经过一段时间后，看各个压力传感器的读数是否一致，如发现部分不一致需要对各段管线进行逐一排查直至一致。

9.2.4　实验材料的准备

为分析不同粒径砂在生成水合物后的静力触探数据，本次实验所用的砂样分为三种：粒径小于 1mm 的砂样 1、粒径 1~2mm 的砂样 2 以及两种按质量比为 2∶1 混合的砂样 3。

本次实验采用的砂样是粗砂，主要选用的是粒径小于 2mm 的河砂。首先运回来的河

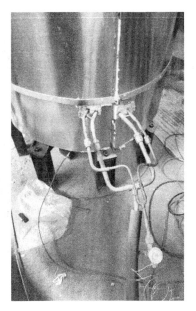

图 9-21 制冷压缩机

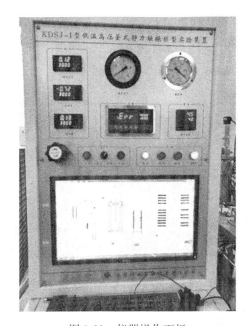

图 9-22 仪器操作面板

砂经过晾晒干,再进行筛分。采用筛分法筛分,筛分法是一种最传统的粒度测试方法,让砂粒从上到下依次通过 2mm 和 1mm 孔径的筛网,由振动筛进行振动筛分,将大于 2mm 的砂剔除,获得粒径小于 1mm 以及 1~2mm 的两种实验用砂。砂样如图 9-23 所示。

此外本实验采用的气体为武汉钢铁集团氧气有限责任公司生产的纯度为 99.999%的氮气以及纯度为 99%的二氧化碳(图 9-24、图 9-25),气瓶标准压力 12MPa,体积 40L。

图 9-23　砂样

图 9-24　氮气瓶及减压阀　　　　　图 9-25　二氧化碳气瓶及减压阀

9.2.5　实验的方案与步骤

本次模型实验主要通过模拟水合物生成环境的温度和压力,再进行相同赋存环境下不同天然气水合物含量(有无天然气水合物生成)以及不同赋存环境时(不同的砂土颗粒级配)生成天然气水合物的孔压静力触探实验,得到各组实验的孔压静力触探数据资料。通过分析对比各组数据,研究含水合物砂土孔压静力触探实验测试数据的变化规律。

1. 实验方案

选取不同粒径的砂土(三组)作为多孔介质,在真空吸水饱和后在实验压力下进行孔压静力触探实验,作为无水合物生成对照组实验。选取不同粒径的砂土(与前面三组粒径相同)作为多孔介质,真空吸水饱和后,在实验温度和压力下生成水合物后进行孔压静力触探实验,与无水合物生成的结果进行对比。

根据相关文献资料,生成二氧化碳水合物的相平衡温度及压力见表9-1;二氧化碳液化的温度及压力见表9-2。

表 9-1　大体积水中 CO_2 水合物相平衡温度和压力

$T/℃$	P/MPa	$T/℃$	P/MPa
0.65	1.2	4.66	2.2
1.11	1.4	5.37	2.4
2.01	1.6	5.95	2.6
2.97	1.8	6.68	2.8
3.96	2.0	7.09	3.0

表 9-2　CO_2 液化温度和压力

$T/℃$	P/MPa
0.0	3.49
1.0	3.58
2.0	3.67
3.0	3.77
4.0	3.87
5.0	3.97
6.0	4.07

初始状态为气态条件下二氧化碳水合物的生成,与其他气体水合物生成的情况类似,在如图9-26所示的 P-T 图线中,整个实验循环共分为了四个阶段:第一阶段(A—B段)为降温过程。在此过程中温度、压力同时缓慢匀速降低,符合气体状态方程。第二阶段(B—C段)为水合物开始生成过程。在此阶段,反应器内温度降低到实验设定温度后,在经过一段时间后水合物开始生成,由于水合物生成是放热反应,会引起反应容器内的温度升高。第三阶段(C—D段)是水合物持续生成过程。随着水合物不断生成气体被消耗,压力出现急剧下降,当水合物生成结束后,温度又降低到实验设定温度。第四阶段(D—A段)为水合物分解过程。当水合物完全生成,系统达到稳定状态后开始升温使水合物分解,随着水合物的分解,

释放出气体引起压力急剧升高后逐渐恢复到初始状态。此时升温段(D—A 段)与降温段(A—B 段)的交点为水合物的相平衡点(E 点),在该点上的温度、压力为水合物的分解相平衡温度和压力。在此实验操作基础上进行二氧化碳水合物生成实验的研究。

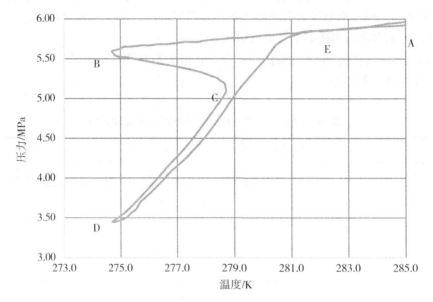

图 9-26　典型水合物生成过程 $P\text{-}T$ 曲线

实验参数设置如下。

(1)砂样粒径:砂样 1, $d<1mm$;砂样 2, $1mm<d<2mm$;砂样 3, $d<1mm$ 和 $1mm<d<2mm$ 按质量比 2∶1 混合。

(2)实验所用气体:无水合物生成使用氮气,生成水合物使用二氧化碳。

(3)实验的压力与温度:2.5MPa,4℃。

2. 实验操作步骤

针对不同粒径的砂共开展了六组实验(表9-3)。

表 9-3　开展的实验组合情况

实验组数	砂样粒径/mm	实验压力/MPa	水合物生成温度/℃
1	$d<1$	2.5	—
2	$1<d<2$	2.5	—
3	$d<1$ 和 $1<d<2$ 按质量比 2∶1 混合	2.5	—
4	$d<1$	2.5	4
5	$1<d<2$	2.5	4
6	$d<1$ 和 $1<d<2$ 按质量比 2∶1 混合	2.5	4

由于本次实验要进行有无 CO_2 水合物生成两种实验，所以两次实验的操作步骤存在区别，下面分别介绍。

无水合物生成实验步骤：①清洗反应釜，在釜体内填入砂样，分层夯实，记录分层填入砂样的质量；②连接好装置，利用真空泵将反应釜抽真空，待釜体内达到真空后，保持真空泵持续工作，打开釜盖的进水口阀门，利用内外压差将水反吸入釜体内，记录吸入水的体积，待砂样饱和后关闭进水口阀门与真空泵；③将饱和探头装置与真空泵连接，将静力触探探头抽真空，将探头浸没硅油中防止空气进入；④将静力触探装置连接好并固定在釜盖上，同时将相关线路连接好；⑤打开氮气瓶，调节调压阀，调节进口的初始压力，并保持初始压力不变，同时通过设置进出口压力让气动阀自动开关控制实验所需压力，经过一段时间后，待测压一与测压三压力相同时，通过计算机设置贯入速率(1cm/s)开始静力触探贯入实验，采集系统自动采集相关数据；⑥待贯入完成后，关闭气瓶进口阀门，打开出口阀门回收气体留作第二次实验用，同时将静力触探装置拆下，挖除釜体内部砂样清洗釜体，准备下一次实验；⑦待砂样 1 实验完成后，同时重复上述①、②、③、④、⑤、⑥步骤，可以进行砂样 2、砂样 3 的实验。

有水合物生成实验步骤：前面的四步与无水合物生成实验的步骤相同，注意分层夯实时与前面砂样分层夯实保持相同质量。⑤将进口处的氮气瓶换成二氧化碳气瓶，在通入二氧化碳之前应先将试验系统的空气或其他气体排除，因此首先通过真空泵将试验系统抽真空，观察各压力传感器的度数显示达到真空后，关闭真空泵打开气瓶通入二氧化碳，此时可以设置较低压力，向反应釜内充入一定量的二氧化碳气体，使釜内压力能够达到一定值，然后放气。如此重复三次，确保釜内无空气，以消除空气对水合反应的影响。⑥待排除试验系统内的其他气体后，计算机设置好实验的温度，通过制冷压缩机制冷达到设定温度后，在此过程中制冷机一直处于持续制冷工作状态，开始打开气瓶，调节调压阀，调节进口的初始压力。因生成水合物时间较长，消耗气体较多，同时通过设置进口压力让气动阀自动开关，控制进入的压力不能过大以防止 CO_2 发生液化，待通入足量 CO_2 气体后，让其在实验的温度及压力下生成水合物，注意观察釜体内的压力温度的变化，在此过程中应持续不断地通入气体保持压力，待 24h(CO_2 认为水合物生成完成)后通过计算机设置出口压力气动阀，控制出口压力，注意观察进出口流量，待两者流量接近后，通过计算机设置贯入速率(1cm/s)开始静力触探贯入实验，采集系统自动采集相关数据。⑦待贯入完成后，关闭气瓶进口阀门，打开出口阀门回收气体留作第二次实验用，同时将静力触探装置拆下，挖除釜体内部砂样清洗釜体，准备下一次实验。⑧待砂样 1 实验完成后，同时重复①、②、③、④、⑤、⑥、⑦步骤，可以做砂样 2、砂样 3 的实验。

在分层填入砂样时控制填入每层高度为 5cm，记录的三种砂样的每层质量分别为 17.75kg、16、35kg、17.10kg。

9.3　不含水合物砂的实验结果及分析

9.3.1　实验结果

利用自行研制的室内模型实验装置对三种不含水合物的砂样进行静力触探贯入实验，得到 q_c、f_s、u 随深度的变化曲线，如图 9-27 所示。

摩阻比 F_R 常被用来进行土类的划分，摩阻比 F_R 定义如式(9-9)所示，利用模型实验的数据可以获得三种砂样的摩阻比随深度的变化曲线，如图 9-28 所示。

$$F_R = \frac{侧壁摩阻力}{锥尖贯入阻力} \times 100\% = \frac{f_s}{q_c} \times 100\% \tag{9-9}$$

通过图 9-28 我们可以得到，三种砂样在临界深度后的摩阻比分别为 0.39、0.37、0.42，通过孔隙水压力可以反映出加压的压力，而且可以看出孔隙水压力随深度的增加而略微增大。

9.3.2　临界深度及各静探参数取值

法国 Kerisel 等(1962)在匀质砂性土进行静力触探实验的过程中发现，当锥头的贯入深度在一定范围内时，锥尖贯入阻力随着深度的增加而变大；当贯入深度一旦超过这个值，探头的贯入阻力将不再增加或增加缓慢。这一规律使得学术界发现了砂土中存在后来被称作"临界深度"的现象。

锥头开始压入土中时，围压较小，锥头的贯入主要是通过土的剪胀来实现的，随着锥头贯入深度的增加，土会出现压缩，而且压缩区逐渐扩大。贯入深度到达一定值时，压缩区的几何形状保持不变，锥头阻力也趋于稳定(林宗元，2005)。从实验得出的贯入曲线可以发现具有明显的临界深度现象。

Vesic(维西克)(1973)在厚砂层中进行静力触探贯入时发现在触探贯入深度大于约 20 倍的桩径之后，其贯入时的锥尖贯入阻力与侧壁摩阻力均逐渐趋于某个稳定的值，因此达到临界深度后对应的极限阻力更具代表性。

模型实验采用的探头直径为 1.262cm，根据维西克的结论计算出的临界深度约为 25.24cm。我们将对三种不含水合物的砂样静力触探实验得到的锥尖贯入阻力以及侧壁摩阻力作图，如图 9-27 所示，发现三种砂样的临界深度基本为 0.65m，这与维西克的结论存在一定误差，主要是因为砂的密度越大，锥头的直径越大，则临界深度越大。松砂中，临界深度约为 20 倍的锥径，中密砂为 30 倍锥径，密砂则会更大。在饱和砂中的临界深度将比干砂中的大。而在实验填入砂样中进行了分层夯实，并且砂样也进行了饱和。故实验砂样的临界深度达到约为 50 倍锥头直径。根据贯入曲线得三种砂样的极限锥尖贯入阻力分别为 7.15MPa、4.98MPa、6.27MPa，极限侧壁摩阻力分别为 28.08kPa、18.21kPa、26.23kPa。

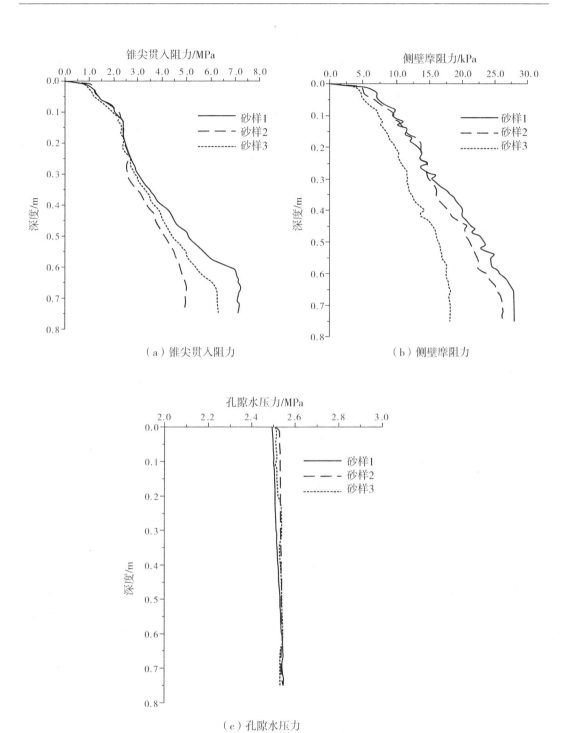

（a）锥尖贯入阻力

（b）侧壁摩阻力

（c）孔隙水压力

图 9-27 不含水合物砂静力触探实验贯入曲线

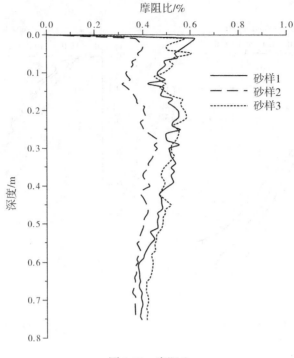

图 9-28　摩阻比

9.3.3　不同类型砂对静探数据的影响

根据所得贯入曲线图(图 9-27)，对比可以明显发现砂样 1 的锥尖贯入阻力以及侧壁摩阻力最大，其次是砂样 3，最小是砂样 2。根据砂土的三轴剪切实验发现，轴向变形很大后，砂的密度达到一稳定值，这一稳定密度与试样的初始密度有关，而与周围压力 σ_3 成正比。这种稳定密度标志土样内所有各点都达到完全塑性状态，该密度称之为临界密度 D_{Rc}。饱和砂样的极限锥尖贯入阻力的大小主要受砂样的初始密度影响，根据实验记录的数据填入釜体的砂样质量分别为 355kg、327kg、342kg，釜体尺寸为 $\phi550mm\times1200mm$，填入高度为 1m，得到填入釜体三种砂样的初始密度分别为 2.237g/cm³、2.060g/cm³、2.153g/cm³。

9.4　含水合物砂的实验结果及分析

9.4.1　二氧化碳水合物生成过程

1. 二氧化碳水合物形成机理

二氧化碳水合物是指在一定压力和温度的条件下，二氧化碳客体分子进入水氢键组成的主体空穴中而形成的一种非化学计量结构的包络化合物。

从外表看，二氧化碳水合物类似致密的雪或松散的蜂窝状的冰，密度为 $0.88 \sim 0.92 g/cm^3$。目前发现的水合物结构有立方体心结构的 I 型、菱形立方体结构的 II 型、六方体结构的 H 型 3 种(Sloan，1997)，二氧化碳水合物主要以 I 型结构存在。二氧化碳水合物的生成过程被认为是一个结晶过程，二氧化碳溶于水(或溶液)生成固态水合物晶体。

由此可知，二氧化碳水合物的形成过程主要包括水合物的成核过程和生长过程两个阶段，这与甲烷水合物的结晶成核过程是一致的。在满足了二氧化碳水合物相平衡的条件下，水合物首先由反应系统的过饱和度或过冷度引起亚稳态结晶。水合系统达到某一可生成水合物的平衡条件后，要经历一段时间反应系统中才会生成水合物，这段时间是水合物晶核的形成阶段，称为诱导时间(Natarajan et al.，1994)。

2. 二氧化碳水合物生成温度、压力曲线

因为二氧化碳水合物的生成是一个放热过程，会导致系统温度升高、压力下降。因此，我们可以从压力、温度变化曲线中分辨水合物生成，如图 9-29 所示、图 9-30 所示。

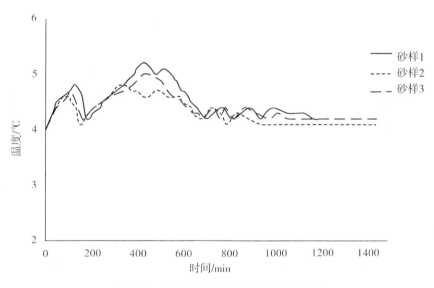

图 9-29　CO_2水合物生成温度与时间曲线

根据图 9-29、图 9-30，可以把二氧化碳水合物生成过程分成三个阶段，从通入气体开始计时，第一阶段为 CO_2 气体溶解阶段，随着 CO_2 气体的通入，釜体内压力开始逐步上升，同时 CO_2 气体开始在水中溶解，经过一段时间后可达到稳定、溶解平衡，此过程是 CO_2 水合物生成的前提。在溶解过程会有大量的热量放出，由于刚开始制冷机还能及时带走热量，因而此阶段温度会出现上升的趋势。随后溶解达到平衡后，水合反应生成的热量能及时释放，而且制冷机一直处于工作状态，持续给反应釜降温，水合反应产生的热量开

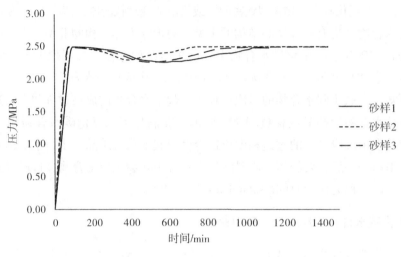

图 9-30　CO_2 水合物生成压力与时间曲线

始逐步被制冷机带走，温度呈现下降趋势，压力达到稳定。在此阶段中砂样 1 用时最长，约 190min，溶解的气体最多，其次是砂样 3，用时约 180min，最后是砂样 2，用时约 160min。第二阶段为快速反应阶段，随着气体不断通入，CO_2 气体开始来得及补充，随着 CO_2 气体的积累，系统内压力稳定后，达到 CO_2 水合物形成条件后，温度曲线上升，压力曲线下降。这是由于新供给气体的溶解及在水合物生成条件下 CO_2 水合物的生成吸收了大量的 CO_2 气体，耗气量急剧上升，温度曲线出现上升，压力曲线出现下降。第二阶段砂样 1 的用时是从 190min 至 620min，砂样 2 是 160min 至 400min，砂样 3 是 180min 至 510min。第三阶段为缓慢反应阶段，接着进入稳定期，相比于前面较短时间内的快速生成水合物，此阶段水合物生成反应速率较慢，温度随着 CO_2 水合物的连续生成而出现先下降再波动，压力随着 CO_2 水合物的连续生成而出现逐步上升达到稳定，随着反应的进行，显示水合反应速率减慢。第三阶段砂样 1 的用时是从 620min 至 1130min，砂样 2 是从 400min 至 940min，砂样 3 是从 510min 至 1010min。从后面的温度压力曲线达到稳定可以看出，水合反应已经完成。从总体来看，整个生成过程中砂样 1 所用时间最长，其次是砂样 3，最少是砂样 2。

9.4.2　静力触探贯入曲线分析

1. 实验结果

对三种含水合物的砂样进行静力触探贯入实验，得到 q_c、f_s、u 随深度的变化曲线，如图 9-31 所示。

由图 9-31 可以发现，锥尖贯入阻力和侧壁摩阻力的值随着贯入深度的增大而逐渐增

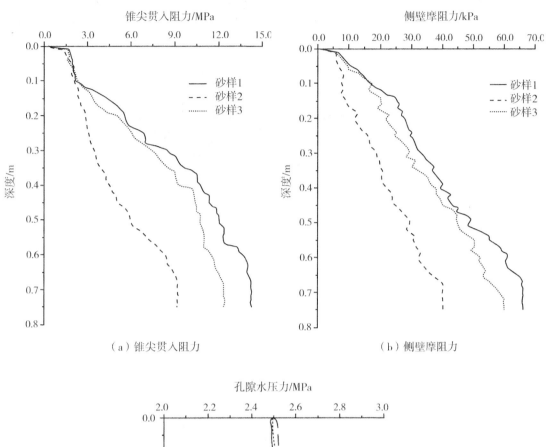

（a）锥尖贯入阻力　　　　　　　　　（b）侧壁摩阻力

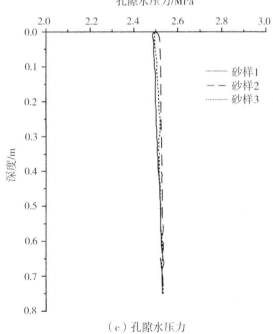

（c）孔隙水压力

图 9-31　含水合物砂静力触探实验贯入曲线

大，在达到一定深度后两者的值趋于一极限值，但与不含水合物砂样相比，临界深度表现得不是很明显。同时根据绘制的孔隙水压力曲线可以看出，总体趋势是孔压随深度增加而增大，偶有波动。

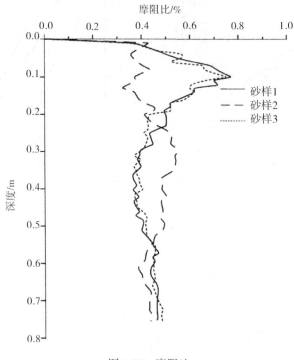

图 9-32　摩阻比

而从摩阻比来看(图 9-32)，在达到一定深度后三种砂样的摩阻比也都趋于一极限值。

2. 临界深度及各静探参数取值

通过对图 9-31、图 9-32 的仔细分析，三种砂样的临界深度约分别为 0.63m、0.67m、0.71m，极限锥尖贯入阻力分别为 14.28MPa、9.15MPa、12.53MPa，极限侧壁摩阻力分别为 66.37kPa、40.27kPa、60.21kPa，极限摩阻比分别为 0.46、0.44、0.48。

9.5　实验结果对比分析

9.5.1　含水合物对砂样静力触探数据的影响

CO_2 气体通过扩散进入水中，溶气水在相应的温度和压力条件下首先在孔隙中间成核生长，在水合物量不多的情况下，这种形成的水合物小颗粒漂浮于孔隙水中。在这种情况下，水合物对砂土的强度没有任何加固作用，随着水合物继续生长变大，直到水合物能接触或搭连土颗粒时，水合物颗粒就成为分担受力的持力体，开始提高了砂土的强度，当水合物持续生长充满整个孔隙后，水合物的生长向土颗粒接触面发展，水合物就展现出对砂土的加固效应。典型的含水合物砂样如图 9-33 所示。

图 9-33　含水合物砂样

从三种砂样的有无水合物生成的静力触探曲线图[图 9-27(a)、(b)、图 9-28、图 9-21 (a)、(b)、图 9-32]可以发现，锥尖贯入阻力和侧壁摩阻力都显著增大，摩阻比也略有增加。

水合物与两个或更多的颗粒表面接触，成为持力颗粒体。水合物颗粒就成为分担受力的持力体，提高了砂土的强度。若水合物的强度较高，不会发生损伤破碎，为了克服水合物阻碍而使颗粒发生运动，则需要更大的能量，从而使强度变大。若水合物的强度不高，则会发生水合物损失破碎，也会发生剪胀使强度变大。

在静力触探实验中，当以一定的速率将探头压入土体时，探头周围的土体会呈现剪切破坏和压缩破坏。在纯砂土的贯入实验中，锥尖贯入的剪切作用会导致砂土颗粒的旋转、滑移和重新分布，而含水合物砂土在剪切作用下会发生水合物和土颗粒的解胶结，水合物破碎，以及土、水合物颗粒的旋转、滑移和重分布，这些微观的颗粒行为直接影响了含水合物砂土的宏观表现，所以很明显可以看出锥尖贯入阻力和侧壁摩阻力明显增大。

9.5.2　粒径对含水合物砂样静力触探数据的影响

将三组砂样的有无水合物生成的静力触探数据分别绘制成图，如图 9-34～图 9-36 所示。由这三个图可知：砂样 1 和砂样 3 的锥尖贯入阻力和侧壁摩阻力增加幅度非常大，而砂样 2 的增加幅度略小。通过曲线的趋势可以看出，随着深度的增加，锥尖贯入阻力和侧壁摩阻力增加的幅度越大。

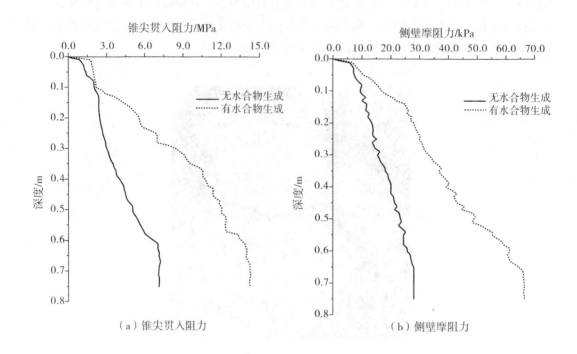

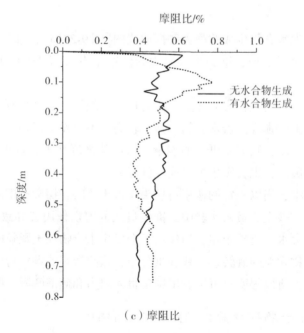

（c）摩阻比

图 9-34　砂样 1 有无水合物的静力触探贯入曲线

将三种砂样的极限深度静力触探数据绘制成表 9-4。可以很明显看出锥尖贯入阻力和侧壁摩阻力的增大幅度从大到小依次为砂样 1、砂样 3、砂样 2。砂样 1 的锥尖阻贯入力和

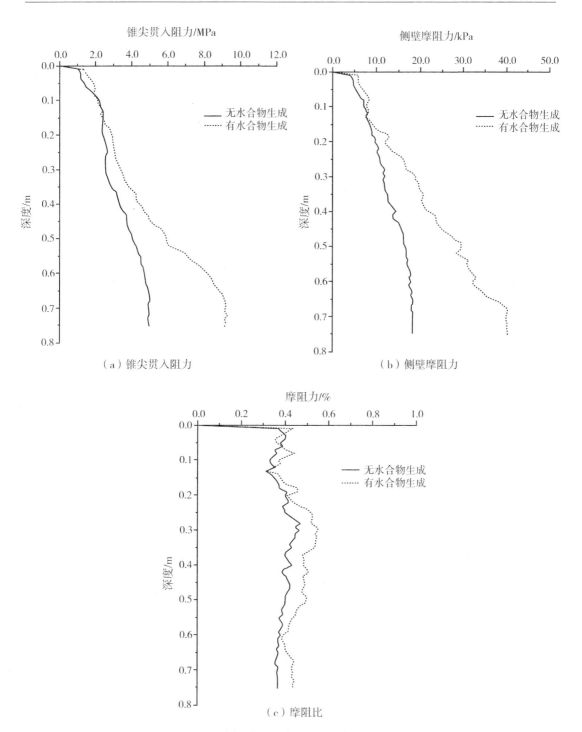

图 9-35 砂样 2 有无水合物的静力触探贯入曲线

侧壁摩阻力增大幅度为 100.56%、136.61%，砂样 3 的锥尖贯入阻力和侧壁摩阻力增大幅度为 98.57%、128.67%，砂样 2 的锥尖贯入阻力和侧壁摩阻力增大幅度为 84.85%、

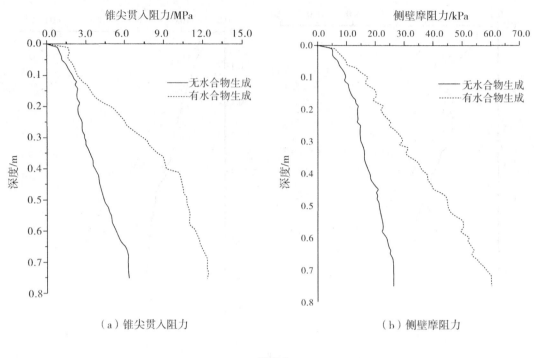

（a）锥尖贯入阻力　　　　　　　　（b）侧壁摩阻力

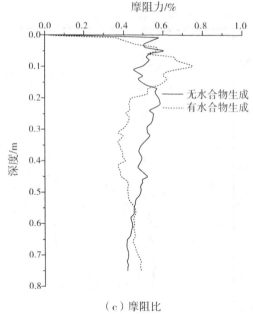

（c）摩阻比

图 9-36　砂样 3 有无水合物的静力触探贯入曲线

120.87%。这是因为粒径的减小使得砂介质比表面积增大。由于多孔介质粒径越小，介质颗粒的比表面积越大，对 CO_2 气体的吸附量就越大，从而使多孔介质内某一特定成核位置

的 CO_2 气体浓度越高，为水合物的生成过程提供了更大的驱动力，越有利于 CO_2 水合物的成核和生长过程。

因此，粒径越小，CO_2 水合物生成得就越多，同时生成得也越均匀，从而能在釜体内生成更多的持力颗粒体。从图 9-29 及图 9-30 也可看出二氧化碳水合物生成耗时最长的为砂样 1，其次为砂样 3，最短为砂样 2。

表 9-4 极限深度静力触探数据

砂样 \ 静力触探数据		锥尖贯入阻力/MPa	侧壁摩阻力/kPa	摩阻比/%
砂样 1	不含水合物	7.12	28.05	0.39
	含水合物	14.28	66.37	0.46
	增大幅度	100.56%	136.61%	17.9%
砂样 2	不含水合物	4.95	18.21	0.36
	含水合物	9.15	40.22	0.44
	增大幅度	84.85%	120.87%	22.2%
砂样 3	不含水合物	6.31	26.33	0.41
	含水合物	12.53	60.21	0.48
	增大幅度	98.57%	128.67%	17.1%

在深度约 0.6m 的三种含水合物砂样的照片如图 9-37~图 9-39 所示，可以比较清楚地发现水合物与砂颗粒胶结成为持力颗粒体，在局部深度可以看到砂样 1 与砂样 3 形成的持力颗粒体较砂样 2 多。也在一定程度上反映了三组砂样的静力触探数据变化的幅度。

图 9-37 砂样 1 典型含水合物砂　图 9-38 砂样 3 典型含水合物砂　图 9-39 砂样 2 典型含水合物砂

第 10 章　研　究　总　结

　　海底天然气水合物赋存于海底沉积物中，开采将会对其储层产生扰动，降低储层颗粒之间的胶结程度，同时分解产生的甲烷气体在孔隙空间也会形成较高的超静孔隙压力，造成储层有效应力降低，诱发储层变形，甚至破坏。若大量分解水合物难以有效控制，将引起液体和气体以柱状形式沿着垂直方向向上流动，加速或触发大规模的海底沉积物滑动，引发环境灾害与地质灾害。

　　天然气水合物非常不稳定，轻微的温度变化或压力降低都会使水合物发生分解，导致大量的甲烷气体释放，不仅会降低水合物储层的强度，而且水合物分解后，释放出的甲烷气体在来不及逸散的情况下，会导致孔隙流体压力的大幅增加，引起有效应力的下降，降低土体强度，导致上层非水合物层变形破坏。通过系统的室内模拟实验研究表明，分解气体会引发上覆土层的各种变形破坏现象，这与海底天然气水合物赋存区存在冷泉、裂隙、梅花坑、气烟囱等现象是一致的。实验表明，渗气对上覆土层的变形破坏与上覆层土体性质、厚度等有很大的关系，所形成的渗气通道与表现的破坏形式也不相同。

　　海底天然气水合物主要赋存于世界各大洋之陆缘和半岛的近海海底，如陆坡、岛坡、陆隆、海底高原，地形起伏大，发育不同厚度、不同时代的较为松散的岩土层。水合物的分解、渗流对这些松散岩土层斜坡的稳定性带来严重影响。一些大型的海底滑坡，其中很重要的一个因素就是气候变化过程中，水合物自然分解导致的。人工开采天然气，该问题无法回避。通过室内模型实验研究表明，斜坡土体性质、坡度、水合物层上覆土层厚度以及水深等因素都会影响斜坡稳定性，在整个破坏过程中，土压力、孔隙水压力都会有一定的变化，可以通过考虑超孔隙水压力、气压力来定量计算海底斜坡稳定性。

　　水合物开采过程中，随着水合物的分解，沉积物地质环境参量(例如，温度、压力、电阻率)会发生相应的变化。通过研究其演变规律可以更直观地分析水合物分解过程中的反应机理、反应特征以及周围沉积物发生变形破坏的阶段性过程，对探索海底天然气水合物安全高效的开采模式具有意义，有效避免开采不当对人类生活和地球环境造成的不良影响。通过室内模拟注热法使水合物分解，可以发现其地质环境参量变化明显，可以通过监控这些参量的变化来分析水合物分解的程度，控制开采过程的安全性。

　　天然气水合物生成之前需要甲烷气体在海底沉积物中迁移，开采过程中分解形成的气体也会在沉积物中发生渗透。因此，在天然气水合物资源商业化开采之前，研究气体在海底沉积物中的渗透规律十分必要，是进行水合物开采前的地质环境影响评价的基础，对实现水合物的安全开采具有重要意义。通过室内黏性土与砂土层内渗气过程的模拟实验，可以发现两类土体中，气体渗透差异巨大，这与粗粒土层是水合物生成的良好土层是一致的，而细粒土基本上不存在气体在土颗粒中的渗透，没有形成水合物的条件。此外，压差大小、土体性质对于渗气性能影响较大，粗细颗粒相对含量影响尤甚，对于细粒土为主的土体则存在渗透起始压力现象。不同性质土体气体渗透性能的差异，不仅对天然气水合物的生成有直接影响，对于天然气水合物开采过程中地质环境参量的变化、上覆土层的变形破坏状况以及海底斜坡稳定性都有直接影响。

正是由于海底天然气水合物沉积层具有独特的地质环境参量的变化，可以通过原位测试的方式进行水合物的勘探以及开采过程中地质环境参量的监控。通过室内模拟实验，根据孔隙水压力静力触探的原理，采用专门开发的多参量测试探头就可以实现这一设想。室内实验表明，在水合物形成过程中，通过原位测试得到的地质环境参数变化是明显的，有规律可循，这为进一步的应用奠定了基础。

参 考 文 献

[1] Ahn T, Park C, Lee J, et al. Experimental characterization of production behaviour accompanying the hydrate reformation in methane-hydrate-bearinq sediments[J]. The journal of Canadian petroleum technology, 2012, 51(1): 14-19.

[2] Baligh M M. Strain path method[J]. Journal of Geotechnical Engineering, 1985, 111(9): 1108-1136.

[3] Barden L, Pavlakis G. Air and water permeability of compacted unsaturated cohesive soil[J]. European Journal of Soil Science, 2010, 22(3): 302-318.

[4] Barden L. Consolidation of compacted and unsaturated clays[J]. Géotechnique, 1965, 15 (3): 267-286.

[5] Barden L, Pavlakis G. Air and water permeability of compacted unsaturated cohesive soil[J]. Journal of Soil Science, 1971, 22(3).

[6] Beaudoin Y C, Boswell R, Dallimore S R, et al. Frozen Heat—A global outlook on methane gas hydrates[M]. Norway: Birkel and Trykkeri A/S, 2014: 1-29.

[7] Bhade P, Phirani J. Gas production from layered methane hydrate reservoirs[J]. Energy, 2015, 82: 686-696.

[8] Biot M A. General theory of three-dimensional consolidation[J]. Journal of applied physics, 1941, 12(2): 155-164.

[9] Bishop R F, Hill R, Mott N F. The theory of indentation and hardness tests[J]. Proceedings of the Physical Society, 1945, 57(3): 147-159.

[10] Blight G E. Flow of air throughsoils[J]. Soil Mechanics and Foundation Division Journal, 1971, 97(4): 607-624.

[11] Boswell R, Collett T S, Dallimore S, et al. Geohazards associated with naturally-occurring gas hydrate[M]. 2012.

[12] Boswell R. Japan completes first offshore methane hydrate production test—Methane successfully produced from deepwater hydrate layers[J]. Center for Natural Gas and Oil, 2013, 412: 386-7614.

[13] Brain A, Hinckley E S, Martin D A. Soil-water dynamics and unsaturated storage during snowmelt following wildfire[J]. Hydrology & Earth System Sciences Discussions, 2012, 16 (17): 1401-1417.

[14] Brennan A J, Madabhushi S P. Liquefaction and drainage in stratified soil[J]. Journal of Geotechnical and Geoenvironmental Engineering, 2005, 131(7): 876-885.

［15］Briaud J L, Chaouch A. Hydrat melting in soil around hot conductor［J］. Journal of Geotechnical and Geoenvironmental Engineering, 1997, 123(7): 645-653.

［16］Brooks R H, Corey A T. Hydraulic properties of porous media and their relation to drainage design［J］. Transactions of the ASAE, 1964, 7(1).

［17］Brooks R H, Corey A T. Hydraulic properties of porous media［J］. Hydrol. pap., 1964, 26 (1): 352-366.

［18］Brooks R H, Corey A T. Hydraulic properties of porous media［M］//On the Political Economy of Social Democracy. McGill-Queen's University Press, 1964.

［19］Brown H E, Holbrook W S, Hornbach M J, et al. Slide structure and role of gas hydrate at the northern boundary of the Storegga Slide, offshore Norway［J］. Marine Geology, 2006, 229(3): 179-186.

［20］Bryant W R, Hottman W, Trabant P. Permeability of unconsolidated and consoli-dated marine sediments, Gulf of Mexico［J］. Marine Biotechnology, 1974: 1-14.

［21］Buffett B A, Zatsepina O Y. Formation of gas hydrate from dissolved gas in natural porous media［J］. Marine Geology, 2000, 164(1): 69-77.

［22］Canals M, Lastras G, Urgeles R, et al. Slope failure dynamics and impacts from seafloor and shallow sub-seafloor geophysical data: case studies from the COSTA project［J］. Marine Geology, 2004, 213(1).

［23］Cao L F, Teh C I, Chang M. Analysis of undrained cavity expansion in elasto-plastic soils with non-linear elasticity［J］. International Journal for Numerical & Analytical Methods in Geomechanics, 2002, 26(1): 25-52.

［24］Carter J P, Booker J R, Yeung S K. Cavity expansion in cohesive frictional soils［J］. Géotechnique, 1986, 36(3): 349-358.

［25］Chaouch A, Briaud J L. Post melting behavior of gas hydrates in soft ocean sediments［C］// OTC8298, 1997.

［26］Charles K, et al. The tail of the Storegga Slide: insights from the geoche-mistry and sedimentology of the Norwegian Basin deposits［J］. Sedimentology, 2010, 57(6): 1409-1429.

［27］Chong Z R, Yang S H B, Babu P, et al. Review of natural gas hydrates as an energy resource: prospects and challenges［J］. Apenergy, 2016, 162: 1633-1652.

［28］Christopher S M, Howard P M, Harvey S, et al. Sustained in situ measurements of dissolved oxygen, methane and water transport processes in the benthic boundary layer at MC118, northern Gulf of Mexico［J］. Deep-Sea Research Part II, 2016, 129: 41-52.

［29］Clayton C R I, Priest J A, Rees E V L. The effects of hydrate cement on the stiffness of some sands［J］. Géotechnique, 2010, 60(6): 435-445.

［30］Clayton C R I, Priest J A, Best A I. The effects of disseminated methane hydrate on the dynamic stiffness and damping of a sand［J］. Géotechnique, 2005, 55(6): 423-434.

［31］Collett T S, Riedel M, Boswell R, et al. International team completes landmark gas hydrate expedition in the offshore of India 2006[J]. Marine Geology, 2006, 213: 293-311.

[32] Corey A T. Measurement of water and air permeability in unsaturated soils[J]. Soil Science Society of America Journal, 1957, 21(1): 7-10.

[33] Dai S, Santamarina J. Sampling disturbance in hydrate-bearing sediment pressure cores: NGHP-01 expedition, Krishna-Godavari Basin example[J]. Mar. Pet. Geol. , 2000, 58: 178-186.

[34] Dakshanamurthy V, Fredlund D G. A mathematical model for predicting moisture flow in an unsaturated soil under hydraulic and temperature gradients[J]. Water Resources Research, 1981, 17(3): 714-722.

[35] Darkshanamurthy V, Fredlund D G, Rahardjo H. Coupled three-dimensional consolidation theory of unsaturated porous media[C]//Fifth International Conference on Expansive Soils. Adelaide, Australia, 1984: 99-103.

[36] Dawe R A, Thomas S. A large potential methane source—natural gas hydrates[J]. Energy Sources, Part A: Recovery, Utilization, and Environmental Effects, 2007, 29 (3): 217-229.

[37] Delage P, Howat M D, Cui Y J. The relationship between suction and swelling properties in a heavily compacted unsaturated clay[J]. Engineering Geology, 1998, 50(1).

[38] Dillon W P, Danforth W W, Hutchinson D R, et al. Evidence for faulting related to dissociation of gas hydrate and release of methane off the southeastern United States[J]. GeologicalSociety, London, Special Publications, 1998, 137(1): 293-302.

[39] Dillon W P, Max M D. Oceanic gas hydrates[M]// Max M D. Natural Gas Hydrate in Oceanic and Permafrost Environments. Kluwer Academic Publishers, Dordrecht, the Netherlands, 2003: 61-76.

[40] Dillon W P, Danforth W W, Hutchinson D R, et al. Evidence for faulting related to dissociation of gas hydrate and release of methane off the southeastern United States[J]. Geological Society London Special Publications, 1998, 137(1): 293-302.

[41] Dott R H. Dynamics of subaqueous gravity depositional processes[J]. GeoScience World, 1963, 47(1).

[42] Driscoll N W, Weissel J K, Goff J A. Potential for large-scale submarine slope failure and tsunami generation along the U. S. [J]. Geology, 2000, 28(5): 407-410.

[43] Durham W B, Kirby S H, Stern L A, et al. The strength and rheology of methane clathrate hydrate[J]. Journal of Geophysical Research, 2003, 108(4): 2182.

[44] Eaton M W. Mimicking marine-based natural systems: A study of sediment-hydrate interactions under in situ conditions[D]. Stony Brook University, 2007.

[45] Ebinuma T, Kamata Y, Minagawa H, et al. Mechanical properties of sandy sediments containing methane hydrate[C]//5th International Conference on Gas Hydrates, 2005.

[46] El-Fadel M, Findikakis A N, Leckie J O. Environmental impacts of solid waste landfilling[J]. Journal of Environmental Management, 1997, 50(1): 1-25.

[47] Elsworth D. Analysis of piezocone dissipation data using dislocation methods[J]. Journal of Geotechnical Engineering, 1993, 119(10): 1601-1623.

[48] Elsworth D. Dislocation analysis of penetration in saturated porous media[J]. Journal of Engineering Mechanics, 1991, 117(2): 391-408.

[49] Elverhoi A, Breien H, De Blasio F V, et al. Submarine landslides and the importance of the initial sediment composition for runout length and finaldeposit[J]. Ocean Dynamics, 2010, 60(4): 1027-1046.

[50] Euan G N, David J W P. Giant submarine landslides[J]. Nature: International Weekly Journal of Science, 1998, 392(6674): 329-330.

[51] Fleureau J M, Taibi S. Water-airpermeabilities of unsaturated soils [C]//1st International Conference on Unsaturated Soils, Balkema/Rotterdam/Brookfield, 1995: 479-484.

[52] Fredlund D G, Xing A, Huang S. Predicting the permeability function for unsaturated soils using the soil-water characteristic [J]. Canadian Geotchnical Journal, Revue Canadienne De Géotechnique, 1994, 31(4): 159A.

[53] Freij-Ayoub R, Tan C, Clennell B, et al. A wellbore stability model for hydrate bearingsediments[J]. Journal of Petroleum Science & Engineering, 2007, 57(1-2): 209-220.

[54] Gabitto J F, Costas T. Physical properties of gas hydrates: a review[J]. Journal of Thermodynamics, 2010(7): 12.

[55] Goodarz A, Chuang J, Duane H S. Numerical solution for natural gas production from methane hydrate dissociation[J]. Journal of Petroleum Science & Engineering, 2004, 41(4): 269-285.

[56] Grozic J L H, Kvalstad T J. Effect of gas on deepwater marine sediments[C]// XVth International Conference on Soil Mechanic and Geotechnical Engineering, 2001: 27-31.

[57] Grozic J L H, Kvalstad T J. Laboratory verification of gas hydrate-sediment respo-nse[C]// XIII Pan-American Conference on Soil Mechanics and Geotechnical E-ngineering, 2007.

[58] Grozic J L H. Interplay between gas hydrates and submarine slope failure[C]//Mosher et al. Submarine Mass Movements and Their Consequences, Advances in Natural and Technological Hazards Research(28), 2010: 11-30.

[59] Gue C S. Submarine landslide flows simulation through centrifuge modeling[D]. Cambridge: University of Cambridge, 2012.

[60] Hampton M A, Lee HJ, Beard R M. Geological interpretation of cone penetrometer tests in Norton Sound, Alaska[J]. Geo-Marine Letters, 1982, 2(3-4): 223-230.

[61] Hisashi O K, Sridhar N, Feng S, et al. Synthesis of methane gas hydrate in porous sediments and its dissociation by depressurizing[J]. Powder Technology, 2002, 122(2): 239-246.

[62] Hu R, Chen Y F, Liu H H, et al. A relative permeability model for deformable soils and its impact on coupled unsaturated flow and elasto-plastic deformation processes[J]. Science

317

China Technological Sciences, 2015, 58(11).

[63] Huang Y, Jiang X M. Field-observed phenomena of seismic liquefaction and subsidence during the 2008 Wenchuan earthquake in China[J]. Natural Hazards, 2010, 54(3): 839-850.

[64] Huang Y, Yu M. Review of soil liquefaction characteristics during major earthquakes of the twenty-firstcentury[J]. Natural Hazards, 2013, 65(3): 2375-2384.

[65] Hyodo M, Hyde A, Nakata Y, et al. Triaxial compressive strength of methane hydrate[C]// International offshore and polar engineering conference, 2002.

[66] Jacques L, Lee J H. Submarine landslides: Advances and challenges[J]. Canadian Geotechnical Journal, 2002, 39(1): 193-212.

[67] Janbu N, Senneset K. Effective stress interpretation of in situ static penetration tests [C]// The European Symposium on Penetration Testing, ESOPT, Stockholm, 1974: 181-193.

[68] Jeonghwan L, Seoungsoo P, Wonmo S. An experimental study on the productivity of dissociated gas from gas hydrate by depressurization scheme[J]. Energy Conversion and Management, 2010, 51(12): 2510-2515.

[69] JiaH, Liu F, Zhang H, et al. Improvement of planosol solum, part 7: mechanical properties of soils[J]. Journal of Agricultural Engmeenng Research, 1998, 70(2): 177-183.

[70] Jin G, Xu T, Xin X, et al. Numerical evaluation of the methane production from unconfined gas hydrate-bearing sediment by thermal stimulation and depressurization in Shenhu area, South China Sea[J]. J. Nat. Gas Sci. Eng., 2016, 33: 497-508.

[71] Jin G R, Xu T F, Xin X, et al. Numerical evaluation of the methane production from unconfined gas hydrate-bearing sediment by thermal stimulation and depressurization in Shenhu area, South China Sea[J]. Journal of Natural Gas Science and Engineering, 2016, 33: 497-508.

[72] Kallel A, Tanaka N, Matsuto T. Gas permeability and tortuosity for packed layers of processed municipal solid wastes and incinerator residue [J]. Waste Management & Research: the Journal of the International Solid Wastes and Public Cleansing Association, iswa, 2004, 22(3): 186.

[73] KamathV A, Holder G D. Dissociation heat transfer characteristics of methane hydrates[J]. Aiche Journal, 1987, 33(2): 347-350.

[74] Katherine L P, Philip M B, Jarg R P, et al. Seafloor structural geomorphic evolution of the accretionary frontal wedge in response to seamount subduction, Poverty Indentation, New Zealand[J]. Marine Geology, 2009, 270(1): 119-138.

[75] Katsman R, Ostrovsky I, Makovsky Y. Methane bubble growth in fine-grained muddy aquatic sediment: Insight frommodeling[J]. Earth and Planetary Science Letters, 2013: 377-378, 336-346.

[76] Kayen R E, Lee H J. Pleistocene slope instability of gas hydrate laden sediment on the Beaufort Sea margin[J]. Marine Geotechnology, 1991, 10: 125-141.

[77] Kelly R, Ray B, Timothy C. Mount Elbert Gas Hydrate Stratigraphic Test Well, Alaska North Slope: Coring operations, core sedimentology, and lithostratigraphy[J]. Marine and Petroleum Geology, 2010, 28(2): 311-331.

[78] Kim H C, Bishnoi P R, Heidemann R A, t al. Kinetics of methane hydrate decomposition[J]. Chemical Engineering Science, 1987, 42(7).

[79] Kim Y G, Lee S M, Jin Y K, et al. The stability of gas hydrate field in the northeastern continental slope of Sakhalin Island, Sea of Okhotsk, as inferred from analysis of heat flow data and its implications for slope failures[J]. Mar. Pet. Geol. , 2013, 45: 198-207.

[80] Kimoto S, Oka F, Fushita T, et al. A chemo-thermo-mechanically couplednumerical simulation of the subsurface ground deformations due to methane hydrate dissociation[J]. Computes And Geotechnics, 2007, 34(4): 216-228.

[81] Koh C A, Sum A K, Sloan E D. State of the art: Natural gas hydrates as a natural resource[J]. Journal of Natural Gas Science & Engineering, 2012, 8: 132-138.

[82] Kollek J J. The determination of the permeability of concrete to oxygen by the Cembureau method—a recommendation[J]. Materials & Structures, 1989, 22(3): 225-230.

[83] Kono H O, Narasimhan S, Song F, et al. Synthesis of methane gas hydrate in porous sediments and its dissociation by depressurizing[J]. Powder Technology, 2002, 122(2): 239-246.

[84] Kuang Y M, Lei X, Yang L, et al. Observation of In Situ Growth and Decomposition of Carbon Dioxide Hydrate at Gas-Water Interfaces Using Magnetic Resonance Imaging[J]. Energy & Fuels, 2018, 32(6): 6964-6969.

[85] Kvenvolden K A, Ginsburg G D, Soloviev V A. Worldwide distribution of subaquatic gas hydrates[J]. Geo-Marine Letters, 1993, 13(1): 32-40.

[86] Kvenvolden K A. Gas hydrate-geological perspective and global change[J]. Review of Geophysics, 1993, 31(2): 173-187.

[87] Ladd C C. Mechanisms of swelling by compacted clay[J]. Highway Research Board Bulletin, 1960, 245: 10-26.

[88] Langfelder L J, Chen C F, Justice J A. Air Permeability of Compacted Cohesive Soils[J]. Journal of the Soil Mechanics and Foundations Division, 1968, 94(4): 981-1001.

[89] Langfelder L J, Chen C F, Justice J A. Closure on air permeability of compacted cohesive soils[J]. Journal of the Soil Mechanics and Foundations Division, 1970, 96(1): 303.

[90] Lee J Y, Yun T S, Santamarina J C, et al. Observations related to tetrahydrofuran and methane hydrates for laboratory studies of hydrate-bearing sediments[J]. Geochemistry, Geophysics, Geosystems, 2007, 8(6).

[91] Lee J Y. Observations related to tetrahydrofuran and methane hydrates for laboratory studies of hydrate bearing sediments[J]. Geochemistry Geophysics Geosystems, 2007.

[92] Lee M W, Collett T S. Gas hydrate saturations estimated from fractured reservoir at Site NGHP-01-10, Krishna-Godavari Basin, India[J]. Journal of Geophysical Research: Solid

Earth, 2009, 114(B7).

[93]Lee S Y, Gerald D H. Methane hydrates potential as a future energy source[J]. Fuel Processing Technology, 2001, 71(1): 181-186.

[94]Leong E C, Tripathy S, Rahardjo H. Total suction measurement of unsaturated soils with a device using the chilled-mirror dew-point technique[J]. Géotechnique, 2003, 53(2): 173-182.

[95]Leynauda D, Mienert J, Nadim F. Slope stability assessment of the Helland Ha-nsen area offshore the mid-Norwegian margin[J]. Marine Geology, 2004(213): 457-480.

[96]Li S X, Xia X, Xuan J, et al. Resistivity in Formation and Decomposition of Natural Gas Hydrate in Porous Medium[J]. Chinese Journal of Chemical Engineering, 2010, 18(1): 39-42.

[97]Liu C, Ye Y. Natural Gas Hydrate: Experimental Techniques and Their Applications[M]. Springer Science & Business Media, 2012.

[98]Liu F Y, Xie D Y. Movement characteristics measurement of pore water-air in unsaturated soils[C]//2nd International Conference on Unsaturated soils, Beijing, 1998.

[99]Lu N, Likos W J. Rate of capillary rise in soil[J]. Journal of Geotechnical and Geoenvironmental Engineering, 2004, 130(6): 646-650.

[100]Lu X B, Wang L, Wang S Y, et al. Study on the Mechanical Properties of the tetrahydrofuran hydrate deposit[C]//18th International Offshore and Polar Engineering Conference, Vancouver, Canada, 2008: 57-60.

[101]Lu X B, Zhang X H, Wang S Y. Formation of layered fracture and outburst by percolation[C]//Borja R. Multiscale and MultiphysicsProcesses in Geomechanics: Results of the Workshop on Multiscale and Multiphysics Processes in Geomechanics. Standford, 2010: 97-100.

[102]Lu X B, Cui P. The liquefaction and displacement of highly saturated sand under water pressure oscillation[J]. Ocean Engineering, 2004, 31(7): 795-811.

[103]Lu X B, Zheng Z M, Wu Y R. Formation mechanism of cracks in saturated sand[J]. 力学学报: 英文版, 2006(4): 377-383.

[104]Makogon Y F, Omelchenko R Y. Commercial gas production from Messoyakha deposit in hydrate conditions[J]. Journal of Natural Gas Science and Engineering, 2013, 11: 1-6.

[105]Martens C, Mendlovitz H, Seim H, et al. Sustained in situ measurements of dissolved oxygen, methane and water transport processes in the benthic boundary layer at MC118, northern Gulf of Mexico[J]. Deep Sea Res. Part II. , 2000, 129: 41-52.

[106]Mascle J, Lohmann G P, Clift P, et al. Proceedings of the Ocean Drilling Program, Initial Reports[J]. WWW, 1996, 192(9): 543-544.

[107]Maslin M, Mikkelsen N, Vilela C, et al. Sea-level and gas hydratecont-rolled catastrophic sediment failures of the Amazon Fan[J]. Geology, 1998, 26(12): 1107-1110.

[108]Maslin M, Owen M, Bwtts R, et al. Gas hydrates: Past and future geohaza-rd[J].

Philosophical Transactions of the Royal Society, 2010, 368(1919): 2369-2393.

[109] Masui A, Haneda H, Ogata Y, et al. Mechanical properties of sandy sediment cotaining marine gas hydrates in deep sea offshore Japan[C]//17th International Offshore and Polar Engineering Conference, Ocean Mining Symposium, 2007: 53-56.

[110] Matyas E L. Air and water permeability of compacted soils[J]. Geology, 1967: 160-175.

[111] Maurice A Biot. General Theory of Three-Dimensional Consolidation [J]. Journal of Applied Physics, 1941, 12(2): 155-164.

[112] Micallef A, Mountjoy J J, Canals M, et al. Deep-seated bedrock landslides and submarine canyon evolution in an active tectonic margin: cook Strait, New Zealand[C]// Submarine Mass Movements and Their Consequences, 2012, 18, 201-212.

[113] Michael E F. Submarine landslides associated with shallow seafloor gas and gas hydrates off Northern California [J]. AAPG Bulletin, 1990, 74(6): 971-972.

[114] Mikio Satoh, 宋海斌. 南海海槽等海域天然气水合物资源评价[J]. 天然气地球科学, 2003(6): 512-513.

[115] Milkov A V, Sassen R, Novikova I, et al. Gas hydrates at minimum stability water depths in the gulf of mexico: significance to geohazard assessment[J]. Gcags Transactions, 2000, 45(3): 217-224.

[116] Milkov A V. Worldwide distribution of submarine mud volcanoes and associated gashydrates[J]. Marine Geology, 2000, 167(1-2): 29-42.

[117] Miyazaki K, Masui A, Sakamoto Y, et al. Triaxial compressive properties of artificial methane-hydrate-bearing sediment [J]. Journal of Geophysical Research, 2011, 116 (B6): 102.

[118] Mohrig D, Elverhoi A, Parker G. Experiments on the relative mobility of muddy subaqeous and subaerial debris flows, and their capacity to remobil-izeantecedent deposits[J]. Marine Geology, 1999, 154(1-4): 117-129.

[119] Mohrig D, Whipple K X, Hondzo M, et al. Hydroplaning of subaqueous debris flows[J]. Geological Society of America Bulletin, 1998, 110(3): 387-394.

[120] Monteiro Paulo J M, Rycroft Chris H, Barenblatt Grigory I. A mathematical model of fluid and gas flow in nanoporous media[C]// The National Academy of Sciences of the United States of America, 2012.

[121] Murdoch L C. Hydraulic fracturing of soil during laboratory experiments: Part 1 methodsand observations, Part 2 propagation, Part 3 theoretical analysis [J]. Geotechnique, 1993, 43(2): 255-265.

[122] Nabil S. Comment on "Excess pore pressure resulting from methane hydrate dissociation in marine sediments: A theoretical approach" [J]. Journal of Geophysical Research: Solid Earth, 2007, 112(B2): 78-84.

[123] Natarajan V, Bishnoi P R, Kalogerakis N. Induction phenomena in gas hydrate nucleation[J]. Chemical Engineering Science, 1994, 49(13): 2075-2087.

[124] Nisbet E G, Piper D J W. Giant submarine landslides[J]. Nature, 1998, 392: 329-330.

[125] Nixon M F, Grozic J L H. Submarine slope failure due to gas hydrate dissociation: a preliminary quantification[J]. Canadian Geotechnical Journal, 2007, 44(3).

[126] Olson R E. Effective stress theory of soil compaction[J]. Journal of the Soil Mechanics and Foundations Division, 1963, 89(2): 27-45.

[127] Pcd R T. Recommendation of TC 116-PCD: Test for gas permeability ofconcrete[J]. Materials and Structures, 1999, 32(217): 174-179.

[128] Pedley K L, Barnes P M, Pettinga J R, et al. Seafloor structural geomorphic evolution of the accretionary frontal wedge in response to seamount subduction, Poverty Indentation, New Zealand[J]. Mar. Geol., 2010, 270(1-4): 119-138.

[129] Petrov R J, Rowe R K, Quigley R M. Selected Factors Influencing GCL Hydraulic Conductivity[J]. Journal of Geotechnical and Geoenvironmental Engineering, 1997, 123 (8): 683-695.

[130] Phillips R, Byrne P M. Modeling slope liquefaction due to static loading[C]//47th Canadian Geotechnical Conference. Land-sea interactions in the east-ernCanadian region during the climate maximum six thousand years ago. Ha-lifax: Lewis Conference Services International Inc, 1994: 317-326.

[131] Pinder K L. A kinetic study of the formation of the tetrahydrofuran gas hydrate[J]. The Canadian Journal of Chemical Engineering, 1965, 43(5): 271-274.

[132] Piyush B, Jyoti P. Gas production from layered methane hydrate reservoirs[J]. Energy, 2015, 82(C): 686-696.

[133] Pooladi D M. Gas production from hydrate reservoirs and itsmodeling[J]. Journal of Petroleum Technology, 2004, 56(6).

[134] Rahman M S. Wave induced instability of seabed Mechanism andcondition[J]. Marine Geotechnology, 1991, 10: 277-300.

[135] Rempel A. Theoretical and experimental investigations into the formation and accumulation of gas hydrates[D]. Vancouver: University of British Columbia, 1994.

[136] Richards B G. Measurement of free energy of soil by the psychrometric technique using thermistors[M]// Butterworths G D. Moisture Equilibria and Moisture Changes in Soils Beneath Covered Areas. 1965: 39-46.

[137] Ruan X, Song Y C, Liang H F, et al. Numerical simulation of the gas production behavior of hydrate dissociation by depressurization in hydrate-bearing porous medium[J]. Energy & Fuels, 2012, 26(Mar. /Apr.).

[138] Saxov S. Marine slides—Some introductory remarks[J]. Marine Geotechnology, 1982: 19-90, 110-114.

[139] Sayuri K, Fusao O, Tomohiko F, et al. A chemo-thermo-mechanically coupled numerical simulation of the subsurface ground deformations due to methane hydrate dissociation[J]. Computers and Geotechnics, 2007, 34(4).

[140]Sayuri K, Fusao O, Tomohiko F. A chemo-thermo-mechanically coupled analysis of ground deformation induced by gas hydrate dissociation[J]. International Journal of Mechanical Sciences, 2010, 52(2).

[141]Schofield A N. Use of centrifugal model testing to assess slope stability[J]. Canadian Geotechnical Journal, 1978, 15(1): 14-31.

[142]Schwarz H U. Subaqueous slope failures: experiments and modern occurences[M]. Stuttgart: Schweizerbart'sche Verlagsbuchhandlung, 1982.

[143]Shaykewich C F. Hydraulic properties of disturbed and undisturbed soils[J]. Canadian Journal of Soil Science, 1970, 50(3): 431-437.

[144]Sheng D, Santamarina J C. Sampling disturbance in hydrate-bearing sediment pressure cores: NGHP-01 expedition, Krishna-Godavari Basin example[J]. Marine and Petroleum Geology, 2014, 58: 178-186.

[145]Sloan E D, Fleyfel F. A molecular mechanism for gas hydrate nucleation from ice[J]. AIChE Journal, 1991, 37(9): 1281-1292.

[146]Sloan E D, Koh C A. Clathrate Hydrates of Natural Gases[M]. 3rd ed. Boca Raton: CRC Press, 2007.

[147]Sloan E D. Clathrate Hydrates of Natural Gases[M]. New York: Marcel Dekker, 1990.

[148]Solheim K, Berg K, Bryn P. The Storegga Slide complex: repetitive large s-cale sliding with similar cause and development[J]. Marine Geology, 2005, 22: 97-107.

[149]Spangenberg E. Modeling of the influence of gas hydrate content on the electrical properties of poroussediments[J]. Journal of Geophysical Research. Biogeosciences, 2001, 106 (B4): 6535-6548.

[150] Sultan N, Cochonat P, Canals M, et al. Triggering mechanisms of slopeinstability processes and sediment failures on continental margins: A geotech-nicalapproach[J]. Marine Geology, 2004, 213: 291-321.

[151]Sultan N, Cochonat P, Foucher J P, et al. Effect of gas hydrates melting onseafloor slope instability[J]. Marine Geology, 2004, 213(1-4): 379-401.

[152]Sultan N, Voisset M, Marrset T, et al. Using cone penetration tests to differentiate between gas hydrates and carbonate concretions in the Niger Delta[J]. World Oil, 2008(4): 37.

[153]Sultan N, Voisset M, Marrset T, et al. Detection of free gas and gas hydrate based on 3D seismic data and cone penetration testing: An example from the Nigerian Continental Slope[J]. Marine Geology, 2007, 240(1-4): 235-255.

[154]Sun X, Guo X, Shao L, et al. A thermodynamics-based critical state constitutive model for methane hydrate bearing sediment[J]. Nat. Gas Sci. Eng. , 2015, 27: 1024-1034.

[155] Sun X, Hao L, Soga K. A coupled thermal-hydraulic-mechanical-chemical (THMC) model for methane hydrate bearing sediments using COMSOL Multiphysics [J]. Zhejiang Univ. Sci. A, 2018, 19: 600-623.

[156]Sun X, Guo X X, Shao L T, et al. A thermodynamics-based critical state constitutive

model for methane hydrate bearing sediment[J]. Journal of Natural Gas Science and Engineering, 2015, 27: 1024-1034.

[157] Sun X, Luo H, Soga K. A coupled thermal-hydraulic-mechanical-chemical (THMC) model for methane hydrate bearing sediments using COMSOL Multiphysics[J]. Journal of Zhejiang University-SCIENCE A, 2018, 19(8): 600-623.

[158] Sun X F, Mohanty K K. Kinetic simulation of methane hydrate formation and dissociation in porous media[J]. Chemical Engineering Science, 2005, 61(11): 3476-3495.

[159] Tae-Hyuk K, Gye-Chun C, Santamarina J C. Gas hydrate dissociation in sediments: Pressure-temperature evolution[J]. Geochemistry, Geophysics, Geosystems, 2008, 9(3).

[160] Takeuchi A. Bottom response to a tsunami earthquake: Submarsibleobserva-tion in the epicenter area of the 1993 earthquake off south-western Hokkaido, Seaof Japan[J]. Journal of Geophysical Research, 1998, 103(B10): 109-125.

[161] Tarantino A, Mongiovi L L. Calibration of tensiometer for direct measurement of matric suction[J]. Géotechnique, 2003, 53(1): 137-141.

[162] Terzaghi K. Theoretical soil mechanics[M]. John Wiley & Sons, 1943.

[163] Uchida T, Ebinuma T, Takeya S, et al. Effects of Pore Sizes on Dissociation Temperatures and Pressures of Methane, Carbon Dioxide, and Propane Hydratesin Porous Media[J]. Journal of Physical Chemistry B, 2002, 106(4): 820-826.

[164] Ullerich J W, Selim M S, Sloan E D. Theory and measurement of hydrate dissociation[J]. AIChE Journal, 1987, 33(5): 747-752.

[165] Usapkar A, Dewangan P, Kocherla M, et al. Enhanced methane flux event and sediment dispersal pattern in the Krishna-Godavari offshore basin: Evidences from rock magnetic techniques[J]. Marine and Petroleum Geology, 2014, 58: 461-475.

[166] Vallerodas Hogentogler C A. Capillarity in sands [J]. Highway Research Board Proceedings, 1945, 24: 389-398.

[167] Vendeville B C, Gaullier V. Role of pore fluid pressure and slope anglein triggering submarine mass movements-natural examples and pilot experim-ental models[C]//Locat J, Mienert J. Submarine mass movements and their consequences. Dordrec-ht: Kluwer academic publisher, 2003: 137-144.

[168] Vesic A S. Expansion of cavities in infinite soil mass[J]. J. soilMech. fdn. engng, 1973, 98(1): 75-91.

[169] Walther van K, Thijs van K. Gas bubble nucleation and growth in cohesive sediments[C]// Marine Science, 2002.

[170] Wang Z T, Xu B, Luan M T, et al. An introduction to a new drum centrifugeat DUT[J]. Applied Mechanics and Materials, 2012(170-173): 3106-3111.

[171] Wheeler S J, Sham W K, Thomas S D. Gas pressure in unsaturated offshore soils[J]. Canadian Geotechnical Journal, 1990, 27(1).

[172] Willoughby E C, Schwalenberg K, Edwards R N, et al. Assessment of marine gas hydrate

deposits: A comparative study of seismic, electromagnetic and seafloor compliance methods[C]//Fifth International Conference on Gas Hydrates, Trondheim, Norway. 2005: 802-811.

[173]Wilson G W. Soil evaporative fluxes for geotechnical engineering problems[D]. Saskatoon: University of Saskatchewan, 1990.

[174]Winters W J, Pecher I A, Waite W F, et al. Physical properties and rock physics models of sediment containing natural and laboratory-formed methane gas hydrate[J]. American Mineralogist, 2004, 89(8-9): 1221-1227.

[175]Winters W J, Waite W F, Mason D H, et al. Methane gas hydrate effect on sediment acoustic and strength properties[J]. Journal of Petroleum Science & Engineering, 2007, 56(1-3): 127-135.

[176]Woo-Yeol J, Peter R V. Effects of bottom water warming and sea level rise on Holocene hydrate dissociation and mass wasting along the Norwegian-Barents Continental Margin[J]. Journal of Geophysical Research: Solid Earth, 2004, 109(B6).

[177]Wu N, Zhang H, Yang S, et al. Gas hydrate system of shenhu area, northern south china sea: geochemical results[J]. Journal of Geological Research, 2011(1687-8833): 1-10.

[178]Yamamota K. Methane hydrate offshore production test in the eastern nankai trough: A milestone on the path to real energy resource[C]//8th International Conference on Gas Hydrates ICGH, 2014.

[179]Yamamoto K, Terao Y, Fujii T, et al. Operational overview of the first offshore production test of methane hydrates in the Eastern Nankai Trough [C]//Offshore Technology Conference. Offshore Technology Conference, 2014.

[180]Yamashita S, Dewa H, Hachikubo A, et al. Soil properties of sediments obtained from sea and lake-bottom shallow type gas hydrate province-Evaluation of sample disturbance due to exsolution of dissolved gas in pore water [J]. Japanese Geotechnical Journal, 2012, 7 (4): 503-516.

[181]Yang L, Ai L, Xue K, et al. Analyzing the effects of inhomogeneity on the permeability of porous media containing methane hydrates through pore network models combined with CT observation[J]. Energy, 2018, 163: 27-37.

[182]Yngve K, Bernard J C, John K Hall. Mass wasting on the submarine Lomonosov Ridge, central Arctic Ocean[J]. Marine Geology, 2007 243(1): 132-142.

[183]Yoneda J, Masui A, KonnoY, et al. Mechanical behavior of hydrate-bearing pressure-core sediments visualized under triaxial compression[J]. Mar. Pet. Geol. , 2000, 66: 451-459.

[184]Young-Gyun K, Sang-Mook L, Young Keun J, et al. The stability of gas hydrate field in the northeastern continental slope of Sakhalin Island, Sea of Okhotsk, as inferred from analysis of heat flow data and its implications for slope failures[J]. Marine and Petroleum Geology, 2013, 45: 198-207.

[185]Yu H S, Mitchell J K. Analysis of cone resistance: Review of methods[J]. Journal of

Geotechnical & Geoenvironmental Engineering, 1999, 125(9): 812-814.

[186]Zhang X H, Hu G H, Lu X B. Centrifuge experimental simulation of the effect of gas hydrate dissociation on the seabed stability[J]. Journal of Experimental Mechanics, 2012 (3).

[187]Zhang X H, Lu X B, Li Q P, et al. Formation of layered fracture and outburst during gas hydrate dissociation[J]. Journal of Petroleum Science and Engineering, 2011, 76(3-4): 212-216.

[188]Zhang X H, Lu X B, Shi Y H, et al. Centrifuge experimental study on instability of seabed stratum caused by gas hydrate dissociation[J]. Ocean Engineering, 2015(1): 1-9.

[189]Zhang X H, Lu X B, Zhang L M, et al. Experimental study on mechanical properties of methane-hydrate-bearing sediments[J]. 办学学报: 英文版, 2012, 28(5): 1356-1366.

[190]Zheng R C, She H B Y, Ponnivalavan B, et al. Review of natural gas hydrates as an energy resource: Prospects and challenges[J]. Applied Energy, 2016, 162(C): 1633-1652.

[191]Zhong S, Jian H. Effect of dissociation of gas hydrate on the stability of sub-marine slope[C]//ASME 2012, International Conference on Ocean, Offshore and Arctic Engineering. Rio de Janeiro: American Society of Mechanical Engineers, 2012: 95-101.

[192]Zhou S H, Liu J G, Wang B L, et al. Centrifugal model test on the stability ofunderwater slope[C]//Phillips R, Guo P J. Physical modeling in Geotechnics. St John's Newfoundland Canada: Taylor & Francis Group, 2001.

[193]Zhou S, Zhao J, Li Q, et al. Optimal design of the engineering parameters for the first global trial production of marine natural gas hydrates through solid fluidization[J]. Nat. Gas. Ind. B. , 2018, 5(2): 118-131.

[194]Zhou S W, Zhao J Z, Li Q P, et al. Optimal design of the engineering parameters for the first global trial production of marine natural gas hydrates through solid fluidization[J]. Natural Gas Industry B, 2018, 5(2): 118-131.

[195]包承纲. 非饱和土的性状及膨胀土边坡稳定问题[J]. 岩土工程学报, 2004, 26(1): 1-15.

[196]陈超, 杨立凡, 罗雄, 等. 非饱和云南红黏土排气及不排水强度试验研究[J]. 山西建筑, 2017, 43(26): 75-77.

[197]陈芳, 周洋, 苏新, 等. 南海神狐海域含水合物层粒度变化及与水合物饱和度的关系[J]. 海洋地质与第四纪地质, 2011, 31(5): 95-100.

[198]陈光进, 孙长宇, 马庆兰. 气体水合物科学与技术[M]. 北京: 化学工业出版社, 2008.

[199]陈家军, 奚成刚, 王金生. 非饱和带水-气二相流数值模拟研究进展[J]. 水科学进展, 2000(02): 208-214.

[200]陈强. 多孔介质中天然气水合物动态聚散过程的热物性响应及热分析应用研究[D]. 青岛: 中国海洋大学, 2014.

[201]陈卫忠, 谭贤君, 伍国军, 等. 含夹层盐岩储气库气体渗透规律研究[J]. 岩石力学与工程学报, 2009, 28(7): 1297-1304.

[202]陈永平, 施明恒. 基于分形理论的多孔介质渗透率的研究[J]. 清华大学学报(自然科学版), 2000(12): 94-97.

[203]陈玉凤, 周雪冰, 梁德青, 等. 沉积物中天然气水合物生成与分解过程的电阻率变化[J]. 天然气地球科学, 2018, 29(11): 1672-1678.

[204]陈正汉, 谢定义, 王永胜. 非饱和土的水气运动规律及其工程性质研究[J]. 岩土工程学报, 1993, 15(3): 9-20.

[205]陈正汉. 第二届全国非饱和土与特殊土力学及工程学术研讨会成功召开[J]. 岩土工程学报, 2017, 39(9): 1710.

[206]程家望, 苏正, 吴能友. 天然气水合物降压开采储层稳定性模型分析[J]. 新能源进展, 2016, 4(1): 33-41.

[207]崔新壮, 丁桦. 静力触探锥头阻力的近似理论与实验研究进展[J]. 力学进展, 2004, 34(2): 251-262.

[208]邓希光, 吴庐山, 付少英, 等. 南海北部天然气水合物研究进展[J]. 海洋学研究, 2008(02): 67-74.

[209]邓英尔, 刘慈群. 具有启动压力梯度的油水两相渗流理论与开发指标计算方法[J]. 石油勘探与开发, 1998(6): 53-56, 6, 13.

[210]窦斌, 高辉, 范彬彬, 等. 海洋天然气水合物分解过程中其上部地层稳定性分析[J]. 海洋地质前沿, 2012, 28(12): 30-34.

[211]窦斌, 蒋国盛, 吴翔, 等. 天然气水合物合成及微钻实验装置设计[J]. 天然气工业, 2004(6): 77-79, 11.

[212]杜炳锐, 白大为, 裴发根, 等. 水合物沉积物介电特性测量实验[J]. 石油地球物理勘探, 2019, 54(01): 118-126, 9.

[213]段康廉, 张文, 胡耀青. 应力与孔隙水压对煤体渗透性的影响[J]. 煤炭学报, 1993(4): 43-50.

[214]樊栓狮, 刘锋, 陈多福. 海洋天然气水合物的形成机理探讨[J]. 天然气地球科学, 2004(5): 524-530.

[215]方满. 垃圾填埋场爆炸灾害的发生与控制途径[J]. 灾害学, 1997(3): 89-92.

[216]方娜, 陈国明, 朱红卫, 等. 海底管道泄漏事故统计分析[J]. 油气储运, 2014, 33(1): 99-103.

[217]方银霞, 申屠海港, 金翔龙. 冲绳海槽天然气水合物稳定带厚度的计算[J]. 矿床地质, 2002(4): 414-418.

[218]方银霞. 天然气水合物对海底稳定性的影响[C]//中国地球物理学会. 中国地球物理学会年刊2002——中国地球物理学会第十八届年会论文集. 2002.

[219]房臣, 张卫东. 天然气水合物的分解导致海底沉积层滑坡的力学机理及相关分析[J]. 海洋科学集刊, 2010(1): 149-156.

[220]冯恩民, 丛龙飞, 马国涛, 等. 退化两相Stefan动边界控制及其在非饱和土入渗中应

用[J]. 大连理工大学学报, 2005, 45(1)：148-152.

[221]弗雷德隆德 G, 拉哈尔佐舍 H. 非饱和土土力学[M]. 陈仲颐, 张在明, 译. 北京：中国建筑工业出版社, 1997.

[222]甘华阳, 王家生, 胡高韦, 等. 海洋沉积物中的天然气水合物与海底滑坡[J]. 防灾减灾工程学报, 2004(2)：177-181.

[223]高永宝, 刘奉银, 李宁. 确定非饱和土渗透特性的一种新方法[J]. 岩石力学与工程学报, 2005(18)：3258-3261.

[224]高永宝. 微机控制非饱和土水-气运动联测仪的研制及浸水试验研究[D]. 西安：西安理工大学, 2006.

[225]葛家理. 油气层渗流力学[M]. 北京：石油工业出版社, 1982.

[226]关驰, 谢海建, 楼章华. 成层非饱和覆盖层中气水两相扩散模型[J]. 力学学报, 2013, 45(2)：171-176.

[227]郭宏. 基于天然气水合物勘探的多探管触探关键技术及数据融合研究[D]. 武汉：中国地质大学(武汉), 2017.

[228]郭平, 刘士鑫, 杜建芬. 天然气水合物气藏开发[M]. 北京：石油工业出版社, 2006.

[229]郭平, 张涛, 朱中谦, 等. 裂缝-孔隙型储层油水相渗实验研究[J]. 油气藏评价与开发, 2013, 3(3)：19-22.

[230]郭威, 孙友宏, Chistyakov V K, 等. 天然气水合物孔底冷冻取样方法的室内试验研究[J]. 探矿工程(岩土钻掘工程), 2009, 36(5)：1-6.

[231]郭祖军, 陈志勇, 胡素云, 等. 天然气水合物分布及青藏高原有利勘探区[J]. 新疆石油地质, 2012, 33(3)：266-271.

[232]韩晗. 不同赋存条件下的甲烷水合物降压分解特性研究[D]. 天津：天津大学, 2017.

[233]何龙飞. 某造船基地吹填场地真空预压及深层地基处理土体的扫描电镜(SEM)分析[J]. 岩土工程技术, 2017, 31(4)：180-185.

[234]何彦雨, 赵雪晴, 朱子怡, 等. 冰的熔解热测定的实验改进[J]. 物理与工程, 2017, 27(3)：67-71.

[235]何拥军, 陈建文, 曾繁彩, 等. 世界天然气水合物调查研究进展[J]. 海洋地质动态, 2004(6)：43-46.

[236]胡光海, 刘振夏, 房俊伟. 国内外海底斜坡稳定性研究概况[J]. 海洋科学进展, 2006, 24(1)：130-136.

[237]胡光海, 刘忠臣, 孙永福, 等. 海底斜坡土体失稳的研究进展[J]. 海岸工程, 2004, 23(1)：63-72.

[238]胡光海. 东海陆坡海底滑坡识别及致滑因素影响研究[D]. 青岛：中国海洋大学, 2010.

[239]胡黎明, 邢巍巍, 周小文. 非饱和土中多相流动的试验研究和数值模拟[J]. 工程力学, 2008, 25(11)：162-166.

[240]黄海, 陈正汉, 李刚. 非饱和土在 p-s 平面上屈服轨迹及土-水特征曲线的探讨[J]. 岩土力学, 2000(4)：316-321.

[241]黄兴文,陈建阳,于兴河,等.天然气水合物的地震识别方法及研究趋势[J].天然气工业,2005,25(3):58-60,198.

[242]江海华,尚岳全,谢威,等.土体充气破坏模式研究[J].铁道建筑,2018,58(4):117-121.

[243]江海华.充气截排水可能引起的边坡破坏方式分析[D].杭州:浙江大学,2018.

[244]蒋国盛,王达,汤凤林,等.天然气水合物的勘探与开发[M].武汉:中国地质大学出版社,2002.

[245]蒋彭年.非饱和土工程性质简论[J].岩土工程学报,1989,11(6):39-59.

[246]蒋中明,熊小虎,曾铃.基于FLAC~(3D)平台的边坡非饱和降雨入渗分析[J].岩土力学,2014,35(3):855-861.

[247]金庆焕,张光学,杨木壮,等.天然气水合物资源概论[M].北京:科学出版社,2006.

[248]康丽侠,李玉强.相渗曲线在精细油藏描述中的应用[J].石油化工应用,2013,32(7):34-37,48.

[249]康晓娟,李波.国外静力触探技术发展现状及未来趋势[J].矿产勘查,2008(5):63-65.

[250]康志勤,赵建忠,赵阳升.冻土带天然气水合物稳定性研究[J].辽宁工程技术大学学报,2006(2):290-293.

[252]孔令伟,钟方杰,郭爱国,等.杭州湾浅层储气砂土应力路径试验研究[J].岩土力学,2009,30(8):2209-2214.

[253]李刚,李小森,陈琦,等.南海神狐海域天然气水合物开采数值模拟[J].化学学报,2010,68(11):1083-1092.

[254]李刚,李小森.单井热吞吐开采南海神狐海域天然气水合物数值模拟[J].化工学报,2011,62(2):458-468.

[254]李桂琴,李刚,陈朝阳,等.多孔介质中甲烷水合物不同分解方法实验研究[J].化工进展,2013,32(6):1230-1235.

[255]李家钢,修宗祥,申宏,等.海底滑坡块体运动研究综述[J].海岸工程,2012,31(4):67-78.

[256]李建红.含水量对非饱和土强度的影响规律与机理探析[J].太原学院学报(自然科学版),2017,35(3):1-5.

[257]李舰,韦昌富,刘艳.非饱和黏土状态相关本构模型的数值实现[J].岩土力学,2017,38(10):2799-2808.

[258]李宽.冻土区天然气水合物蒸汽法开采系统数值模拟与野外试验[D].长春:吉林大学,2012.

[259]李素侠,赵仕俊.天然气水合物试验装置的智能化设计[J].计算机工程与设计,2006,27(1):159-161.

[260]李秀珍,何思明,王震宇,等.降雨入渗诱发斜坡失稳的物理模型适用性分析[J].灾害学,2015,30(1):34-38.

[261] 李洋辉, 宋永臣, 刘卫国. 天然气水合物三轴压缩试验研究进展[J]. 天然气勘探与开发, 2010, 33(2): 51-55, 3.

[262] 李毅, 伍嘉, 李坤. 基于 FLAC~(3D)的饱和-非饱和渗流分析[J]. 岩土力学, 2012, 33(2): 617-622.

[263] 李占东, 张海翔, 李吉, 等. 天然气水合物开发理论与技术[M]. 北京: 中国石化出版社, 2021.

[264] 李忠全, 周桂芬, 陈木兰. 多孔材料气体渗透性的测定[J]. 粉末冶金技术, 1996(1): 52-57.

[265] 林柏泉, 周世宁. 煤样瓦斯渗透率的实验研究[J]. 中国矿业学院学报, 1987(1): 24-31.

[266] 林宗元. 岩土工程试验监测手册[M]. 北京: 中国建筑工业出版社, 2005.

[267] 刘成林. 非常规油气资源[M]. 北京: 地质出版社, 2011: 223.

[268] 刘锋, 吴时国, 孙运宝. 南海北部陆坡水合物分解引起海底不稳定性的定量分析[J]. 地球物理学报, 2010, 53(4): 946-953.

[269] 刘锋. 南海北部陆坡天然气水合物分解引起的海底滑坡与环境风险评价[D]. 北京: 中国科学院研究生院, 2010.

[270] 刘奉银. 非饱和土力学基本试验设备的研制与有效应力原理的探讨[D]. 西安: 西安理工大学, 1999.

[271] 刘广志. 天然气水合物开发的现状和商业化的技术关键[J]. 探矿工程(岩土钻掘工程), 2003(2): 8-10.

[272] 刘龙波, 王旭辉, 张自禄, 等. 不饱和膨润土中气体渗透研究[J]. 水文地质工程地质, 2002(06): 26-29+25.

[273] 刘妮, 张国昌, 罗杰斯 R E. 二氧化碳气体水合物生成特性的实验研究[J]. 上海理工大学学报, 2007(4): 405-408.

[274] 刘松玉, 蔡国军, 童立元. 现代多功能 CPTU 技术理论与工程应用[M]. 北京: 科学出版社, 2013.

[275] 刘松玉, 吴燕开. 论我国静力触探技术(CPT)现状与发展[J]. 岩土工程学报, 2004, 26(4): 553-556.

[276] 刘为民, 何平, 张钊. 土体导热系数的评价与计算[J]. 冰川冻土, 2002, 24(6): 770-773.

[277] 刘玉山, 祝有海, 吴必豪. 天然气水合物: 21 世纪的新能源[M]. 北京: 海洋出版社, 2017.

[278] 鲁力, 张旭辉, 鲁晓兵. 水合物分解对海床稳定性影响的数值模拟[J]. 地下空间与工程学报, 2014, 10(S2): 1762-1766.

[279] 鲁晓兵, 张金来, 王义华, 等. 受水压振荡时饱和砂床的液化与变形特性[J]. 岩石力学与工程学报, 2004(19): 3324-3329.

[280] 罗小艳, 扶名福. 石灰改良土的非饱和土变形与强度特性试验[J]. 人民长江, 2017, 48(17): 86-90.

[281]马国涛, 邵龙潭. 水流入渗和气体驱替过程二维问题的耦合求解[J]. 水科学进展, 2002, 13(6): 741-746.

[282]马在田, 宋海斌, 孙建国. 海洋天然气水合物的地球物理探测高新技术[J]. 地球物理学进展, 2000(3): 1-6.

[283]孟高头, 王四海, 张德波, 等. 用孔压静力触探求固结系数的研究[J]. 地球科学: 中国地质大学学报, 2001(1): 93-98.

[284]孟高头. 土体原位测试机理、方法及其工程应用[M]. 北京: 地质出版社, 1997.

[285]苗强强, 陈正汉, 张磊, 等. 非饱和黏土质砂的渗气规律试验研究[J]. 岩土力学, 2010, 31(12): 3746-3750, 3757.

[286]苗强强, 张磊, 陈正汉, 等. 非饱和含黏砂土的广义土-水特征曲线试验研究[J]. 岩土力学, 2010, 31(1): 102-106, 112.

[287]宁伏龙. 天然气水合物地层井壁稳定性研究[D]. 武汉: 中国地质大学(武汉), 2005.

[288]牛文杰, 叶为民, 刘绍刚, 等. 考虑饱和-非饱和渗流的土坡极限分析[J]. 岩土力学, 2009, 30(8): 2477-2482.

[289]潘克立. 天然气水合物储层稳定性研究[D]. 东营: 中国石油大学(华东), 2009.

[290]庞振宇, 孙卫, 李进步, 等. 低渗透致密气藏微观孔隙结构及渗流特征研究——以苏里格气田苏48和苏120区块储层为例[J]. 地质科技情报, 2013, 32(4): 133-138.

[291]彭尔兴, 孙文博, 章定文, 等. 非饱和含砂细粒土的气体渗透特性研究[J]. 岩土力学, 2016, 37(5): 1301-1306, 1316.

[292]彭晓彤, 叶瑛. 论天然气水合物与海底地质灾害、气象灾害和生物灾害的关系[J]. 自然灾害学报, 2002(4): 18-22.

[293]秦明举. 天然气水合物分解的自保护机理及热动力学特性研究[D]. 武汉: 中国地质大学(武汉), 2011.

[294]任静雅. 水合物热分解引起地层破坏问题研究[D]. 北京: 中国科学院力学研究所, 2013.

[295]石要红, 张旭辉, 鲁晓兵, 等. 南海水合物黏土沉积物力学特性试验模拟研究[J]. 力学学报, 2015, 47(3): 521-528.

[296]史斗. 国外天然气水合物研究进展[M]. 兰州: 兰州大学出版社, 1992.

[297]宋召军, 刘立. 天然气水合物研究现状与展望[J]. 吉林地质, 2003(4): 64-68.

[298]苏万鑫, 谢康和. 非饱和土一维固结混合流体方法的解析分析[J]. 岩土力学, 2010(8): 2661-2665.

[299]苏正, 何勇, 吴能友. 南海北部神狐海域天然气水合物热激发开采潜力的数值模拟分析[J]. 热带海洋学报, 2012, 31(5): 74-82.

[300]苏志慧, 吴兵, 龚元石. 不同孔隙度土壤气体扩散系数测定[J]. 农业工程学报, 2015, 31(15): 108-113.

[301]粟科华, 孙长宇, 李楠, 等. 天然气水合物人工矿体高温分解模拟实验[J]. 天然气工业, 2015, 35(1): 137-143.

[302]孙柏涛. 海底滑坡的离心模型试验研究[D]. 大连: 大连理工大学, 2014.

[303]孙冬梅, 冯平, 张明进. 考虑气相作用的降雨入渗对非饱和土坡稳定性的影响[J]. 天津大学学报: 自然科学与工程技术版, 2009, 42(9): 777-783.

[304]孙可明, 王婷婷, 翟诚, 等. 天然气水合物加热分解储层变形破坏规律研究[J]. 特种油气藏, 2017, 24(5): 91-96.

[305]孙志高, 樊栓狮, 郭开华, 等. 天然气水合物分解热的确定[J]. 分析测试学报, 2002(3): 7-9.

[306]涂运中, 宁伏龙, 蒋国盛, 等. 钻井液侵入含天然气水合物地层的机理与特征分析[J]. 地质科技情报, 2010, 29(3): 110-113.

[307]王初生. 气体在饱和黏性土中渗透行为的模拟试验及其工程应用[D]. 上海: 同济大学, 2006.

[308]王国先, 谢建勇, 李建良, 等. 储集层相对渗透率曲线形态及开采特征[J]. 新疆石油地质, 2004(3): 301-304.

[309]王力峰, 付少英, 梁金强, 等. 全球主要国家水合物探采计划与研究进展[J]. 中国地质, 2017, 44(3): 439-448.

[310]王淑云, 鲁晓兵. 水合物沉积物力学性质的研究现状[J]. 力学进展, 2009, 39(2): 176-188.

[311]王淑云, 王丽, 鲁晓兵, 等. 天然气水合物分解对地层和管道稳定性影响的数值模拟[J]. 中国海上油气, 2008(2): 127-131, 138.

[312]王永胜, 谢定义, 郭庆国. 非饱和土中气体的运动特性与渗气系数的测定[J]. 西北水电, 1993(1): 46-49.

[313]王勇, 孔令伟, 郭爱国, 等. 杭州地铁储气砂土的渗气性试验研究[J]. 岩土力学, 2009, 30(3): 815-819.

[314]王云创, 李光仲, 李德尧. 气体粘滞系数的测定[J]. 物理与工程, 2003(2): 37-40.

[315]王中平, 吴科如, 阮世光. 单轴压缩作用对混凝土气体渗透性的影响[J]. 建筑材料学报, 2001(2): 127-131.

[316]王中平, 吴科如, 张青云, 等. 混凝土气体渗透系数测试方法的研究[J]. 建筑材料学报, 2001(4): 317-321.

[317]魏海云, 詹良通, 陈云敏. 城市生活垃圾的气体渗透性试验研究[J]. 岩石力学与工程学报, 2007, 26(7): 1408-1415.

[318]魏海云. 城市生活垃圾填埋场气体运移规律研究[D]. 浙江: 浙江大学, 2007.

[319]魏厚振, 颜荣涛, 陈盼, 等. 不同水合物含量含二氧化碳水合物砂三轴试验研究[J]. 岩土力学, 2011, 32(S2): 198-203.

[320]魏伟, 陈旭东, 鲁晓兵, 等. 水合物分解气体泄漏引起的海床破坏实验研究[J]. 力学与实践, 2013, 35(5): 30-34.

[321]我国海域可燃冰试采成功[N]. 科技日报, [2017-05-19].

[322]我国海域天然气水合物资源量约800亿吨油当量[EB/OL]. 中国政府网, [2018-10-18]. http://www.gov.cn/xinwen/2018/10/18/content_ 5332157.htm.

[323]吴传芝, 赵克斌, 孙长青, 等. 天然气水合物开采研究现状[J]. 地质科技情报, 2008,

118(1)：47-52.

[324]吴二林，魏厚振，颜荣涛，等.考虑损伤的含天然气水合物沉积物本构模型[J].岩石力学与工程学报，2012，31(S1)：3045-3050.

[325]吴华，邹德永，于守平.海域天然气水合物的形成及其对钻井工程的影响[J].石油钻探技术，2007，153(3)：91-93.

[326]吴能友.天然气水合物运聚体系：理论、方法与实践[M].合肥：安徽科学技术出版社，2020.

[327]吴争光，张华.封闭气泡对土体渗透系数影响的试验研究[J].工程勘察，2012，40(9)：43-47.

[328]吴争光，张华.积水入渗稳定时近饱和土中封闭气泡含量试验研究[J].岩土工程学报，2012，34(2)：274-279.

[329]夏增明，蒋崇伦，孙渝文.静力触探模型试验及机理分析[J].长沙铁道学院学报，1990(3)：1-10.

[330]向世焜，孙洪广，常爱莲.天然气水合物的分解以及在近海底沉积层中的运移[C]//《环境工程》2018年全国学术年会论文集(中册).2018：16-19.

[331]肖钢，白玉湖，董锦.天然气水合物综论[M].北京：高等教育出版社，2012.

[332]肖钢，白玉湖.天然气水合物——能燃烧的冰[M].武汉：武汉大学出版社，2012.

[333]谢焰，陈云敏，唐晓武，等.考虑气固耦合填埋场沉降数学模型[J].岩石力学与工程学报，2006，25(3)：601-608.

[334]徐浩峰.含生物气非饱和软土的固结理论研究[D].杭州：浙江大学，2011.

[335]许东禹，吴必豪，陈邦彦.海底天然气水合物的识别标志和探测技术[J].海洋石油，2000，20(4)：1-7.

[336]许红，黄君权，夏斌，等.最新国际天然气水合物研究现状及资源潜力评估(下)[J].天然气工业，2005(6)：18-23，167-138.

[337]薛定谔 A E，王鸿勋，张朝琛，等.多孔介质中的渗流物理[M].北京：石油工业出版社，1982.

[338]闫庆来.低渗透多孔介质中气体渗流的非达西特征.力学研究与实践[M].西安：西北工业大学出版社，1994.

[339]颜文涛，陈建文，范德江.海底滑坡与天然气水合物之间的相互关系[J].海洋地质动态，2006(12)：38-40.

[340]杨朝蓬，沙雁红，刘尚奇，等.苏里格致密砂岩气藏单相气体渗流特征[J].科技导报，2014，32(Z2)：54-58.

[341]杨迪惠，李建华.降雨入渗条件下非饱和黏土边坡稳定性分析[J].四川地质学报，2017，37(3)：475-477，481.

[342]杨坤光，袁晏明.地质学基础[M].武汉：中国地质大学出版社，2009.

[343]杨启伦.海洋开发和海底不稳定性调查研究的关系[J].海洋技术，1994，13(4)：65-67.

[344]杨文达，陆文才.东海陆坡——冲绳海槽天然气水合物初探[J].海洋石油，2000

（4）：23-28.

[345]杨晓云. 天然气水合物与海底滑坡研究[D]. 东营：中国石油大学（华东），2010.

[346]姚志华，陈正汉，黄雪峰，等. 非饱和Q_3黄土渗气特性试验研究[J]. 岩石力学与工程学报，2012，31（6）：1264-1273.

[347]业渝光，张剑，刁少波，等. 海洋天然气水合物模拟实验技术[J]. 海洋地质与第四纪地质，2003，23（1）：119-123.

[348]叶爱杰，孙敬杰，贾宁，等. 天然气水合物及其勘探开发方法综述[J]. 中国海上油气，2005，17（2）：138-144.

[349]叶为民，王初生，王琼，等. 非饱和粘性土中气体渗透特征[J]. 工程地质学报，2009，17（2）：244-248.

[350]易敏，郭平，孙良田. 非稳态法水驱气相对渗透率曲线实验[J]. 天然气业，2007（10）：92-94，141-142.

[351]于桂林. 考虑孔压影响的海底能源土斜坡稳定性分析[D]. 青岛：青岛理工大学，2015.

[352]于兴河，王建忠，梁金强，等. 南海北部陆坡天然气水合物沉积成藏特征[J]. 石油学报，2014，35（2）：253-264.

[353]俞培基，陈愈炯. 非饱和土的水-气形态及其与力学性质的关系[J]. 水利学报，1965（1）：16-24.

[354]曾铃，付宏渊，何忠明，等. 饱和-非饱和渗流条件下降雨对粗粒土路堤边坡稳定性的影响[J]. 中南大学学报（自然科学版），2014，45（10）：3614-3620.

[355]张大平. 加速合成四氢呋喃水合物实验研究及水合物地层钻探扰动有限元分析[D]. 长春：吉林大学，2011.

[356]张辉，卢海龙，梁金强，等. 南海北部神狐海域沉积物颗粒对天然气水合物聚集的主要影响[J]. 科学通报，2016，61（3）：388-397.

[357]张剑，业渝光，刁少波，等. 超声探测技术在天然气水合物模拟实验中的应用[J]. 现代地质，2005，19（1）：113-118.

[358]张金存，程谦恭，苏国锋，等. 吸力在非饱和强度理论计算中的探索性试验分析[J]. 防灾减灾工程学报，2017，37（4）：689-696.

[359]张磊. 含四氢呋喃水合物沉积物力学性质实验研究[D]. 东营：中国石油大学（华东），2012.

[360]张亮，刘道平，樊燕，等. 喷雾反应器对生成甲烷水合物影响研究[J]. 齐鲁石油化工，2008（3）：165-168.

[361]张青青，刘旭，陈宇，等. 静力触探技术的发展分析概述[C]//建筑科技与管理学术交流会论文集. 2014：170-171.

[362]张炜，李新仲，李清平，等. 天然气水合物分解超孔隙压力研究[J]. 西南石油大学学报（自然科学版），2015，37（4）：107-116.

[363]张旭辉，胡光海，鲁晓兵. 天然气水合物分解对地层稳定性影响的离心机实验模拟[J]. 实验力学，2012，27（3）：301-310.

[364]张旭辉，鲁晓兵，李清平，等. 水合物沉积层中考虑相变的热传导分析[J]. 中国科学：物理学 力学 天文学，2010，40(8)：1028-1034.

[365]张旭辉，鲁晓兵，王淑云，等. 四氢呋喃水合物沉积物静动力学性质试验研究[J]. 岩土力学，2011，32(S1)：303-308.

[366]张旭辉，鲁晓兵，王淑云，等. 天然气水合物快速加热分解导致地层破坏的实验[J]. 海洋地质与第四纪地质，2011，31(1)：157-164.

[367]张旭辉，鲁晓兵，赵京，等. 水合物分解引起的地层滑塌实验研究[C]//全国海事技术研讨会，2010.

[368]张旭辉，王淑云，李清平，等. 天然气水合物沉积物力学性质的试验研究[J]. 岩土力学，2010，32(10)：3069-3074.

[369]张颖异，李运刚. 新型洁净能源可燃冰的研究发展[J]. 资源与产业，2011，13(03)：50-55.

[370]张永勤，孙建华，赵海涛，等. 天然气水合物保真取样钻具的试验研究[J]. 探矿工程（岩土钻掘工程），2007，34(9)：62-65.

[371]张郁，李小森，李刚，等. 天然气水合物分解和开采的机理及数学模型研究综述[J]. 现代地质，2010，24(5)：975-985.

[372]张昭. 非饱和土的渗透函数试验研究及其应用[D]. 西安：西安理工大学，2009.

[373]赵宝友，王海东. 我国低透气性本煤层增透技术现状及气爆增透防突新技术[J]. 爆破，2014，31(3)：32-41.

[374]赵洪伟，刁少波，业渝光，等. 多孔介质中水合物阻抗探测技术[J]. 海洋地质与第四纪地质，2005(01)：137-142.

[375]赵金洲，周守为，张烈辉，等. 世界首个海洋天然气水合物固态流化开采大型物理模拟实验系统[J]. 天然气工业，2017，37(9)：15-22.

[376]赵敏，何晖. 非饱和黄土水-气渗透性试验研究[J]. 西安科技大学学报，2005，25(3)：292-295.

[377]赵敏. 非饱和土孔隙流体运动规律的研究[D]. 西安：西安理工大学，1999.

[378]赵省民，吴必豪，王亚平，等. 海底天然气水合物赋存的间接识别标志[J]. 地球科学，2000，25(6)：624-628.

[379]赵阳升，胡耀青，杨栋，等. 三维应力下吸附作用对煤岩体气体渗流规律影响的实验研究[J]. 岩石力学与工程学报，1999(6)：651-653.

[380]赵阳升，杨栋，胡耀青，等. 低渗透煤储层煤层气开采有效技术途径的研究[J]. 煤炭学报，2001(5)：455-458.

[381]中国地质编辑部. 中国海域天然气水合物(可燃冰)第二轮试采取得圆满成功[J]. 中国地质，2020，47(2)：555.

[382]周丹. 天然气水合物分解对海底结构物稳定性影响的研究[D]. 大连：大连理工大学，2012.

[383]朱超祁，贾永刚，刘晓磊，等. 海底滑坡分类及成因机制研究进展[J]. 海洋地质与第四纪地质，2015(6)：153-163.

[384] 朱光亚，刘先贵，李树铁，等. 低渗气藏气体渗流滑脱效应影响研究 [J]. 天然气工业，2007(5)：44-47，150.

[385] 朱前林，李小春，魏宁，等. 多孔介质中气泡尺寸对流动阻力的影响 [J]. 岩土学，2012，33(3)：913-918.

[386] 朱小丹. 气体在土体中的运移规律初步研究 [D]. 南京：东南大学，2012.